"十二五""十三五"国家重点图书出版规划项目

新能源发电并网技术丛书

董存 许晓慧 周昶 栗峰 等 编著

分布式电源并网及运行管理

·北京·

内 容 提 要

本书为《新能源发电并网技术丛书》之一，对分布式电源的定义、发展和标准体系、分布式电源原理及其并网接入方式、含分布式电源的配电网电压控制、分布式电源对配电网的影响、分布式电源功率预测与运行分析、分布式电源并网运行管理与市场化交易、分布式电源并网数据采集与监测，以及新形式分布式电源并网应用等进行了较为全面的分析和论述。

本书不仅阐述技术原理，体现学术价值，还力求突出实际应用，体现实用价值。希望能给从事分布式电源研究工作的技术人员提供一定的参考，也可为电力系统领域的工程技术人员提供借鉴参考。

图书在版编目（CIP）数据

分布式电源并网及运行管理 / 董存等编著. -- 北京：中国水利水电出版社，2018.12
（新能源发电并网技术丛书）
ISBN 978-7-5170-7268-3

Ⅰ. ①分… Ⅱ. ①董… Ⅲ. ①电力系统－储能－研究 Ⅳ. ①TM7

中国版本图书馆CIP数据核字(2018)第296281号

书　　名	新能源发电并网技术丛书 **分布式电源并网及运行管理** FENBUSHI DIANYUAN BINGWANG JI YUNXING GUANLI
作　　者	董存　许晓慧　周昶　栗峰　等 编著
出版发行	中国水利水电出版社 （北京市海淀区玉渊潭南路 1 号 D 座　100038） 网址：www. waterpub. com. cn E-mail：sales@waterpub. com. cn 电话：（010）68367658（营销中心）
经　　售	北京科水图书销售中心（零售） 电话：（010）88383994、63202643、68545874 全国各地新华书店和相关出版物销售网点
排　　版	中国水利水电出版社微机排版中心
印　　刷	北京瑞斯通印务发展有限公司
规　　格	184mm×260mm　16 开本　17.25 印张　372 千字
版　　次	2018 年 12 月第 1 版　2018 年 12 月第 1 次印刷
定　　价	**62.00** 元

本书编委会

主　　编　董　存　许晓慧

副主编　周　昶　栗　峰

参编人员（按姓氏拼音排序）

柴旭峥	陈　其	程　序	丁　杰
丁逸行	郝雨辰	赫卫国	胡　伟
华光辉	黄剑峰	黄　磊	黄沈乾
金　鑫	阚见飞	孔爱良	雷　震
李宝聚	李　晨	梁　硕	梁志峰
刘海璇	陆春良	陆建宇	马金辉
邱腾飞	孙檬檬	孙明一	孙荣富
孙　勇	汪　春	王会超	夏俊荣
徐青山	叶荣波	张　俊	张　晓

序

XU

随着全球应对气候变化呼声的日益高涨以及能源短缺、能源供应安全形势的日趋严峻，风能、太阳能、生物质能、海洋能等新能源以其清洁、安全、可再生的特点，在各国能源战略中的地位不断提高。其中风能、太阳能相对而言成本较低、技术较成熟、可靠性较高，近年来发展迅猛，并开始在能源供应中发挥重要作用。我国于2006年颁布了《中华人民共和国可再生能源法》，政府部门通过特许权招标，制定风电、光伏分区上网电价，出台光伏电价补贴机制等一系列措施，逐步建立了支持新能源开发利用的补贴和政策体系。至此，我国风电进入快速发展阶段，连续5年实现增长率超100%，并于2012年6月装机容量超过美国，成为世界第一风电大国。截至2014年年底，全国光伏发电装机容量达到2805万kW，成为仅次于德国的世界光伏装机第二大国。

根据国家规划，我国风电装机容量2020年将达到2亿kW。华北、东北、西北等“三北”地区以及江苏、山东沿海地区的风电主要以大规模集中开发为主，装机规模约占全国风电开发规模的70%，将建成9个千万千瓦级风电基地；中部地区则以分散式开发为主。光伏发电装机容量预计2020年将达到1亿kW。与风电开发不同，我国光伏发电呈现“大规模开发，集中远距离输送”与“分散式开发，就地利用”并举的模式，太阳能资源丰富的西北、华北等地区适宜建设大型地面光伏电站，中东部发达地区则以分布式光伏为主，我国新能源在未来一段时间仍将保持快速发展的态势。

然而，在快速发展的同时，我国新能源也遇到了一系列亟待解决的问题，其中新能源的并网问题已经成为社会各界关注的焦点，如新能源并网接入问题、包含大规模新能源的系统安全稳定问题、新能源的消纳问题以及新能源分布式并网带来的配电网技术和管理问题等。

新能源并网技术已经得到了国家、地方、行业、企业以及全社会的广泛关注。自“十一五”以来，国家科技部在新能源并网技术方面设立了多个“973”“863”以及科技支撑计划等重大科技项目，行业中诸多企业也在新能源并网技术方面开展了大量研究和实践，在新能源并网技术方面取得了丰硕的成果，有力地促进了新能源发电产业的发展。

中国电力科学研究院作为国家电网公司直属科研单位，在新能源并网等方面主持和参与了多项国家"973""863"以及科技支撑计划和国家电网公司科技项目，开展了大量与生产实践相关的针对性研究，主要涉及新能源并网的建模、仿真、分析、规划等基础理论和方法，新能源并网的实验、检测、评估、验证及装备研制等方面的技术研究和相关标准制定，风电、光伏发电功率预测及资源评估等气象技术研发应用，新能源并网的智能控制和调度运行技术研发应用，分布式电源、微电网以及储能的系统集成及运行控制技术研发应用等。这些研发所形成的科研成果与现场应用，在我国新能源发电产业高速发展中起到了重要的作用。

本次编著的《新能源发电并网技术丛书》内容包括电力系统储能应用技术、风力发电和光伏发电预测技术、光伏发电并网试验检测技术、微电网运行与控制、新能源发电建模与仿真技术、数值天气预报产品在新能源功率预测中的应用、光伏发电认证及实证技术、新能源调度技术与并网管理、分布式电源并网运行控制技术、电力电子技术在智能配电网中的应用等多个方面。该丛书是中国电力科学研究院等单位在新能源发电并网领域的探索、实践以及在大量现场应用基础上的总结，是我国首套从多个角度系统化阐述大规模及分布式新能源并网技术研究与实践的著作。希望该丛书的出版，能够吸引更多国内外专家、学者以及有志从事新能源行业的专业人士，进一步深化开展新能源并网技术的研究及应用，为促进我国新能源发电产业的技术进步发挥更大的作用！

中国科学院院士、中国电力科学研究院名誉院长：周孝信

前言

分布式电源是智能电网发展的重要内容之一。相对于集中式可再生能源大容量、高电压、远距离输送的发电形式，分布式电源以小容量、低电压、就地消纳等特征而被广泛应用，与集中式发电形成有益互补，同时也体现了清洁能源的高效利用。

国家发展和改革委员会、能源局在《能源发展“十三五”规划》（发改能源〔2016〕2744号）、《可再生能源发展“十三五”规划》（发改能源〔2016〕2619号）、《电力发展“十三五”规划（2016—2020年）》等政策及文件中均指出要大力支持和发展分布式电源。在各种政策的支持下，我国分布式电源发展迅速。截至2017年年底，分布式电源装机容量已超过5000万kW。政府、研究机构、企业等的广泛关注也促进了分布式电源在并网及运行管理等方面标准化、规范化程度的不断提高。未来，我国会将分布式电源纳入电力和供热规划以及国家新一轮配网改造计划，促进“源—网—荷”协调发展。

本书着眼于目前国内外分布式电源的快速发展，同时结合分布式电源并网与运行领域的研究和应用成果，借鉴国内外先进高效的分布式电源管理经验，系统介绍了分布式电源的发展和标准体系、分布式电源原理及其并网接入方式、含分布式电源的配电网电压控制、分布式电源对配电网的影响、分布式电源功率预测与运行分析、分布式电源并网运行管理与市场化交易、分布式电源并网数据采集与监测，以及新形式分布式电源并网应用等内容。

本书共8章，其中第1章由孙檬檬、周昶和阚见飞编写，第2章由夏俊荣、刘海璇和程序编写，第3章由华光辉、夏俊荣编写，第4章由夏俊荣、刘海璇编写，第5章由叶荣波、周昶和黄磊编写，第6章由栗峰、夏俊荣编写，第7章由梁硕、刘海璇和邱腾飞编写，第8章由梁硕、刘海璇和阚见飞编写。在全书编写过程中得到了梁志峰、李晨、赫卫国、孔爱良、陆建宇、马金辉、雷震、郝雨辰、金鑫、孙勇、李宝聚、柴旭峥、孙明一、孙荣富、陆春良、张俊、王会超、徐青山、胡伟、张晓、黄沈乾、丁逸行、陈其、黄剑峰、汪春等人员的大力协助，全书由丁杰指导，董存、许晓慧、周昶、栗峰等审稿，董存、许晓慧统稿完成。

本书在编写过程中参考了相关科研项目成果，也参阅了很多同行的工作成果，引用了许多标准和示范工程的运行数据。在此对国网安徽省电力有限公司、国网江苏省电力有限公司、国网浙江省电力有限公司、国网吉林省电力有限公司、国网冀北电力有限公司、国网河南省电力有限公司、国网福建省电力有限公司、东南大学等单位表示特别感谢。

本书在编写过程中听取并采纳了中国电力科学研究院王伟胜教授、顾锦汶教授的中肯意见和相关建议，也得到了丛书编委会吴福保、朱凌志、周邺飞等同事的相关帮助，在此一并表示衷心感谢！

限于作者水平和实践经验，书中难免有不足和有待改进之处，恳请读者批评指正。

作者

2018 年 11 月

序

前言

第1章 分布式电源概述 …… 1

1.1 分布式电源特征与定义 …… 1

1.2 分布式电源发展现状及趋势 …… 2

1.3 分布式电源标准体系 …… 7

1.4 本章小结 …… 11

参考文献 …… 12

第2章 分布式电源原理及其并网接入方式 …… 13

2.1 分布式电源类型及运行特点 …… 13

2.2 分布式电源并网方式 …… 32

2.3 本章小结 …… 43

参考文献 …… 43

第3章 含分布式电源的配电网电压控制 …… 46

3.1 分布式电源对配电网潮流的影响 …… 46

3.2 配电网电压与无功补偿 …… 51

3.3 含分布式电源的配电网电压分布 …… 60

3.4 分布式电源逆变器的功率控制 …… 62

3.5 含分布式电源的电网分层分布式电压控制模式及策略 …… 66

3.6 本章小结 …… 76

参考文献 …… 76

第4章 分布式电源对配电网的影响 …… 79

4.1 分布式电源对配电网电能质量的影响 …… 79

4.2 分布式电源对继电保护的影响 …… 86

4.3 分布式电源对配电网供电安全、供电可靠性的影响 …… 91

4.4 分布式电源对电网设备利用率及耗损的影响 …… 94

4.5　本章小结 …………………………………………………………………… 101
参考文献 …………………………………………………………………………… 102
第5章　分布式电源功率预测与运行分析 ……………………………………… 104
5.1　分布式发电功率预测 ………………………………………………………… 104
5.2　接入分布式电源的配电网分析评估 ………………………………………… 112
5.3　电能质量分析与评估 ………………………………………………………… 120
5.4　本章小结 ……………………………………………………………………… 136
第6章　分布式电源并网运行管理与市场化交易 ……………………………… 137
6.1　分布式电源并网服务与管理 ………………………………………………… 137
6.2　分布式电源运行服务与管理 ………………………………………………… 148
6.3　含分布式电源的调度专业管理 ……………………………………………… 158
6.4　分布式发电市场化交易管理 ………………………………………………… 165
6.5　本章小结 ……………………………………………………………………… 170
参考文献 …………………………………………………………………………… 170
第7章　分布式电源并网数据采集与监测 ……………………………………… 172
7.1　分布式电源并网运行管理数据需求 ………………………………………… 172
7.2　数据采集规约形式 …………………………………………………………… 174
7.3　分布式电源统一信息模型 …………………………………………………… 176
7.4　数据采集通信技术 …………………………………………………………… 193
7.5　调度信息接入 ………………………………………………………………… 198
7.6　信息采集安全防护 …………………………………………………………… 203
7.7　分布式电源并网监测 ………………………………………………………… 204
7.8　本章小结 ……………………………………………………………………… 209
参考文献 …………………………………………………………………………… 209
第8章　新形式分布式电源并网应用 …………………………………………… 211
8.1　分布式储能技术 ……………………………………………………………… 211
8.2　面向分布式电源的虚拟电厂技术 …………………………………………… 227
8.3　本章小结 ……………………………………………………………………… 255
参考文献 …………………………………………………………………………… 255
附录 ………………………………………………………………………………… 257
附录一　名词解释 ………………………………………………………………… 257
附录二　我国分布式能源相关政策及解读 ……………………………………… 258

第1章　分布式电源概述

发展清洁低碳能源尤其是可再生清洁能源已成为全球共识，对促进能源转型起到十分积极的作用；利用分布式电源是扩大可再生清洁能源规模的重要途径，因此分布式电源日益受到重视，并开始得到广泛的推广应用，成为集中式发电的有益补充。

分布式电源相对于传统的集中式供电方式而言，能够充分利用各种分散存在、可方便获取的能源，包括可再生能源（风能、太阳能、生物质能、潮汐能等）和不可再生能源（主要是天然气）等形式。分布式电源发电功率通常为数十千瓦到数十兆瓦，布置在用户附近，是就近供能的一种形式。

本章从分布式电源基本特征与定义、发展现状及趋势和标准体系三个方面介绍分布式电源的概况。

1.1　分布式电源特征与定义

分布式电源（distributed resource，DR）在国际上尚未形成统一定义，不同国家、地区和组织对于分布式电源的界定不尽相同。总的来说，分布式电源一般具有以下特征：

（1）靠近负荷，直接向用户供电。这是分布式电源的最基本特征，适应当地资源的就近利用，实现一次能源就地转化为电能的就地消纳，在各国定义中均提及该特征。

（2）通常接入低压配电网。由于各国中低压配电网的定义存在差异，因此具体的接入电压等级也略有不同。德国、法国、澳大利亚等国家均将分布式电源接入电压等级限制在中低压配电网，国外的中低压配电网的电压等级一般不超过20kV。

（3）装机容量小，通常总装机容量不超过10MW。美国、法国、丹麦、比利时等国家均将分布式电源的接入容量限制为10MW左右，瑞典的接入容量限制为1.5MW，新西兰为5MW。

（4）清洁高效。从国外分布式电源定义中可以看出，分布式电源强调能源的清洁高效利用，通常为清洁的可再生能源发电和高能效的热电联产，具体利用形式包括天然气、冷热电三联供、风电、太阳能发电、小水电等。

国际能源署（International Energy Agency，IEA）的定义为服务于当地用户或当地电网的发电站，包括内燃机、小型或微型燃气轮机、燃料电池和光伏发电系统以及能够进行能量控制、需求侧管理的能源综合利用系统。

世界分布式能源联盟（World Alliance Decentralized Energy，WADE）的定义为位

于用户侧的各种电源，包括高效的热电联产系统和分布式可再生能源发电。

美国电气与电子工程师协会（Institute of Electrical and Electronics Engineers，IEEE）的定义为通过公共连接点接入当地配电网的发电设备或储能装置，不直接接入输电网，总容量不超过10MVA。

美国能源部（Department of Energy，DOE）的定义为产生或储存电能的系统，通常位于用户附近，包括生物质能、太阳能、风能、燃气轮机、微型燃气轮机、内燃机、燃料电池以及相应的能量存储装置。

我国在国家政府相关文件、国家和行业技术标准、相关企业通知规范等不同层面文件中也给出了分布式电源的定义。

1. 我国政府相关文件中的定义

分布式发电，是指在用户所在场地或附近建设安装，运行方式以用户端自发自用为主、多余电量上网，且以配电网系统平衡调节为特征的发电设施或有电力输出的能量综合梯级利用多联供设施。

其依据为《分布式发电管理暂行办法》（发改能源〔2013〕1381号）。

2. 我国国家和行业技术标准中的定义

分布式电源是指接入35kV及以下电压等级、位于用户附近、以就地消纳为主的电源，包括同步发电机、异步发电机、变流器等类型。

其依据为《分布式电源并网技术要求》（GB/T 33593—2017）、《分布式电源接入配电网技术规定》（NB/T 32015—2013）。

3. 相关企业通知规范中的定义

分布式电源是指在用户所在场地或附近建设安装，运行方式以用户侧自发自用为主、多余电量上网，且以配电网系统平衡调节为特征的发电设施或有电力输出的能量综合梯级利用多联供设施。包括太阳能、天然气、生物质能、风能、地热能、海洋能、资源综合利用发电（含煤矿瓦斯气体发电）等。

其依据为《关于印发〈分布式电源并网相关意见和规范（修订版）〉的通知》（国家电网办〔2013〕1781号）。

1.2　分布式电源发展现状及趋势

1.2.1　国外分布式电源发展现状

分布式电源已在国际上得到广泛重视，并迅速发展。美国、日本以及欧盟等国家和地区已将发展分布式电源作为能源安全、节能和能源经济发展的重要战略。国外的分布式电源发展起步较早，在政策和管理方面相对成熟，有效地促进了分布式电源的科学、有序发展。

国外分布式电源的发展具有一定的客观规律，分布式电源的开发和利用不仅与其所在地区的资源禀赋特点、电网、电源规模和结构、电网自动化水平、管理体制密切相关，而且还会随着经济社会的发展和电力供需形势的变化而演进。换言之，分布式电源发展应该是与电力工业的发展程度和特定经济社会发展时期公众的观念、价值取向相适应的。

在西方发达国家，分布式电源起步于20世纪70年代，近十几年来得到了较快发展。国外分布式电源发展经历以下主要阶段：

（1）在国外分布式电源发展初期，电网结构薄弱和电力供应不足，分布式电源开发和利用主要用于解决偏远地区的用电问题和保障某些特定用户的供电可靠性。分布式电源首要任务是满足用电需求，其次是降低能耗和提高经济性。

（2）随着电网规模不断扩大、电网结构日臻完善、电力供需形势缓和，以及大电网供电可靠性得以保障，提高能源使用效率和环保是分布式电源的直接推动力和追求目标，微型燃气轮机、冷热电联供系统等高能效分布式电源应运而生。

（3）随着全球电力市场化改革不断深入推进，在引入竞争、打破垄断、提高电力工业的生产效率和服务质量的大背景下，分布式电源发展被赋予了新的内涵。分布式电源因具备成为新兴的市场主体条件而能够参与电力市场竞争，此时，经济利益驱动成为分布式电源发展的又一推动力。

（4）在当今能源和环境压力日益增加的情况下，推动分布式新能源发展是政府和公众对电力系统实现节能减排、应对气候变化的强烈要求，风力发电、太阳能发电、生物质能发电等分布式新能源日益成为社会各界广泛关注的焦点，并得以大力发展。

国外分布式电源发展是因地因网制宜，并无统一范式，在电力工业不同时期、各国经济社会不同发展阶段，分布式电源发展的内涵和表现形式均存在差异。就整体而言，在大电网规模化发展、充分发挥电网规模经济的大背景下，分布式电源仅是大电网的有益补充；此外，在当今新一轮能源革命形势下，高效环保将成为分布式电源发展的主题和方向。

1. 德国

德国分布式电源发展以分布式可再生能源为主。为实现“能源转型”，从核能和化石能源向可再生能源转变，德国政府大力扶持分布式可再生能源的发展，同时积极发展热电联产，力争2030年分布式电源达到发电总装机容量的30%。截至2016年年底，德国光伏发电总装机容量约为4130万kW，其中分布式光伏系统容量占比80%，规划到2020年光伏发电总装机容量为5175万kW。值得一提的是，2016年5月15日德国第一次实现全国电力需求几乎全部由可再生能源供应，当地时间14：00，据柏林的Agora电力研究机构监测，太阳能发电及风能发电达到峰值，可再生能源供应电力达到4550万kW，而同期的整体电力需求为4580万kW。

根据德国环保部统计，截至2015年年底，德国热电联产装机容量2320万kW，约占全国发电总装机容量的16.5%。其中，装机容量在1万kW以下的小型热电联产项目在商业和公共建筑领域应用快速增长，总容量为240万kW。

受资源条件和地域条件限制，德国风电发展主要以分散风电为主。截至2016年年底，德国风电装机容量4975万kW，其中，装机容量在2万kW及以下的风电项目容量占51%，超过风电总容量的一半。

2. 美国

美国是世界上较早发展分布式电源的国家之一，美国油气资源丰富，管网发达，为燃油、燃气发电分散布局、就地平衡创造了条件。美国分布式电源以天然气热电联供为主，其中，热电联供（combined heat and power，CHP）和冷热电三联供（combined cooling，heat and power，CCHP）是主要的利用类型，CHP主要用于工业，以超过2万kW的大型机组为主；CCHP主要应用于商业和居民小区，主要以小型燃气机组为主，用于医院、学校、大学社区和写字楼等。

美国热电联产发展迅速，主要为区域式热电联供系统。根据美国能源部规划，2010—2020年新增热电联产9500万kW，其中新建商用、写字楼类建筑采用小型冷热电联供达到50%，已建成商用建筑改用小型冷热电联产达到15%。

截至2016年年底，美国累计分布式光伏装机容量突破1200万kW，在光伏发电累计装机中的占比超过30%。据预测，到2020年，美国有一半以上的新建商用或办公建筑使用分布式电源，同时2020年有15%的现有建筑改用分布式电源。

3. 日本

日本是世界上最早发展热电联产的国家之一。分布式电源以热电联产为主，主要为工业和商业项目。预计2030年日本分布式电源占总装机容量的比重将达到20%。

光伏发电最近几年得到了快速发展，特别是2012年7月出台新的上网电价政策后，光伏发电出现了井喷式增长。截至2015年年底，日本累计光伏装机容量达3370万kW，居世界第三位。项目总数达到近20万个，其中大部分是1MW以上的大规模项目，甚至包括一些40万kW的超大型项目。与其他光伏发电快速发展的国家一样，日本现在也面临大量光伏发电项目并网带来的挑战。

过去20年日本热电联产技术得到迅速发展。2006年，日本全国热电联产装机容量870万kW，占全国总装机容量的4%。日本CHP主要采用燃气轮机（377万kW）、柴油机（308万kW）、内燃机（194万kW）三种技术。工业CHP电站占CHP总装机容量的80%，平均容量3.3MW；商业建筑安装的CHP电站装机容量占20%，主要应用于零售业、医院、宾馆、办公楼和体育馆等；微型CHP主要应用于家庭，容量通常小于10kW。受较差的资源条件约束，日本风电发展较为缓慢。截至2016年年底，风电装机容量为323万kW。

1.2.2　我国分布式电源发展现状

分布式电源的发展在我国已有较长的历史，从最早分散独立电网供电开始，就采用了小容量的热电联产和小水电发电。随着经济和技术的发展，我国逐渐形成了互联的大型电网，并且有大型发电站并网发电。在有电网调节手段的基础上，分布式

电源才开始进一步发展。近年来，城市冷热电多联供系统和建筑光伏、小风电等分布式电源开始逐步增多。由于我国天然气尚属稀缺资源、配套管网设施不健全，分布式天然气发电发展较慢，但光伏、小水电，余热、余压、余气综合利用发电，生物质能发电等发展迅速。

我国在政策方面对分布式电源的发展十分重视，相继颁布了《可再生能源法》和《可再生能源中长期发展计划》，计划在2020年分布式电源容量达到总装机容量的8%。

1.2.2.1　我国分布式电源发展

截至2017年年底，我国分布式光伏发电累计装机容量2966万kW，同比增长190%；新增装机容量1944万kW，同比增长3.7倍；8个省份分布式光伏发电累计并网容量超过100万kW，浙江、山东超过400万kW，江苏、安徽超过300万kW。我国小水电累计装机容量为7972万kW，占全部水电装机容量的近1/4。分布式储能项目已达5.54万kW（不含抽蓄、压缩空气和储热）。全国20多个省份共有60多个分散式风电项目已建成发电，合计装机容量接近400万kW，预计到2020年达2000万kW。我国天然气分布式发电累计装机容量为1200万kW，距2020年装机容量达到5000万kW的目标差距较大。

1.2.2.2　我国分布式电源相关政策

1. 国家层面

以《可再生能源法》颁布为标志，为加快分布式电源的有序快速发展，特别是为大力推动分布式光伏发展，国家发展改革委、能源局、财政部等部委相继出台了若干个部门文件，分布式电源的政策法规不断完善。从政策内容来看，可以分为强制性或指令性政策、经济激励政策和市场开拓政策三类。

强制性或指令性政策为分布式电源发展提供了法律法规保障。为促进可再生能源的开发利用，我国自2006年1月1日起施行《可再生能源法》，并于2009年对《可再生能源法》进行了修订，修订后的《可再生能源法》要求制定可再生能源总量目标和相关规划，并建立可再生能源发电"全额保障性收购"制度和设立可再生能源发展基金。另外还发布了《分布式发电管理暂行办法》（发改能源〔2013〕1381号）等多项有关项目管理方面的政策管理文件，通过放开分布式光伏年度计划规模、扩大分布式光伏发电定义范围、调整分布式光伏项目入网方式、向电力用户直接售电等措施，极大地促进了分布式电源（分布式光伏发电）的发展。

经济激励政策为分布式电源提供经济支持，推动市场迅速发展。2007年，国务院发布《中华人民共和国企业所得税法实施条例》，规定光伏发电企业所得税实行"三免三减半"政策；2009年，我国开始针对太阳能光电建筑和"金太阳"示范工程进行初始投资补贴，但由于在机制设计及管理上存在缺陷，该政策于2013年取消；2013年，国家发展和改革委员会（以下简称"发改委"）出台《关于发挥价格杠杆作用促进光伏产业健康发展的通知》，完善了光伏发电价格政策，对分布式光伏发电实施全电量补贴政策，补贴价格为 0.42 元/(kW·h，含税)，同年光伏发电被纳入增值税即征即退 50%的政策；2016 年，国家发改委发出《关于调整光伏发电陆上风电标杆上网电价的通知》，提出将分资源区降低光伏电站、陆上风电标杆上网电价，而分布式光伏发电补贴标准和海上风电标杆电价不做调整；2018 年 6 月开始，新投运的、采用“自发自用、余电上网”模式的分布式光伏发电项目，全电量度电补贴标准降低 0.05 元，即补贴标准调整为 0.32 元/(kW·h，含税)。

市场开拓政策促进分布式电源的多元化发展。根据我国资源分布、可再生能源发电建设和运行情况，光伏发电由集中式开发向集中式和分布式开发并举的模式发展。为促进分布式光伏发电发展，探索分布式光伏发电应用形式，提高分布式光伏发电消纳能力，能源局发布了《关于推进分布式光伏发电应用示范区建设的通知》（国能新能〔2014〕512 号），公布了首批 30 个分布式光伏发电应用示范区的名单，《关于下达第一批光伏扶贫项目的通知》（国能新能〔2016〕280 号）中公布了第一批光伏扶贫项目，总装机容量 516 万 kW；国家发改委和能源局发布了《关于印发新能源微电网示范项目名单的通知》(发改能源〔2017〕870 号)，确定了一批共 28 个微电网的示范项目。另外在《可再生能源发展“十三五”规划》《电力发展“十三五”规划（2016—2020 年)》中提出要大力发展分布式电源，2020 年分布式光伏发电装机容量达到 6000 万 kW 以上。

2. 省市级层面

各级政府叠加扶持和补贴分布式电源并网。除了国家统一的补贴政策外，2013 年以来，一些地方省市为扶持本地光伏制造企业，也出台了地方补贴政策，主要包括电价补贴、土地支持、“绿色通道”等。全国范围内多个省份出台电价补贴政策和土地补贴政策。例如浙江 2018 年 1 月 1 日之后投运“全额上网”模式分布式光伏发电项目，将执行 0.75 元/(kW·h，含税) 的标杆电价；2018 年 1 月 1 日以后并网的“自发自用、余量上网”分布式光伏发电项目，补贴标准调整为 0.37 元/(kW·h，含税)。

1.2.3　分布式电源发展趋势

未来 5～10 年，是全球新一轮科技革命和产业变革从蓄势待发到群体迸发的关键时期，物联网、云计算、大数据、人工智能等技术广泛渗透于经济社会各个领域，绿色低碳发展理念推动能源清洁生产技术的大规模应用，世界能源资源版图将有所改变。

一方面，随着全球新一轮科技革命和产业变革的推进，以及“十三五”国家战略性新兴产业规划，未来我国分布式电源将在多能互补、“互联网+”智慧能源及综合能源系统等方面取得更进一步的发展；另一方面，微电网、综合能源等分布式电源应用形式，可有效提高分布式电源的运行控制水平，促进分布式电源的就地消纳，受到了政府、研究机构、企业等的广泛关注，政府连续发文支持微电网、综合能源、能源互联网等新技术、新形式。

我国分布式电源类型多样，各有优势，呈现不同分布式电源共同发展的趋势。其

中，分布式光伏发电技术成熟，太阳能资源丰富，具备雄厚的产业基础，有大力开发的潜质，是近期分布式电源发展的重点。分布式天然气发电主要用于建筑和工程工业领域，相对稳定；随着天然气供应能力的提高，小型燃机、微型燃机技术和装备水平的提高，分布式天然气发电也成为又一个发展方向。其他类型的分布式电源，也有其特有的优势，得到了业界的关注，如：分散式风电成本低、易消纳；生物质能发电可以提高资源利用效率、降低污染；小水电投资少、能源利用效率高等。根据我国新能源发展规划，未来一段时间，我国将加快发展生物质供气供热、生物质与燃煤耦合发电、地热能供热、空气能供热、生物液体燃料、海洋能供热制冷等，并将开展生物质、天然气多领域应用和区域示范，推进分布式电源多能源联产联供技术产业化，大力推动多能互补集成优化示范工程建设。

发展“互联网＋”智慧能源及综合能源系统有利于推动分布式可再生能源的利用规模及效率，保障电网的安全稳定运行。在技术方面，将加快分布式电源、储能、智能微网等关键技术研发，构建智能化电力运行监测管理技术平台，建设以可再生能源为主体的“源—网—荷—储—用”协调发展，开展主动配电网源荷“可预测”、态势“可感知”、运行“可控制”的关键技术研究和实践。

集成互补的能源互联网，发展能源生产大数据预测、调度与运维技术，建立能源生产运行的监测、管理和调度信息公共服务网络，促进能源产业链上下游信息对接和生产消费智能化。在需求方面，推动融合储能系统、物联网、智能用电等硬件设施与碳交易、互联网金融等服务于一体的绿色能源网络发展，促进用户端智能化用能、能源共享经济和能源自由交易发展，培育基于智慧能源的新业务、新业态，建设新型能源消费生态与产业体系。

未来，我国将分布式新能源纳入电力和供热规划以及国家新一轮配网改造计划，促进“源—网—用”协调发展。为实现新能源灵活友好并网和充分消纳，加快安全高效的输电网、可靠灵活的主动配电网以及多种分布式电源广泛接入互动的微电网相关建设，建立适应分布式电源、电动汽车、储能等接入需求的智能化供需互动用电系统，建成适应新能源高比例接入的智能电网。

1.3 分布式电源标准体系

制定分布式电源技术标准主要目的是对分布式电源并网和运行过程进行指导设计、规范建设、协调运行和保障安全等。指导设计是对分布式电源并网应满足的技术条件、并网接口设计应遵循的原则进行规定；规范建设是对分布式电源入网调试、验收及测试进行规定；协调运行是对分布式电源并网运行控制、运行监视和信息交互应满足的技术要求进行规定；保障安全是对分布式电源与配电网的互联接口入网测试、安全保障措施进行规定。

1.3.1 国外分布式电源标准

IEEE 等国际组织和北美、欧洲、亚洲的一些国家都针对各种类型的分布式电源并网制定了相关标准，这些标准大都针对接入中低压电网且一定容量以下的分布式电源并网做出了要求，虽然不同组织和国家标准对各项要求的具体规定存在差异，但基本都包含一般性要求、电能质量、功率控制、电压与频率响应、并网与同步、安全与保护、计量、监控与通信、检测等内容。

IEEE 1547 是最早制定的分布式电源并网标准，当时分布式电源在配电网中的装机容量比例较低，IEEE 1547 标准基于尽量减小分布式电源对电网影响的原则制定，遵循电网的频率和电压由大规模传统电源调节，不鼓励分布式电源参与电网的频率和电压调节，不允许分布式电源向电网提供任何的辅助服务。当分布式电源并网时，要求其在单位功率因数附近运行，当电网发生扰动时，要求其迅速从电网断开，不要求分布式电源具备故障穿越能力。IEEE 1547 标准颁布之后，获得了众多国家尤其是北美国家的广泛认可，许多国家的分布式电源标准都是参照 IEEE 1547 标准制定的。

德国的中低压并网指南中充分考虑了在分布式电源穿透率较高的情况下，分布式电源支撑电网可靠性和稳定性方面的要求，规定分布式电源必须具有一定的有功控制能力参与电网的频率支撑，允许分布式电源通过无功功率控制参与电网电压调节，以及必须具备一定的故障穿越能力支撑电网的稳定运行等。

从分布式电源的发展趋势来看，随着分布式电源在配电网中的装机容量越来越大，使分布式电源在配电网中继续保持被动的角色已经不能适应新形势。北美的标准需要逐步使分布式电源在配电网中发挥更主动的作用，使分布式电源参与支撑电网的可靠性和稳定性，并向欧洲标准靠拢。美国也在不断更新和补充自身的标准，近年来，北美电力可靠性公司（North American Electric Reliability Corporation，NERC）和 IEEE 工作组成员提出由于 IEEE 1547 标准缺乏故障穿越能力等方面的要求，需要重新修订，即将完成的 IEEE 1547.7 和 IEEE 1547.8 用于填补 IEEE 1547 没有考虑高分布式电源穿越能力的空白，为 IEEE 1547 标准做补充。截至 2017 年，一些国际组织和国家针对分布式电源并网已经制订了一些技术标准，详见表 1－1。

表 1－1　　国外分布式电源并网标准制订情况

序号	标准名称	标准内容
1	美国标准：《分布式资源与电力系统的互联标准（Standard for Interconnection and Interoperability of Distributed Energy Resources with Associated Electric Power Systems Interfaces）》（IEEE 1547）	规定了 10MVA 及以下接入一次或二次配电网的分布式电源物理接口和运行参数
2	英国（欧洲）标准：《与公共低压分配网络平行的微型发电机连接要求（Requirements for Micro－generating Plants to be Connected in Parallel with Public Low－voltage Distribution Networks）》（BS EN 50438）	为微电源接入低压配电网技术规范，该标准针对的微电源指接入 230V/400V 配电网单相电流不超过 16A 的分散电源

续表

序号	标 准 名 称	标 准 内 容
3	英国标准：《分布式发电设备并网准则（Recommendations for the Connection of Generating Plant to the Distribution Systems of Licensed Distribution Network Operators）》（ER G59/1）	为分布式电源厂接入公共配电系统的推荐标准，适用于接入 20kV 以下电网，且容量不超过 5MW 的小电源并网
4	英国标准：《嵌入式发电厂接入公共配电网标准［Recommendations for the Connection of Small - scale Embedded Generators（Up to 16A per Phase）in Parallel with Public Low - Voltage Distribution Networks］》（ER G83/1）	为小型嵌入式发电机（单向 16A 以下小规模）接入公共低压配电网标准
5	加拿大标准：《基于逆变器的微电源配电网互联标准》（C22.2 No.257）	基于逆变器的微电源与配电网互联标准，规定了基于逆变器的分布式电源与 0.6kV 以下的低电压配电网安全互联的要求
6	加拿大标准：《分布式电力供应系统互联标准》（C22.3 No.9）	分布式电力供应系统互联标准，适用于接入 50kV 以下的配电网，并网容量不超过 10MW 的分布式电源
7	德国标准：《发电厂接入中压电网并网指南》（BDEW）、《发电系统接入低压配电网并网指南》（VDE - AR - N - 4105）	考虑可再生能源发电的接入，适用于风电、水电、联合发电系统、光伏发电系统等一切通过同步电机、异步电机或变流器接入中低压电网的发电系统

1.3.2　国内分布式电源标准

相比发达国家，我国分布式电源标准体系还有待完善，面临着大量的制订和修订工作。与此同时，已发布的标准大多是企业标准，约束力较弱。分布式电源接入配电网将改变传统配电网的辐射状供电结构，对配电网的规划、设计与运行产生深刻的影响。

为了规范分布式电源并网，充分发挥分布式电源的积极作用，中国电力企业联合会、国家电网有限公司等机构发布了分布式电源系列标准，主要可以划分为六大类，即基础通用类、规划设计类、工程建设类、试验检测类、运行维护类、调度交易类。分布式电源技术标准体系如图 1 - 1 所示。

1. 基础通用类

此标准系列对分布式电源设备及系统相关技术标准中的主要术语定义、电气图形符号、文字符号和调度命名原则进行规范。电气图形符号和文字符号是电气技术文件中的工程语言，以有关电气图形符号、文字符号国家标准为依据，以图表的方式将分布式电源设备及系统相关的电气图形符号、文字符号标准化、规范化。同时统一和规范分布式电源设备及系统的调度命名编号，提出分布式电源设备及系统的调度命名原则，制定相应命名的规则，避免重名等现象。

2. 规划设计类

此标准系列主要规定分布式电源接入配电网应满足的技术要求、规划设计原则以及经济性评价方法，包括分布式电源接入配电网在功率控制、电网异常响应、保护和安全

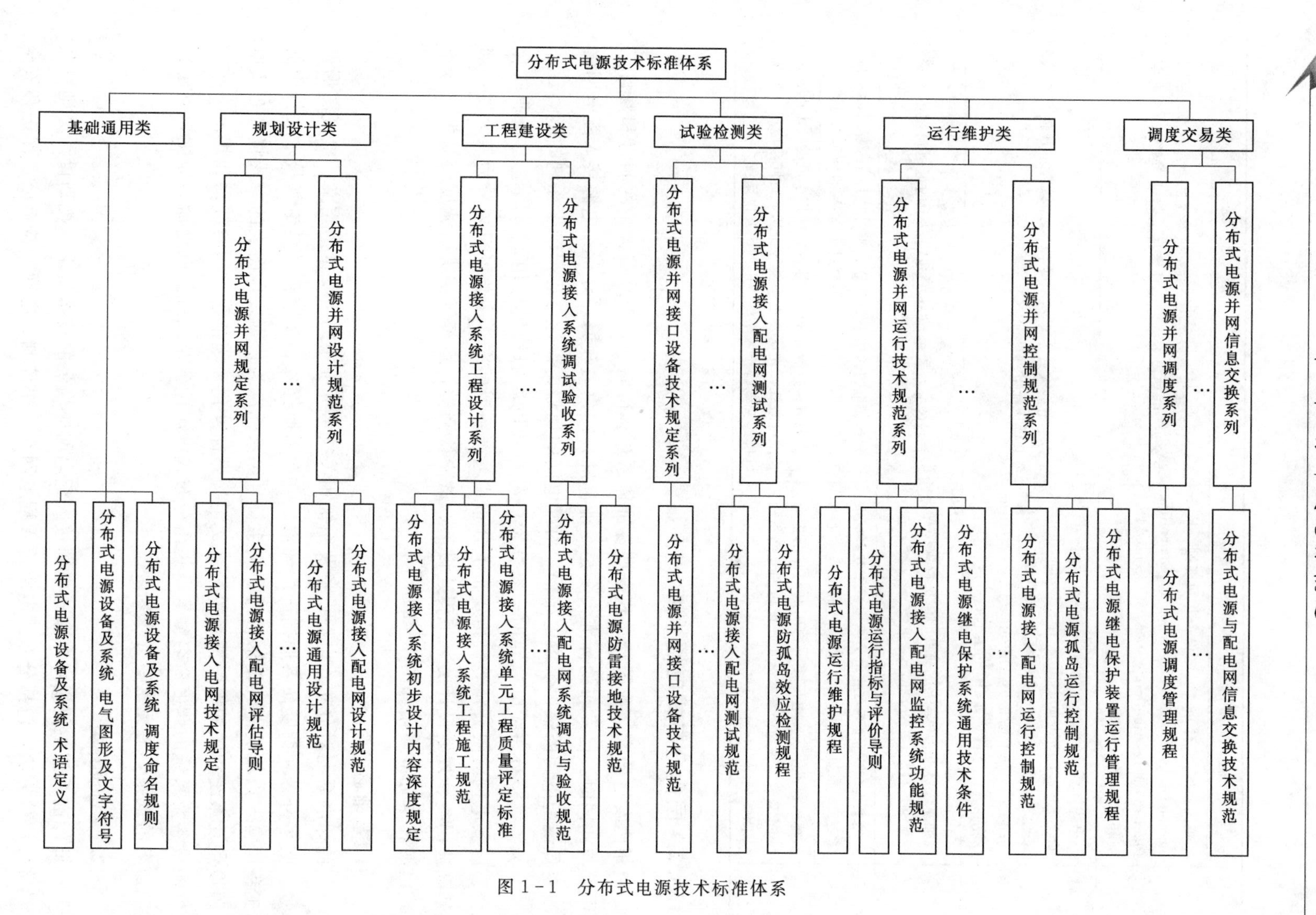

图 1-1　分布式电源技术标准体系

自动装置、自动化和通信、电能质量与电能计量、并网测试、防雷接地等方面应满足的技术要求，分布式电源与配电网互联部分的一次、二次设计原则和典型配置，以及分布式电源并网运行经济性评价体系和指标。

3. 工程建设类

此标准系列主要提出分布式电源系统在接入配电网运行之前应进行的接入系统调试和验收内容；规范分布式电源接入配电网的调试环境、调试方法；规定并网运行之前的验收需提交的材料、验收项目。

4. 试验检测类

此标准系列对并网分布式电源的并网测试项目、测试方法、测试周期等进行规定，还包括对分布式电源关键设备的试验和检测要求。

5. 运行维护类

此标准系列主要规定分布式电源接入配电网的并网运行控制，包括分布式电源并网关键设备、继电保护设备运行维护，分布式电源接入配电网的控制要求，运行评价要求等。

6. 调度交易类

此标准系列主要对分布式电源与调度机构的信息交换规约、调度管理规程、交易和计量等应满足的要求进行规定。

接入规定主要是对分布式电源接入容量、接入电压等级、电能质量、功率控制、电压频率响应特性、保护、通信与信息、电能计量、并网检测等进行规范。

并网测试规范主要规范各阶段应做的试验项目、试验方法、试验周期，用于检验分布式电源是否满足接入技术规定的要求。

孤岛运行标准从安全的角度，规定设计、操作和集成分布式孤岛电力系统的方法和应考虑的因素，提出并网、离网以及两种模式过渡过程中应满足的技术要求。

信息通信标准对需要与电力系统进行通信的分布式电源，规定了信息交换应遵守的规约、监控系统的功能以及推荐结构等。

1.4 本章小结

本章叙述了不同国家、地区和组织对分布式电源的定义，国内外分布式电源的发展现状以及为规范分布式电源管理制定的相关标准，为调度机构制定促进分布式电源合理有序发展的策略方针奠定了基础。

分布式电源在国际上尚未形成统一定义，不同国家、地区和组织对于分布式电源的界定不尽相同；但总的来说，分布式电源具有靠近负荷、通常接入低压配电网、装机容量小、清洁高效等特征。在我国，已经从政府文件、技术标准、企业规定等各个层面对分布式电源作出了界定和定义。

为促进分布式电源相关行业的健康有序发展，各国制订了分布式电源系列标准，对分布式电源并网进行指导设计、规范建设、协调运行和安全保障。我国为了规范分布式电源并网，充分发挥分布式电源的积极作用，发布了分布式电源系列标准，包括基础通用类、规划设计类、工程建设类、试验检测类、运行维护类、调度交易类。

分布式电源已得到广泛重视和大量应用，欧美等发达国家已将发展分布式电源作为能源安全、节能和能源经济发展的重要战略。随着全球新一轮科技革命和产业变革的推进，分布式电源将在多能互补、“互联网＋”智慧能源及综合能源系统等方面取得更广阔的发展。同时，微电网、综合能源等分布式电源应用形式及新技术，能有效提高分布式电源的运行控制水平，进一步促进分布式电源的就地消纳。未来，微电网、综合能源、能源互联网等分布式电源新技术、新形式以及丰富多样的商业模式将强劲推动分布式电源的大力发展。

参　考　文　献

[1] 中国国家标准化委员会. GB/T 33592—2017 分布式电源并网运行控制规范 [S]. 北京：中国标准出版社，2017.

[2] 中国国家标准化管理委员会. GB/T 33982—2017 分布式电源并网继电保护技术规范 [S]. 北京：中国标准出版社，2017.

[3] 中国国家标准化管理委员会. GB/T 33593—2017 分布式电源并网技术要求 [S]. 北京：中国标准出版社，2017.

[4] 国家电网有限公司. Q/GDW 10667—2016 分布式电源接入配电网运行控制规范 [S]. 北京：中国电力出版社，2016.

[5] 国家电网有限公司. Q/GDW 1480—2015 分布式电源接入配电网技术规定 [S]. 北京：中国电力出版社，2015.

[6] 国家电网有限公司. Q/GDW 11272—2014 分布式电源孤岛运行控制规范 [S]. 北京：中国电力出版社，2014.

[7] 国家电网有限公司. Q/GDW 11271—2014 分布式电源调度运行管理规范 [S]. 北京：中国电力出版社，2014.

[8] 国家电网有限公司. Q/GDW 677—2011 分布式电源接入配电网监控系统功能规范 [S]. 北京：中国电力出版社，2011.

[9] 国家电网有限公司. Q/GDW 666—2011 分布式电源接入配电网测试技术规范 [S]. 北京：中国电力出版社，2011.

[10] 中国国家标准化管理委员会. GB/T 33593—2017 分布式电源并网技术要求 [S]. 北京：中国标准出版社，2017.

[11] 中国电力企业联合会. GB/T 19964—2012 光伏发电站接入电力系统技术规定 [S]. 北京：中国标准出版社，2012.

[12] 中国电力企业联合会. GB/T 29319—2012 光伏发电系统接入配电网技术规定 [S]. 北京：中国标准出版社，2012.

[13] 中国国家标准化管理委员会. GB/T 33593—2017 分布式电源并网技术要求 [S]. 北京：中国标准出版社，2017.

[14] 国家能源局. NB/T 32015—2013 分布式电源接入配电网技术规定 [S]. 北京：中国标准出版社，2013.

第2章　分布式电源原理及其并网接入方式

分布式电源类型多样，目前常见的包括分布式光伏发电、分散式风电、分布式储能、小水电、微型燃气轮机等类型，不同类型分布式电源利用的一次能源形式不同，其运行特点也不尽相同。通常，分布式电源的类型和容量决定了其接入电网的方式。

2.1　分布式电源类型及运行特点

2.1.1　分布式光伏发电

分布式光伏发电一般指在用户场地附近建设，通常采用用户侧自发自用为主、多余电量上网的运行方式，且在配电系统内平衡调节为特征的光伏发电设施。分布式光伏发电遵循因地制宜、清洁高效、分散布局、就近利用的原则，充分利用当地太阳能资源，替代和减少化石能源消费。

2.1.1.1　发电原理

1. 光伏发电原理

光伏发电原理就是利用太阳电池的光生伏打效应，将太阳辐射能转换成电能。光生伏打效应也称光伏效应，就是物体受到光照，其内部电荷分布状态发生变化而产生电动势和电流的一种效应。太阳电池的工作原理如图2-1所示，当太阳光照射到由P、N型两种不同导电类型的同质半导体材料构成的太阳电池上时，其中一部分光线被反射，另一部分光线被吸收，还有一部分光线透过太阳电池片。被吸收的光能激发被束缚的高能级状态下的电子，产生电子—空穴对，在PN结的内建电场作用下，电子、空穴相互运动，N区的空穴向P区运动，P区的电子向N区运动，使太阳电池的受光面有大量负电荷（电子）积累，而在太阳电池的背光面有大量正电荷（空穴）积累。若在太阳

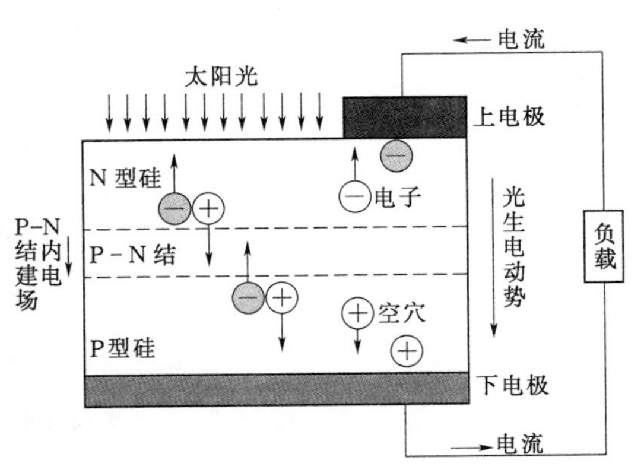

图2-1　太阳电池的工作原理

电池两端接上负载，负载上就有电流通过，当光线一直照射时，负载上将源源不断地有电流流过。

单片太阳电池就是一个薄片状的半导体 PN 结。标准光照条件下，额定输出电压为 0.48V。为了获得较高的输出电压和较大的功率容量，通常将光伏电池串联或并联在一起构成光伏阵列。一般 36～48 个太阳电池串联就可以组成一个光伏组件。工程上使用的光伏组件是太阳电池使用的基本单元，其输出电压一般在十几伏至几十伏。此外，还可将若干个光伏组件根据负载容量大小要求，再串、并联组成较大功率的实际供电装置，称为光伏阵列。太阳电池单体、组件、阵列示意图如图 2－2 所示。

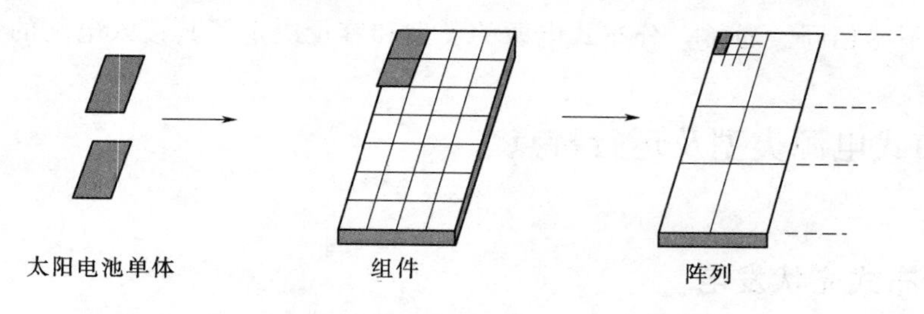

图 2－2　太阳电池单体、组件、阵列示意图

2. 分布式光伏发电系统

分布式光伏并网发电系统典型结构如图 2－3 所示，主要由光伏组件、升压斩波变换器、逆变器、控制器等部件组成。其中：光伏组件主要负责将太阳能转换成直流电能；升压斩波变换器负责将光伏阵列输出直流电的电压抬升到一个合适的水平；控制器实时跟踪外部电网电压和频率的变化，输出脉宽调制波形来控制逆变器；逆变器负责将直流电变换成交流电。另外还有电抗器等用于平抑逆变过程中产生的谐波分量。

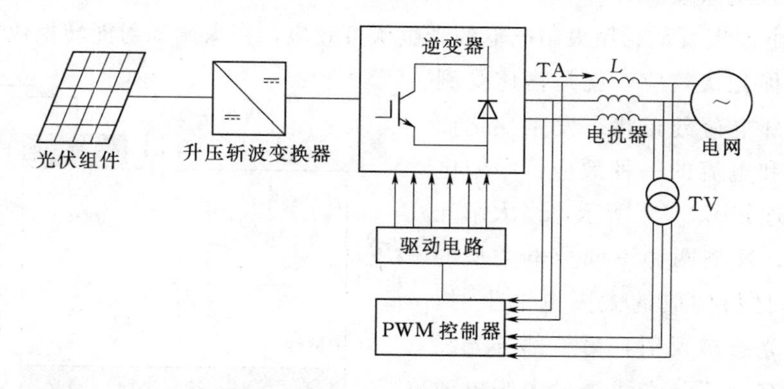

图 2－3　分布式光伏并网发电系统典型结构

2.1.1.2　运行特点

1. 单体光伏组件运行特点

光伏组件的输出功率等于输出电压乘以工作电流，大部分 I—U 曲线是在标准测试

条件下测得的。光伏组件特性曲线如图 2-4 所示。这条 I—U 曲线包括最大功率点（U_{mp}，I_{mp}）、短路电流点（I_{sc}）和开路电压点（U_{oc}）三个重要的点。

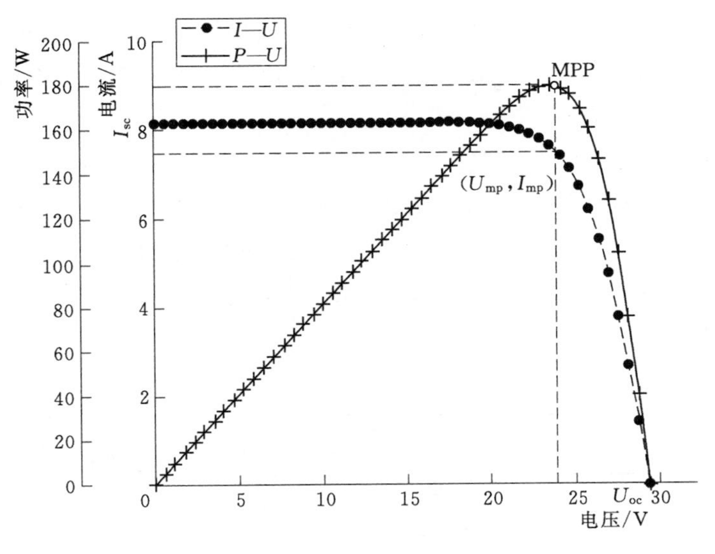

图 2-4　光伏组件特性曲线

短路电流（I_{sc}）：当太阳电池的两端是短路状态时进行测定，该电流随光照强度按比例增加。

开路电压（U_{oc}）：太阳电池电路按负荷断开测出两端电压，称为开路电压。该值随光照强度按指函数规律增加，其特点是低光照强度值时，仍保持一定的开路电压。

短路电流、开路电压与光照强度（G）的关系如图 2-5 所示。

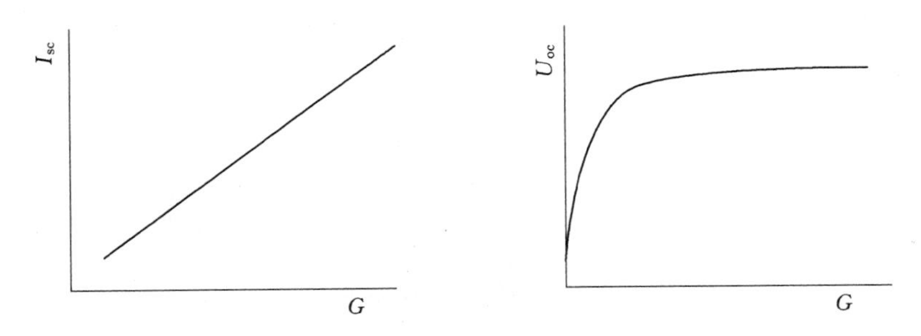

图 2-5　短路电流、开路电压与光照强度（G）的关系

太阳电池的输出特性有以下特点：

（1）太阳电池的输出特性近似为矩形，即低压段近似为恒流源，接近开路电压时近似为恒压源。

（2）开路电压近似与温度成反比，短路电流近似与日照强度成正比。

（3）最大功率点电压约为开路电压的 80%。

（4）输出功率在某一点达到最大值，该点即为太阳电池的最大功率点（maximum power point，MPP），其随着外界环境的变化而变化。

2. 分布式光伏系统运行特性

分布式光伏系统具有有功输出间歇性、波动性的特点；在电能质量方面，分布式光伏系统的谐波电流会注入配电网，引起配电网谐波超标；在无功输出和功率因数方面，接入不同电压等级的分布式光伏系统无功输出能力不同，较高电压等级的分布式光伏系统具有主动无功控制的能力。

（1）有功出力。包括以下方面：

1）典型日出力曲线。分布式光伏系统典型晴天和有云天发电功率对应曲线如图 2-6 和图 2-7 所示。分布式光伏发电系统有功出力受光照强度影响较大，从图 2-6 中可以看出发电功率与光照强度呈正相关性。按天气情况可以分成阴雨天、有云天及晴天 3 类典型有功出力曲线。

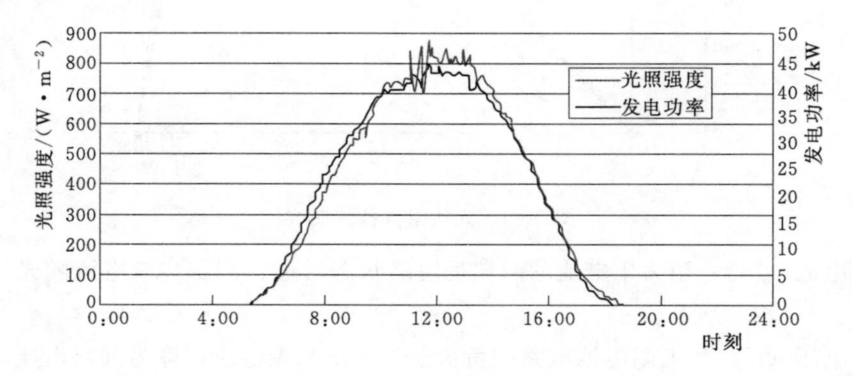

图 2-6　分布式光伏系统典型晴天发电功率曲线

图 2-6 中该日中午时段日照充足，有功出力最大，输出功率跟随日照强度的变化呈现典型的单峰特性，11：00—13：00 期间出力达到峰值，夜间无有功出力，全天功率曲线类似抛物线波形。

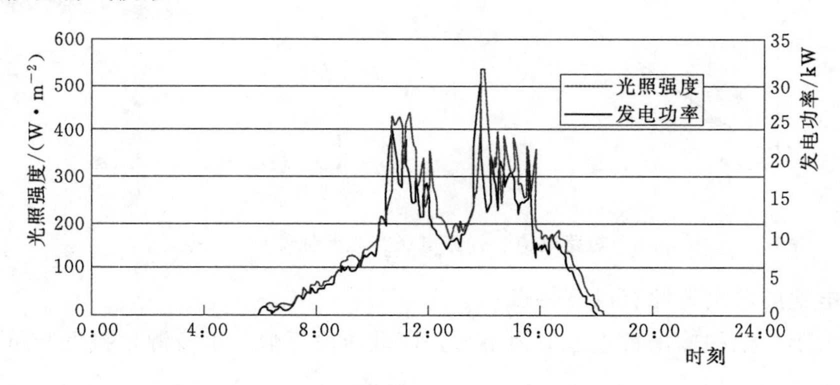

图 2-7　分布式光伏系统典型有云天发电功率曲线

图 2-7 表示在有云天，无论是少云或多云天，太阳经常在短时间内被云遮挡，分布式光伏系统有功出力变化较大，统计得到功率变化最大值为 15kW/min，为光伏电站总装机容量的 25%。

2）有功出力波动性。图 2-6 和图 2-7 中，天气对光伏出力的波动水平有显著的影响，晴天时光伏出力平稳，有云天时，受云层遮挡影响，光伏出力波动较大。

表 2-1 统计了某 40MW 光伏发电系统 1min、10min、60min 这 3 种时间尺度下光伏出力的最大波动量。可以看出随着时间尺度的增大，光伏出力的最大波动量也随之增大。短时间内波动量可超过装机容量的 50%。

表 2-1　　不同时间尺度下光伏出力的最大波动量

时间尺度/min	最大波动量/MW	时间尺度/min	最大波动量/MW
1	16.10	60	34.54
10	29.74		

并网光伏发电的出力波动过大会造成电网电压波动，这将对电网规划、运行和调度产生不良影响。因此为减少光伏出力波动对电网的影响，有必要对并网光伏功率波动设定严格的要求，表 2-2 和表 2-3 分别是针对并网光伏功率波动的国家标准和国家电网有限公司企业标准。

表 2-2　　国家标准中对并网光伏功率波动的技术规定　　单位：MW

光伏发电站装机容量	10min 有功功率变化最大限值	1min 有功功率变化最大限值
＜30	10	3
30～150	1/3 装机容量	1/10 装机容量
＞150	50	15

表 2-3　　国家电网有限公司企业标准对并网光伏功率波动的技术规定　　单位：MW

电站类型（电压等级）	10min 有功功率变化最大限值	1min 有功功率变化最大限值
小型（380V 接入）	装机容量	0.2
中型（10～35kV 接入）	装机容量	1/5 装机容量
大型（66kV 以及以上接入）	1/3 装机容量	1/10 装机容量

（2）电能质量。分布式光伏系统输出电能质量水平受电力电子换流技术影响较大，其输出电流主要出现 5 次、7 次、23 次、25 次特征谐波。谐波电流幅值随着谐波次数的增大，与谐波次数一般呈反比关系，20 次及以上高次谐波的有名值一般较小，且高次谐波电流在配网中传输时随电气距离的增大衰减较大。按照国家标准《电能质量　公用电网谐波》（GB/T 14549—1993）要求，分布式光伏系统输出电流畸变率不得超过 5%。除此之外电压波动和闪变、三相电压不平衡、直流注入等电能质量运行指标也用于评判光伏并网发电系统并网性能。

（3）无功电压。分布式光伏并网发电系统由于容量较小，自身无功变化引起配网接入点电压的变化有限，但随着分布式光伏的推广应用，其大规模接入对电网安全也造成了影响。

根据《光伏发电系统接入配电网技术规定》（GB/T 29319—2012）要求，光伏发电系统功率因数应在－0.95～0.95 范围内连续可调；光伏发电系统在其无功输出范围内，应具备根据并网点电压水平调节无功输出，参与电网电压调节的能力，其调节方式和参考电压、电压调差率等参数可由电网调度机构设定。

2.1.2　分散式风电

分散式风电是指所产生电力可自用也可上网，并且在配电系统平衡调节的风力发电。与大规模集中式风电场相比，分散式风力发电具有靠近负荷中心，就近消纳，延缓电网建设的优势，是未来风电开发的新模式。

2.1.2.1　发电原理

风力发电的原理，是利用风力带动风轮旋转，再通过增速机将旋转的速度提升，进而使发电机发电。由于风能是时刻变化的，且不能被存储，因此风电机组的运行与风的特性相对应。图 2-8 是风力发电系统示意图，图中包括风能、机械能以及电能三种能量状态，风能通过带有几片叶片的风轮转化为机械能，发电机将机械能转化为电能。风力发电系统主要由风轮、发电机、变速器及有关控制器组成。

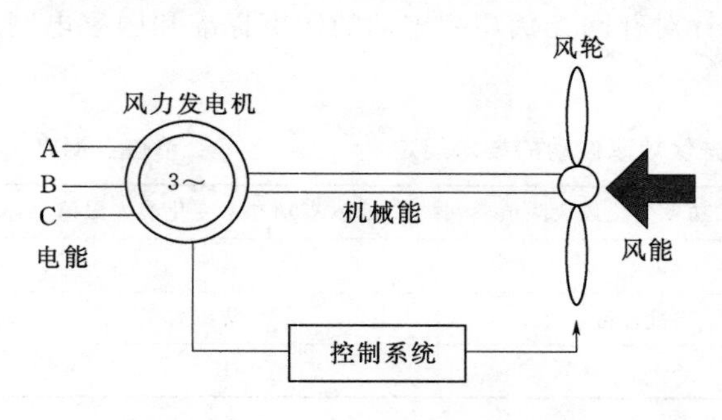

图 2-8　风力发电系统示意图

1. 风电机组结构

风电机组含有四个子系统构成的能量转换链：①空气动力子系统，主要包括由叶片组成的风轮和支撑叶片的轮毂；②传动链，一般由与轮毂相连的低速轴、增速器和驱动发电机的高速轴组成；③电磁子系统，主要由发电机组成；④电力子系统，包括与电网相连的部件和内部链接的部件。典型风电机组结构图如图 2-9 所示。能量转换链中会有一些能量的损失，此外，由运动规律可知，运动、传递和电能的产生都会有摩擦损耗和焦耳效应引起的损耗。能量转换链中元件相互耦合、相互作用、相互影响各自的运行。

2. 风电机组类型

风电机组的形式多种多样，按照风轮转轴的位置和方向不同分为水平轴风电机组和垂直轴风电机组，如图 2-10 所示。其中：水平轴风电机组可以按照风力作用原理不同分为升力型风力发电机组、阻力型风电机组；按照桨距控制方式不同分为定桨距风电机组、变桨距风电机组；按照发电机类型的不同可分为异步风电机组、同步风电机组。

目前，国内外广泛使用的风电机组通常为升力型、水平轴风电机组，常用的风电机组类型包括采用笼型异步发电机的定桨失速风电机组、使用双馈异步发电机的变速恒频风电机组和采用低速永磁同步发电机的直驱式变速恒频风电机组。

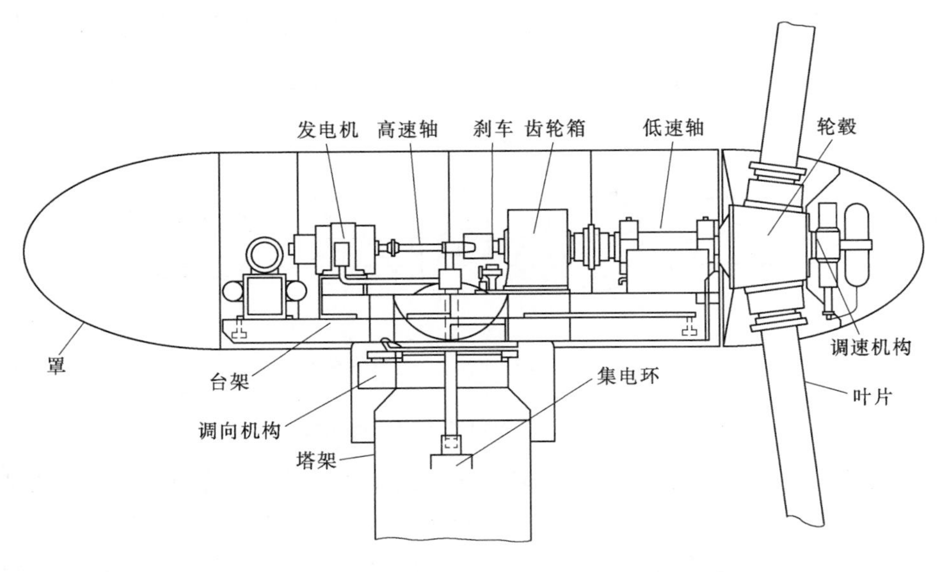

图 2-9 典型风电机组结构图

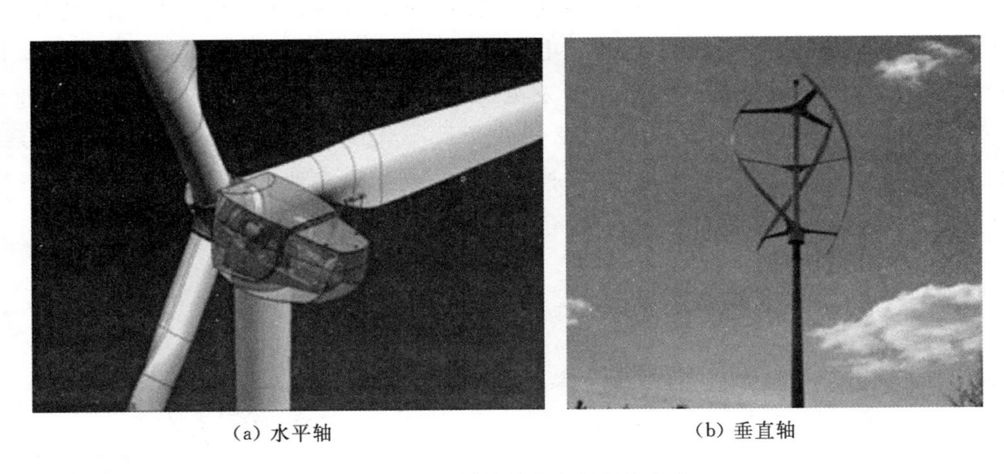

(a) 水平轴

(b) 垂直轴

图 2-10 不同转轴方向的风电机组

3. 风力发电系统

根据风力发电机的运行特征和控制方式分为恒速恒频（constant speed constant frequency，CSCF）风力发电系统和变速恒频（variable speed constant frequency，VSCF）风力发电系统。

（1）恒速恒频风力发电系统。恒速风力发电系统多采用直接并网的鼠笼式异步发电机，恒速恒频风力发电系统如图 2-11 所示。该种类型的风力发电系统，其机组容量已达 MW 级，具有性能可靠、成本低、控制与结构简单的特点。由于鼠笼式异步发电机的转速变化范围非常小，在额定转速的 1%～2%，故这种风电机组系统常称为恒速恒频风力发电系统。但这种风力发电系统不能根据风速的波动来调整转速，会引起驱动链上转矩的波动，因此当风速发生变化时，风轮的转速不变，风轮必偏离最佳转速，风能利用率也会偏离最大值，导致输出功率下降，浪费了风力资源，大大降低了发电效率。

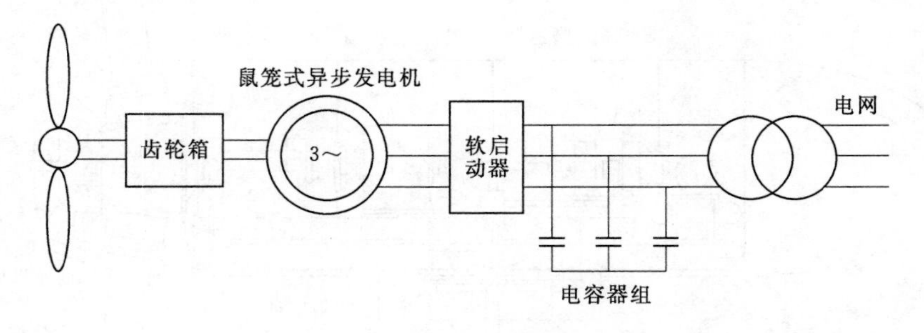

图 2-11　恒速恒频风力发电系统

（2）变速恒频风力发电系统。对变速风电机组来说，最主要优势是在特定的风速区域可以获得更多的能量，尽管由于变流器降低了电气效率，但通过变速极大地提高了气动效率，气动效率的提高将抵消并超过电气效率的降低，因此会提高整体效率。变速恒频风力发电系统可以使风力机在很大风速范围内按最佳效率运行，这个优点正越来越引起人们的重视。变速恒频风电系统中发电机一般采用双馈异步发电机（doubly-fed induction generator，DFIG）或永磁同步发电机（permanent magnetic synchronous generator，PMSG），分别如图 2-12、图 2-13 所示。当低于额定风速时，变速恒频系统中的变速发电机通过整流器和逆变器来控制其电磁转矩，实现对风力机的转速控制；当高于额定风速时，可通过调节节距将多余能量除去。

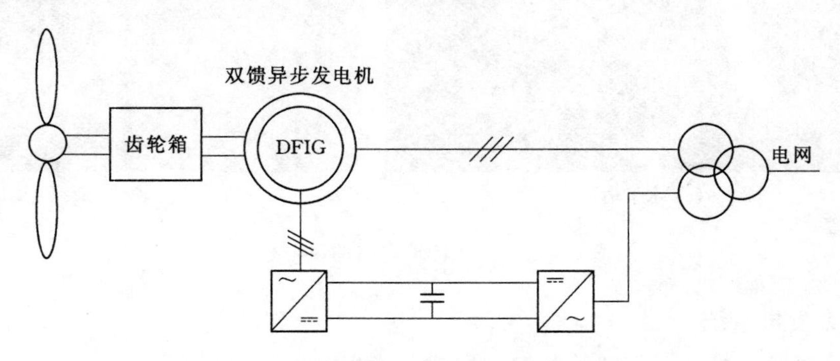

图 2-12　双馈变速恒频风力发电系统

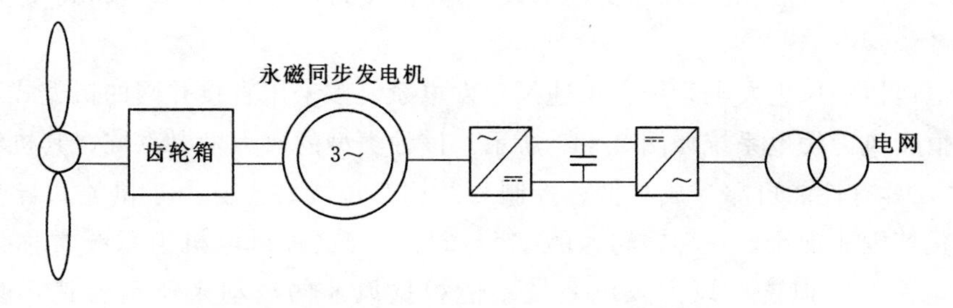

图 2-13　永磁变速恒频风力发电系统

主流风电机组优缺点对比见表 2-4。

表 2-4　主流风电机组优缺点对比

风机类型	优　点	缺　点
笼型异步风电机组	①结构简单，无需安装滑环等电气装置；②直接与电网相连，可根据电力系统频率由增速机构实现叶片等速旋转	①需要从电网吸收无功功率为其提供励磁电流；②生成感应磁场的过程励磁电流可能会发生突变，难以保证发电量的恒定
双馈风电机组	①可实现变频恒速；②变流器容量小；③功率可灵活调节；④定子直接接电网，系统具有很强的抗干扰性	增速齿轮箱降低风电转换效率
直驱风电机组	①无齿轮箱，系统运行噪声小，机械故障少，维护成本低；②发电机转子上没有滑环，运行可靠性好	①永磁电机采用铷铁硼等磁性材料，成本高；②变流器容量与发电机容量相当，系统损耗较高

2.1.2.2　运行特点

分散式风电存在一般风力发电的输出功率特性，其波动性随并网台数的增大而减小，并网也会对电网无功电压造成影响。

1. 风电机组发电特性

风电机组的性能可以用功率曲线来表达。功率曲线是用作显示在不同风速下（切入风速到切出风速）风电机组的输出功率。1.5MW 风电机组功率特性曲线如图 2-14 所示。

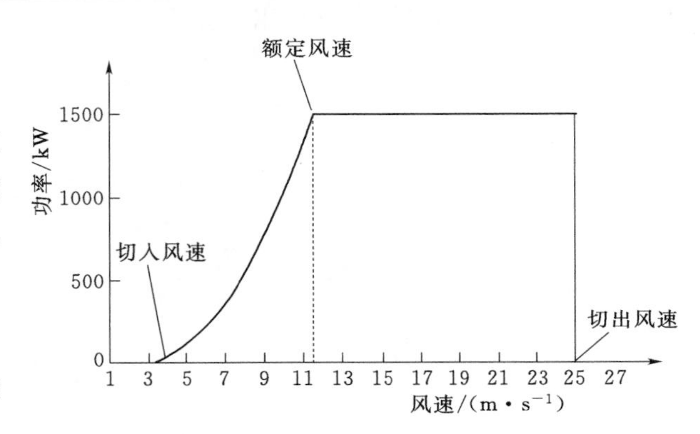

图 2-14　1.5MW 风电机组功率特性曲线

风电机组输出功率为

$$\begin{cases} P_r = \dfrac{1}{2}\rho\pi R^2 v^3 C_P(\lambda,\beta) \\ \lambda = \omega_r R / v \end{cases} \tag{2-1}$$

式中　P_r——风电机组输出功率，kW；

ρ——空气密度，kg/m^3；

R——风电机组的风轮叶片半径，m；

v——场地风速，m/s；

C_P——风能利用系数，与风电机组的叶尖速比 λ 和桨距角 β 有关，一般在 0.2～0.5 之间；

ω_r——风轮角速度，rad/s。

在实际运行中，在风速很低的时候，风轮会保持不动。当到达切入风速时（通常 3～4m/s），风轮开始旋转并牵引发电机开始发电。随着风力越来越强，输出功率会增加。当风速达到额定风速时，风电机组会输出其额定功率，之后输出功率会保持大致不变。当风速进一步增加，达到切出风速的时候，风电机组会刹车，不再输出功率以免受损。因此，风电机组的实际输出功率 P 为

$$P(v)=\begin{cases}0 & 0\leqslant v\leqslant v_i, v>v_c \\ \eta(v)P_r & v_i<v\leqslant v_r \\ P_r & v_r<v\leqslant v_c\end{cases} \tag{2-2}$$

式中　v_i——风力涡轮机切入风速（也称启动风速）；

v_r——风力涡轮机额定功率风速；

v_c——风力涡轮机切出风速（也称停机风速）；

$\eta(v)$——发电机输出功率与风速之间的关系。

2. 风电机组出力波动性

不同时间尺度下风电出力波动率的最大值随时间尺度的增加而逐步增大。风力发电机群自身具有很好的互补平滑作用，如图 2-15 所示，风电机组有功功率波动率随风电机组的台数增加而降低。

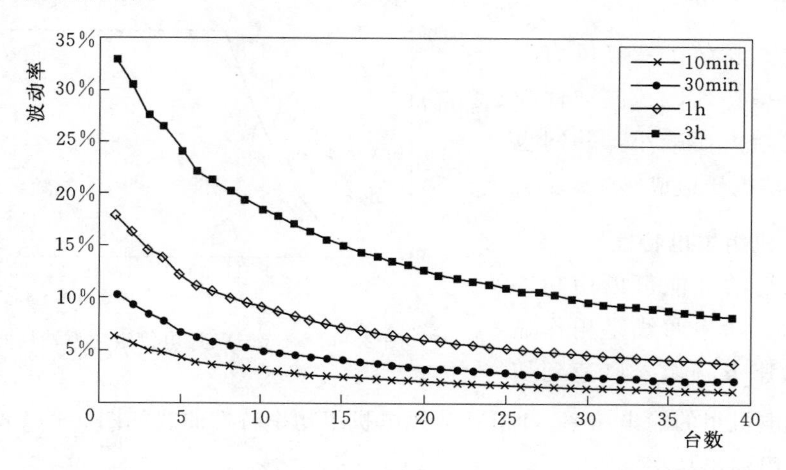

图 2-15　不同维度下风电 10min、30min、1h 和 3h 功率波动概率分布

3. 无功电压

传统配电网一般呈辐射状，稳态运行状况下，沿馈线潮流方向电压逐渐降低。接入风电后，在稳态运行情况下（视负荷恒定不变），由于馈线上的传输功率减小以及风电输出的无功支持，使得沿馈线的各负荷节点处的电压被抬高。电压被抬高多少与接入风电的位置及总容量的大小有关。

风电接入将对配电网的电压产生很大影响，应通过风电机组和无功补偿装置的协调控制，或与其他可控电源的协调控制来抑制系统电压的波动。

2.1.3　分布式储能

从广义上来讲，储能即能量存储媒介，通过某种介质或装置，将一种形式的能量转换为另一种形式的能量并存储起来，在需要时以特定能量形式释放出来。从狭义上讲，是指

利用化学、物理或者其他方法将电能存储起来并在需要时释放的一系列技术和措施。

2.1.3.1　发电原理

1. 机械储能

（1）压缩空气储能。压缩空气储能系统由两个循环过程构成其储能过程，分别是充气压缩循环和排气膨胀循环。压缩时，利用谷荷的多余电力驱动压缩机，将高压空气压入地下储气洞；峰荷时，储存压缩空气先经过预热，再使用燃料在燃烧室内燃烧，进入膨胀做功发电，如图 2-16 所示。

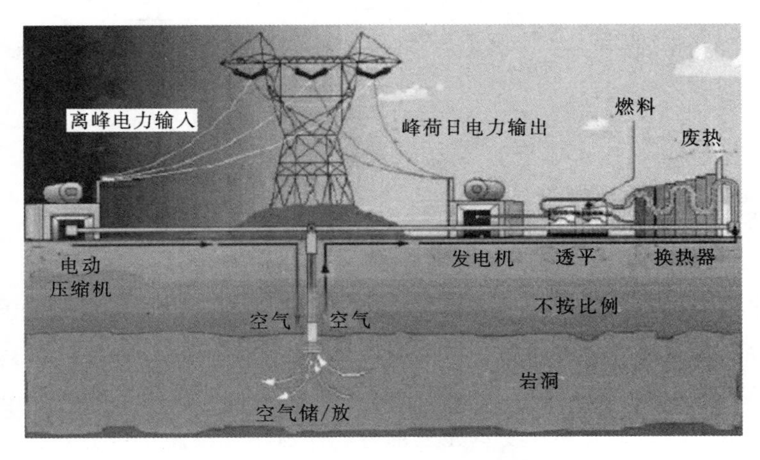

图 2-16　压缩空气储能系统结构示意图

压缩空气储能发电系统一般包括地下洞穴、同流换热器、压缩机组（压缩机、中期冷却器、后期冷却器）、燃气轮机和发电机等部分。来自电网的电能驱动电动机，带动气体压缩机，压缩空气时产生的热能由中期冷却器和后期冷却器吸收并储存。在这个过程中，电网的电能大部分作为压缩气体的势能储存在洞穴，少量被压缩冷却器吸收作为热能存储。

（2）飞轮储能。飞轮储能系统是一种机电能量转换的储能装置，用物理方法实现储能。通过电动/发电互逆式双向电机，电能与高速运转飞轮的机械动能之间的相互转换与储存，并通过调频、整流、恒压与不同类型的负载接口。储能时，电能通过电力转换器变换后驱动电机运行，电机带动飞轮加速转动，飞轮以动能的形式把能量储存起来，完成电能到机械能转换的储存能量过程，能量储存在高速旋转的飞轮体中；之后，电机维持一个恒定的转速，直到接收到一个能量释放的控制信号；释能时，高速旋转的飞轮拖动电机发电，经电力转换器输出适用于负载的电流与电压，完成机械能到电能转换的释放能量过程。整个飞轮储能系统实现了电能的输入、储存和输出过程。

典型的飞轮储能系统由飞轮本体、轴承、电动/发电机、电力转换器和真空室 5 个主要组件构成。在实际应用中，飞轮储能系统的结构有很多种。图 2-17 是一种飞轮与电机合为一体的飞轮储能系统。飞轮储能系统是由高速飞轮转子磁轴承系统、电动/发

电机、电力变换系统和真空罩等部分组成。

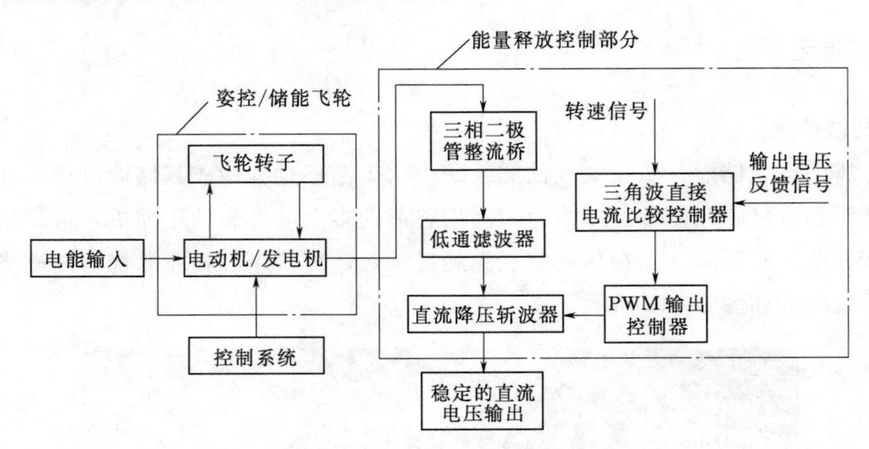

图 2-17　飞轮储能系统结构示意图

2. 电磁储能

（1）超级电容器储能。超级电容器储能单元根据电化学双电层理论研制而成，可提供强大的脉冲功率，充电时处于理想极化状态的电极表面，电荷将吸引周围电解质溶液中的异性离子，使其附于电极表面，形成双电荷层，构成双电层电容。超级电容器储能系统工作时，通过IGBT逆变器将直流侧电压转换成与电网同频率的交流电压，其主电路包括整流单元、储能单元和逆变单元三部分。整流单元给超级电容器充电，并为逆变单元提供直流电能；逆变单元通过变压器与电网相连。

（2）超导磁储能。超导磁储能是利用超导线圈作储能线圈，由电网经变流器供电励磁，在线圈中产生磁场而储存能量。需要时，可经逆变器将所储存的能量送回电网或提供给其他负载用，工作原理图如图 2-18 所示。按照功能模块划分，超导磁储能的基本结构主要由超导线圈、失超保护、冷却系统、变流器和控制器等组成。超导磁储能系统结构图如图 2-19 所示。

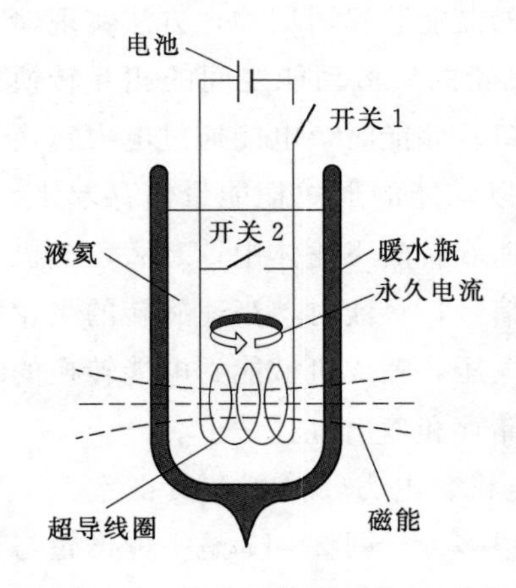

图 2-18　超导磁储能工作原理图

3. 电化学储能

一般电池储能系统的主要组成包括电池单元、电池管理系统、逆变并网系统、监控系统、电气及继电保护系统等。电池管理系统测量电池的电压、充放电电流和温度。逆变并网系统采用高可靠性功率开关器件，DSP数字控制，输出经工频变压器隔离，保证逆变器自身出现故障时不会影响电网。电池储能系统的高压、低压交流和直流等一次部分均采用具有过负荷和短路保护的开关器件，并通过配套的继电保护系统监测系统的运行状态，保证系统能够正常运行。

不同类型电池储能单元的发电原理如下：

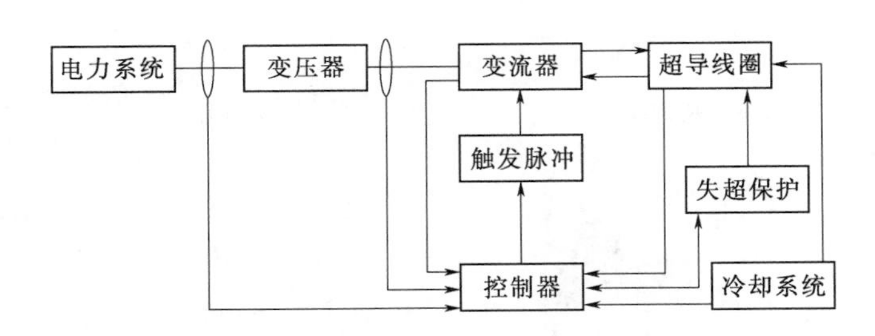

图 2-19 超导磁储能系统结构图

（1）铅酸电池。铅酸电池主要由正极板、负极板、电解液、隔板、槽和盖等组成。正、负极板都浸在一定浓度的硫酸水溶液中，隔板为电绝缘材料，将正、负极隔开。正极活性物质是 P_bO_2，负极活性物质是海绵状金属铅，电解液是硫酸。正、负两极活性物质在电池放电后都转化为硫酸铅（P_bSO_4）。铅酸电池充放电时主要发生如下电化学反应：

负极反应 $$Pb+HSO_4^- -2e \longleftrightarrow PbSO_4+H^+ \quad (2-3)$$

正极反应 $$PbO_2+3H^+ +HSO_4^- +2e \longleftrightarrow PbSO_4+2H_2O \quad (2-4)$$

电池总反应 $$PbO_2+Pb+2H^+ +2HSO_4^- \longleftrightarrow PbSO_4+2H_2O \quad (2-5)$$

铅酸电池具有许多优点：自放电小；高低温性能较好；电池寿命较长；结构紧凑，密封良好，抗震动；比容量高；价格低廉，制造及维护成本低等。但是也存在许多不足：最为突出的是比能量低，一般为 30～50Wh/kg；其次是循环寿命短；由于铅酸电池在制造和使用过程中产生污染，发展受到制约。

（2）镍镉电池。镍镉电池是具有悠久发展史的蓄电池，曾得到广泛应用。镍镉蓄电池的正极材料为氢氧化亚镍和石墨粉的混合物，负极材料为海绵状镉粉和氧化镉粉，电解液通常为氢氧化钠或氢氧化钾溶液。为兼顾低温性能和荷电保持能力，密封镍镉蓄电池采用密度为 1.40g/L（15℃时）的氢氧化钾溶液。

镍镉蓄电池充电后，正极板上的活性物质变为氢氧化镍（NiOOH），负极板上的活性物质变为金属镉；镍镉电池放电后，正极板上的活性物质变为氢氧化亚镍，负极板上的活性物质变为氢氧化镉。化学反应如下：

$$Cd^{2+}+2OH^- +2e \longleftrightarrow Cd(OH)_2 \quad (2-6)$$

$$2Ni(OH)_2+2H^+ +2e \longleftrightarrow 2NiOOH+2H_2O \quad (2-7)$$

$$Cd^{2+}+2OH^- +2Ni(OH)_2+2H^+ \longleftrightarrow Cd(OH)_2+2NiOOH+2H_2O \quad (2-8)$$

镍镉电池的标称电压为 1.2V，正常使用的容量效率为 67%～75%，电能效率为 55%～65%，循环寿命为 300～800 次。镍镉电池的特点是效率高、能量密度大、体积小、重量轻、结构紧凑，不需要维护。由于镍镉电池的记忆效应比较严重，循环 500 次后，容量会下降至 80%；且电池材料中的镉有毒，不利于环境保护。

（3）锂离子电池。锂离子电池采用了一种锂离子嵌入和脱嵌的金属氧化物或硫化物作为正极，有机溶剂-无机盐体系作为电解质，碳材料作为负极。充电时，Li^+ 从正极

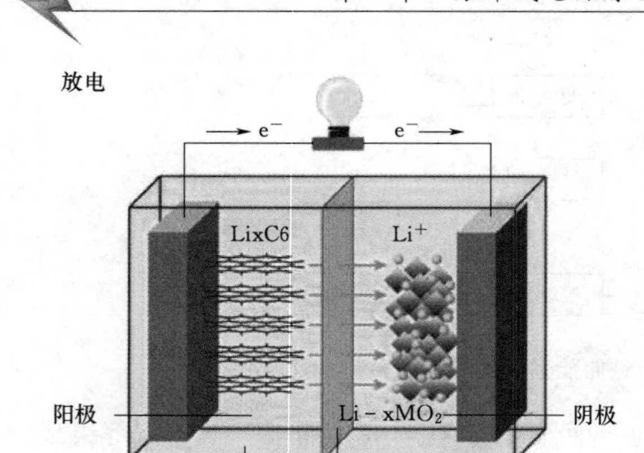

图 2-20　锂离子电池工作原理

脱出嵌入负极晶格，正极处于贫锂态；放电时，Li^{+} 从负极脱出并插入正极，正极为富锂态。为保持电荷的平衡，充、放电过程中应有相同数量的电子经外电路传递，与 Li^{+} 同时在正负极间迁移，使负极发生氧化还原反应，保持一定的电位，如图 2-20 所示。

根据电极材料划分，锂离子电池又分为钴酸锂、镍酸锂、锰酸锂、磷酸铁锂、钛酸锂等。其中应用较为广泛的是磷酸铁锂电池。其单体电池理论容量为 170mAh/g，循环性能好，单体放电深度（depth of discharge，DOD）100％循环 2000 次后容量保持率为 80％以上，安全性高，可在（1～3）C（C 为额定放电电流）下持续充放电，且放电平台稳定，瞬间放电倍率能达 30C；但铁锂电池的低温性能差，0℃时放电容量降为 70％～80％，电池的一致性仍然存在问题，成组后电池寿命会下降。

（4）全钒液流电池。全钒液流电池以溶解于一定浓度硫酸溶液中的不同价态的钒离子为正负极电极反应活性物质。电池正负极之间以离子交换膜分隔，彼此相互独立。通常情况下，全钒液流电池正极活性电对为 VO^{2+}/VO_2^{+}，负极为 V^{2+}/V^{3+}。电极上所发生的反应如下：

正极
$$VO^{2+}+H_2O-e \longleftrightarrow VO_2^{+}+2H^{+} \qquad (2-9)$$

负极
$$V^{3+}+e \longleftrightarrow V^{2+} \qquad (2-10)$$

电池总反应
$$VO^{2+}+H_2O+V^{3+} \longleftrightarrow VO_2^{+}+V^{2+}+2H^{+} \qquad (2-11)$$

两个反应在碳毡电极上均为可逆反应，反应动力学快、电流效率和电压效率高，是迄今最为成功的液流电池。对于 1mol/L 活性溶液，全钒液流电池正负极的标准电势差为 1.26V。

全钒液流电池的储能容量只取决于电解液储量和浓度，输出功率只取决于电池堆的大小，设计非常灵活；充放电性能好，可深度放电而不损坏电池；电池的自放电低，电池使用寿命可达 15～20 年。

（5）钠硫电池。钠硫电池以钠和硫分别用作阳极和阴极，氧化铝（$\beta-Al_2O_3$）陶瓷同时起隔膜和电解质的双重作用，工作温度范围在 300～360℃。高温下的电极物质处于熔融状态，使得钠离子流过氧化铝固态电解液的电阻大大降低，以获得电池转换高效率；而电解液则是钠硫电池的关键技术，要求具备高钠离子传导能力、高机械强度和优异的空间稳定性。钠硫电池的电极反应原理为

$$2Na+xS \longleftrightarrow Na_2S_x \qquad (2-12)$$

电池放电时，作为负极的 Na 放出电子到外电路，同时 Na^{+} 经固态电解质 $\beta-Al_2O_3$

移至正极与S发生反应形成钠硫化物Na_2S_x；电池充电过程中，钠硫化物在正极分解，Na^+返回负极并与电子重新结合，如图2-21所示。

钠硫电池储能系统包括电池子系统和功率转换子系统两部分。其中：电池子系统由电池储柜、NaS电池模块、模块连接母线和直流短路开关组成；功率转换子系统通常由电压源逆变器、监测传感器、系统控制器、变压器构成。

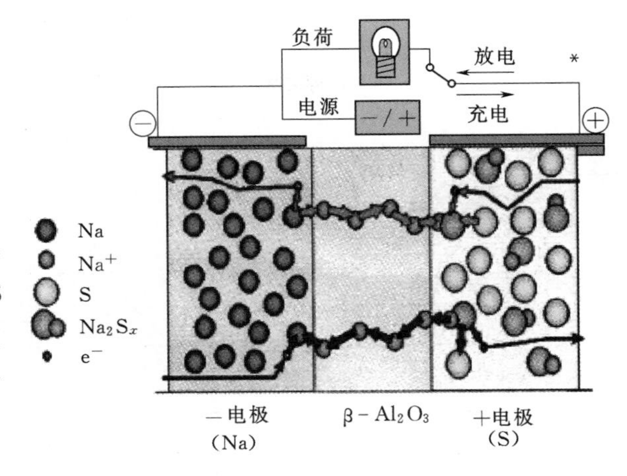

图2-21　钠硫电池工作原理

2.1.3.2　运行特点

储能在电力系统发电、输配电和用电各环节都有积极作用，可优化全系统资源配置、提高运行稳定性和能量利用效率。在发电侧，储能可以提高风能、太阳能等可再生能源发电的电能质量，优化发电侧的电源结构，减少火力发电机组用于旋转备用的比例，从而减少燃料使用和污染物排放，提高发电效率；在输配电侧，储能可以作为系统内的调峰、调频电源，相比于传统方式其具有响应快速、准确和效率高等优势，同时可减缓及降低输配电设备投资，提高设备的利用效率；用户侧的分布式储能，主要利用当前用电峰谷价差下的“谷充峰放”模式，以改善电力用户电费结构，降低用电成本为目的，客观上有利于缓解电网峰谷差调节压力，可提高电能质量和用电可靠性。储能应用中大部分场景目前在国内已有初步应用探索，其他场景也已在国外具有应用实践，储能技术应用场景分类如图2-22所示。

分布式储能在提高电网灵活调节能力、缓解调峰的同时，也会增加配电网运行管理的困难，主要体现在以下几个方面：

（1）用户具备的自平衡能力将改变负荷特性。用户配置储能后将具备一定的自主性，其用能特性将由传统的单纯负荷转化为有源负荷，进而改变配网运行特性，增加负荷预测难度。

（2）大量储能设备无序运行可能对配电网造成冲击。目前用户侧储能（包括电动汽车）布局分散，出力具有双向性、随机性等特点，对电网来说“不可观、不可控”，若缺乏有效管理和引导，可能出现大量储能设备集中充放电现象，导致负荷大幅波动，对配电网运行造成不可忽视的冲击。

（3）大量用户侧储能经公共通信网络接入，存在被恶意控制的网络安全风险。

（4）增加配电网运行管理难度。用户侧储能改变了传统的配网运行特性和方式，增加配电网运行方式及计划安排复杂性，增加继电保护和自动装置的配置难度，对配电网调度控制及运行维护业务提出了更高要求。

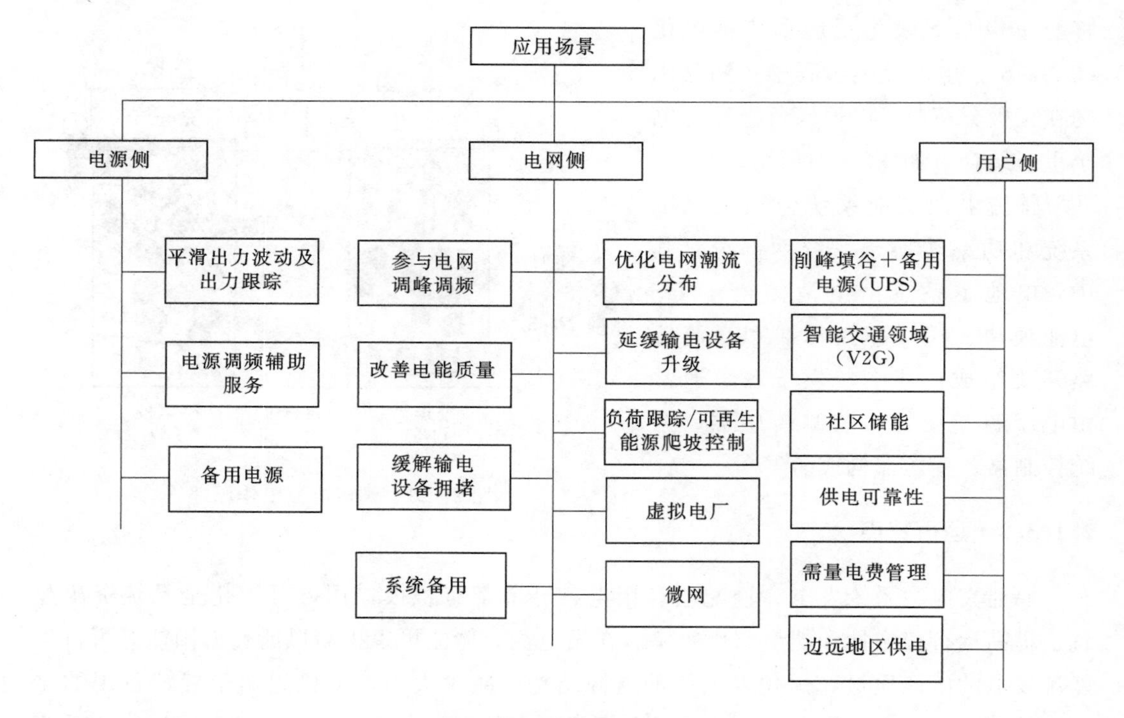

图 2-22　储能技术应用场景分类

2.1.4　小水电

小水电作为一种清洁无污染、可再生、具有良好生态与社会效益的绿色能源，其能源优势日益突出。我国的小水电资源丰富，分布广泛。经过几十年的建设，国内小水电发展已达到相当规模，特别是在 21 世纪国家提出节能减排、绿色科学发展的要求后，小水电得到了更迅速的发展。

小水电通常是指装机容量很小的水电站或者水力发电装置。目前各国对小水电没有一致的定义和容量范围的划分界限。在现阶段，我国小水电通常指装机容量在 50MW 及以下的水电站。

2.1.4.1　发电原理

水力发电的原理是指利用河流、水库的水位能转换成电能，具有环保、成本低、设备简单等优点。利用水位能就必须要有落差，但河流自然落差一般沿河流逐渐形成，在较短距离内水流自然落差较低，需通过适当的工程措施人工提高落差，也就是将分散的自然落差集中，形成可利用的水头。常用的集中落差方式有筑坝、引水或两者混合。

1. 筑坝发电方式

在落差较大的河段修水坝，建立水库蓄水提高水位，在坝外安装水轮机，水库的水流通过输水道（引水道）到坝外低处的水轮机，水流通过水轮机旋转带动发电机发电，

然后通过尾水渠到下游河道，这是筑坝建库发电的方式。图 2-23 是筑坝建库方式的发电原理图。

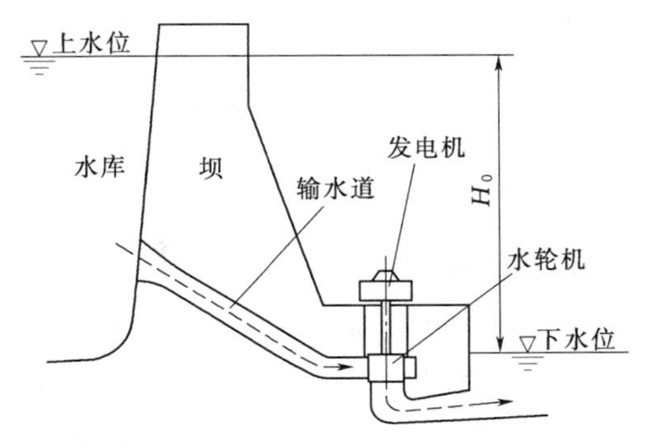

图 2-23 筑坝建库方式的发电原理图

由于坝内水库水面与坝外水轮机出水面有较大的水位差 H_0，水库里大量的水通过较大的势能进行做功，可获得较高的水资源利用率，采用筑坝集中落差的方法建立的水电站称坝式水电站，主要有坝后式水电站与河床式水电站。

2. 引水发电方式

引水式发电是在河流坡降较陡、落差比较集中的河段，以及河湾或相邻两河河床高程相差较大的地方，利用坡降平缓的引水道引水而与天然水面形成符合要求的落差（水头）的发电方式。在河流高处建立水库蓄水提高水位，在较低的下游安装水轮机，通过引水道把上游水库的水引到下游低处的水轮机，水流推动水轮机旋转带动发电机发电。引水发电原理图如图 2-24 所示。

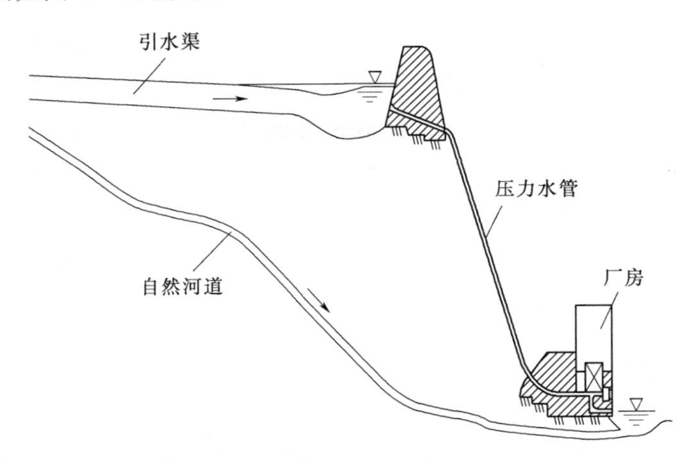

图 2-24 引水发电原理图

由于上游水库水面与下游水轮机出水面有较大的水位差 H_0，水库里大量的水通过较大的势能进行做功，可获得很高的水资源利用率。采用引水方式集中落差的水电站称为引水式水电站，主要有有压引水式水电站与无压引水式水电站。

小水电多存在于山区，就近 T 接到 10kV 馈线，实现并网发电。然而，山区负荷分散、负荷密度低，变电站偏少，使得 10kV 馈线供电距离往往长达 10～20km。小水电以分布式发电的形式在配电网大规模并网发电，改变了传统的配电网运行方式，从原来的无源网络变为有源网络、单向潮流变为双向潮流，尤其是沿线电压分布不均和电压大幅波动的情况日益凸显。由于小水电容量较小，因此克服河流水量季节性变化的能力差，发电时馈线沿线电压偏高；不发电时馈线末端电压偏低。因此，10kV 馈线电压水平随着沿线小水电出力的变化运行特点呈现越上限或越下限两个极端，在降水季节性变化大的地区，小水电的出力波动性大。

2.1.4.2　运行特点

1. 小水电发电优势

（1）小水电能源转换效率高。能源转换效率即经一系列生产技术环节转换出的二次能源产量与能源加工转换投入量的比。在发电过程中，此技术指标还应包括将一次能源转化为电能的流程复杂程度及运作次数。目前效率较高的现代化火电厂与大规模风电场其能源转换效率不高于 60%，而水电因中间环节少，损耗低，在正常高水位和额定水头情况下其发电的能源转换效率可达 90%以上。

（2）小水电负荷调节响应快。相对于火电而言，小水电的负荷调节优势体现在启停时间和调节速率两方面。一般而言小水电的开机时间只需 2～5min，停机在 1min 内即可完成。而火电机组冷态启动需 7～9h，停机则需 30min～1h 不等。快速的启停特性决定了其可作为电网顶峰负荷备用，而在调度进行事故处理时，小水电又可作为区内临时电源大大缓解断面压力，作为事故备用。

在负荷调节速率方面，小水电较火电而言亦有着显著优势。火电厂的调节速率受多方因素影响，如煤质、辅机工况、机组性能等，在面临负荷大幅度或剧烈波动时，火电机组的调节性能不佳。而小水电的负荷响应速度很快，一般 1min 内即可带轻负荷或满载，其灵活快速的调节特性适用于有冲击性负荷或者用电负荷大幅剧烈波动的情况，不仅避免了输电线路功率的频繁剧烈变化，也使火电机组能在较稳定工况下运行，延长了火电机组的运行寿命，节约了宝贵的煤炭资源。同时调峰给小水电提供了可观的经济效益，也为电网安全经济调度提供了可靠保证。

2. 小水电带来的问题

（1）电压问题。由于小水电发电量受降雨量影响，不同季节发电量差异很大，而且如果出现负荷高峰时发电量较低、负荷低谷时发电量较高的情况，电压波动幅度尤为明显。常见的电压问题有：丰水期时变电所母线电压偏高；小水电接 10kV 线路导致电压偏高；枯水期时长线路电压偏低；此外，小水电启停、故障也对电网电压造成冲击。

（2）小水电机组无功问题。小水电站的功率因数高达 0.98～0.99，其不发无功或者是无功发不出的现象普遍存在，且较为严重。

（3）小水电监测不足问题。小水电不受电网统一调度管理，大量小水电无序并网使得配电网的电压问题难以控制，难以保证电能质量。

2.1.5　微型燃气轮机

微型燃气轮机发电系统是一种技术上成熟、商业应用前景广阔的分布式发电方式，通过发电余热的利用，实现冷、热、电联供，以提高一次能源的利用效率。根据冷热负

荷的位置，布置微型燃气轮机，可减少管道的铺设费用，减少热量的损失，提高经济效益。随着微型燃气轮机技术的进步和相应的高效回热器的出现，微型燃气轮机在分布式发电发展中越来越受到关注。

2.1.5.1 发电原理

微型燃气轮机（micro - turbine，MT）主要由径流式叶轮机械（向心式透平与离心式压气机）、燃烧室、板翘式回热器构成，如图 2-25 所示。微型燃气轮机功率一般在几百千瓦以下，以天然气、甲烷、柴油等为燃料的超小型燃气轮机，采用回热式布雷顿循环，其发电效率可达 30%，如实行热电联产，效率可以提高到 75%以上。与常规发电机组相比，微型燃气轮机具有寿命长、可靠性高、燃料适应性好、环境污染小和便于灵活控制等优点。它可以靠近用户，无论对中心城市还是远郊农村甚至边远地区均能适用。

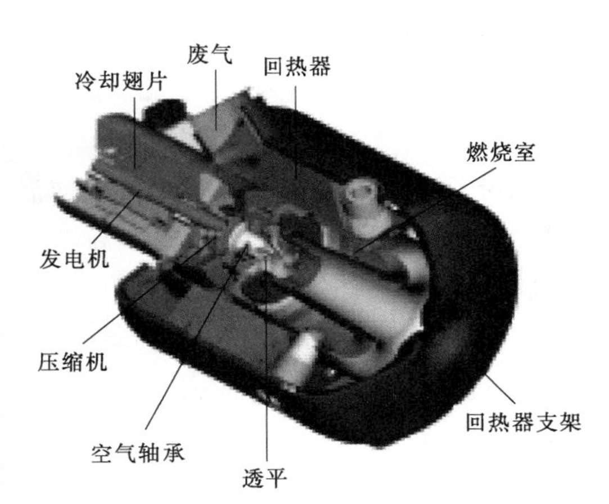

图 2-25 微型燃气轮机内部结构剖面图

常用微型燃气轮机发电系统主要有两类：第一类是通过齿轮箱将额定转速为 3600r/min 的汽轮机与传统的发电机相连，这种微型燃气轮机并网时不需要额外的电力电子接口，但由于齿轮箱维护费用高昂而应用范围有限；第二类是采用单轴结构，通过压缩机涡轮产生的转矩驱动高速发电机发电，此类微型燃气轮机发电系统产生的三相交流电频率高达 1500～4000Hz，需要通过整流逆变装置并网，但与使用齿轮箱相比，单轴系统效率更高、结构更紧凑、可靠性也更高，因此应用比较广泛。这里主要介绍单轴结构系统。

典型单轴结构微型燃气轮机发电系统结构框图如图 2-26 所示。该系统主要由微型燃气轮机、永磁发电机、整流器和逆变器组成。其工作原理为：先从离心式压气机出来的高压空气先在回热器内由涡轮排气预热；然后进入燃烧室与燃料混合、燃烧，高温燃气送入向心式涡轮做功，直接带动高速发电机（转速为 50000～120000r/min）发电；最后高频交流电流经过整流器和逆变器，即“AC - DC - AC”变换转化为工频交流电输送

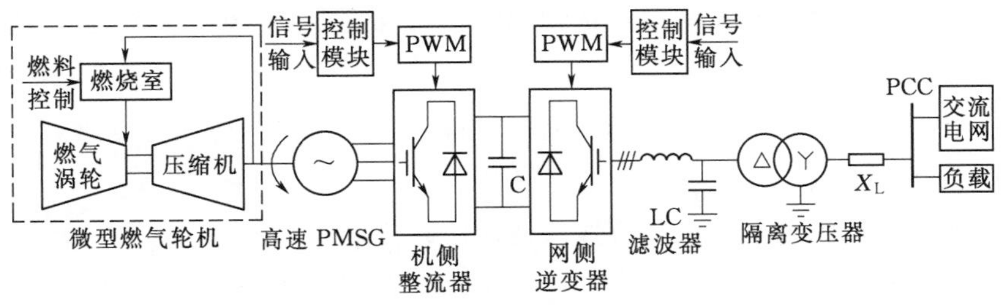

图 2-26 单轴结构微型燃气轮机发电系统结构框图

到交流电网。微型燃气轮机的单机容量较小，可以将多台小容量微型燃气轮机并列运行，以满足用户对微型燃气轮机容量的需求。目前更多的利用是将其作为主要电源接入微电网，为用户提供冷/热/电负荷。

2.1.5.2　运行特点

微型燃气轮机系统中燃料和空气的流量精确可控，当微型燃气轮机成功启动并达到稳定工作状态之后，其输出的电功率是稳定的，并网运行时不会对电网造成功率冲击。现有的 25～300kW 微型燃气轮机发电机组，扣除各种损耗后外输电的发电效率为 26％～30％，压气机的增压比多为 3.0～4.0，涡轮的最高效率点对应流量系数为0.2～0.3，载荷系数为 0.9～1.0，机组燃气初温小于 900℃，回热器的回热度不大于 0.9。微型燃气轮机单纯的发电效率不算很高，但通过能量梯级利用可实现冷热电三联供，大大提高了能源的综合利用效率。

2.2　分布式电源并网方式

2.2.1　配电网典型拓扑及运行情况

配电网是由线路、杆塔、配电变压器、开关、无功补偿装置以及附属设施等组成的在电力网中起分配电能作用的网络，通常电压等级在 110kV 及以下，但在负载率较大的特大型城市，220kV 电网也有配电功能。目前国内配电网多是指 35kV 及其以下电压等级的电网。我国配电网线路一般为单电源辐射状线路，网架结构主要以单联络、多分段多联络、单环网、双环网为主，典型拓扑结构如图 2 - 27 所示。

近年来，配电网建设在资金投入和自动化程度方面与输电网相比存在明显差距。随着用电负荷的不断增长和城镇化建设的快速发展，对配电网供电可靠性提出了更高要求。配电网存在的突出问题集中反映在以下方面：

（1）配电网电源点建设落后于城市建设。随着城市规模的不断扩张和工商业的快速发展，电源点容量及电能输送通道，尤其是配电线路的传输通道受到限制。

（2）早期建设的线路导线截面小、年久失修，线损率高。由于导线截面小，无功缺额和线损较大（个别地区配电网损耗达到 30％，一般地区为 15％～20％），能源浪费和环境污染较严重。

（3）供电不可靠因素增多。由于配电网设备老化等问题，往往一点故障可能引发全线甚至大面积停电事故。

（4）城市电网结构复杂，电网改造涉及面广，停电影响大。

（5）配电作业人员需要尽快熟悉配电网所采用的新技术、新材料、新设备、新工艺。

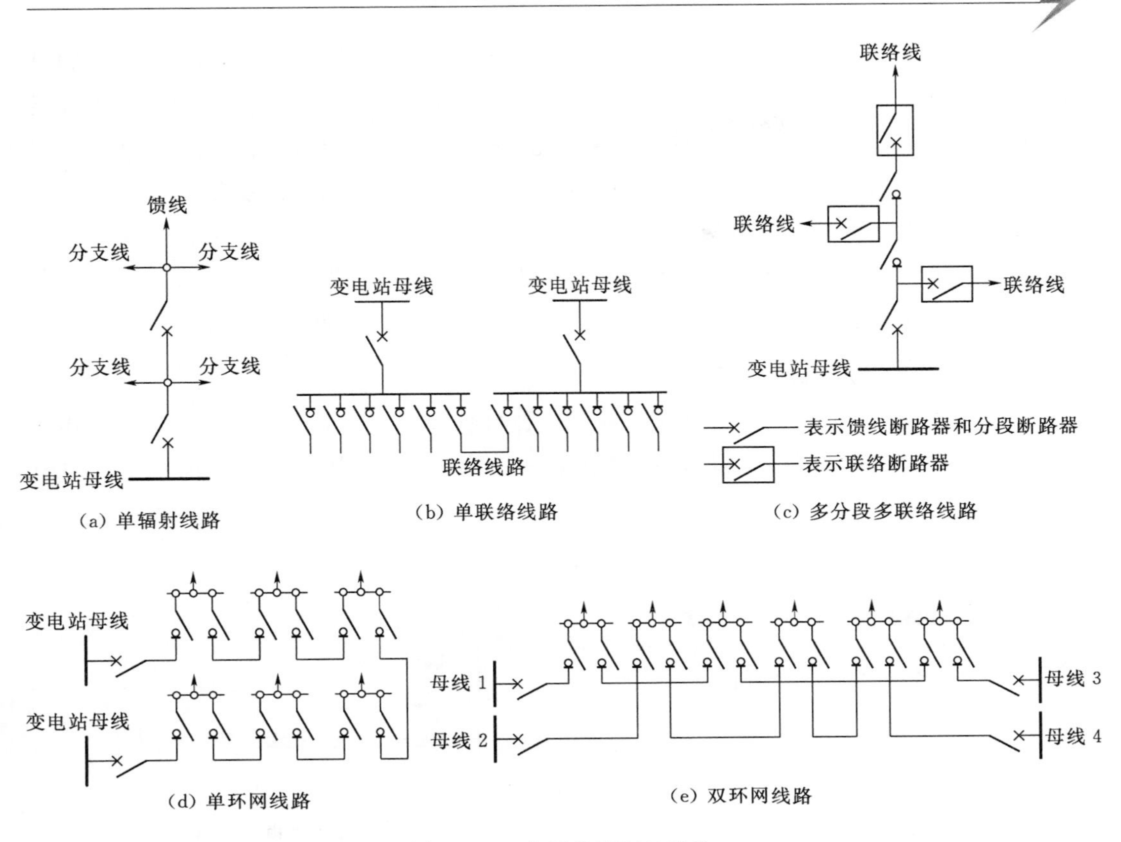

图 2-27 电网典型拓扑结构

2.2.2 分布式电源典型接入方式

根据分布式电源容量的大小，分布式电源接入配电网有不同的方式。一般 8kW 及以下电源接入 220V 配电网；8～400kW 电源接入 380V 配电网，有 3 种接入方式；400～6000kW 电源接入 10kV 配电网，有 4 种接入方式。

1. 专线接入 10kV 公共电网

专线接入 10kV 公共电网方式是在分布式电站的出线端，利用 10kV 电缆直接与公共电网的 10kV 母线相连接。其中公共电网的 10kV 母线，主要为开关站的出线间隔或变电站的出线间隔，如图 2-28 所示。

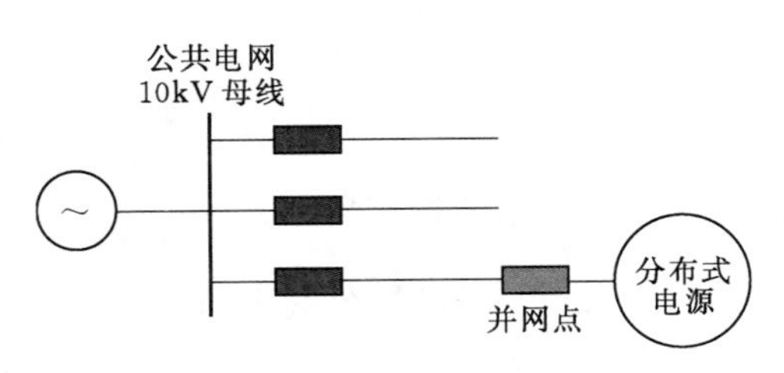

图 2-28 分布式电源专线接入 10kV 公共电网示意图

2. T 接接入 10kV 公共电网

T 接接入 10kV 公共电网方式是将分布式发电出线电缆在线路上加装并网点开关以并入 10kV 电网，如图 2-29 所示。

专线接入 10kV 公共电网方式最大的问题在于，变电站和开关站的间隔资源的有限性。特别是在主城区和用电量较为集中的工业园区内，由于用电项目非常多，区域内几乎没有间隔，通过改造增加间隔的成本和时间非常长，并且由于专线接入的投资比较大，主要投资包括升压变压器、电缆、电缆路径通道施工、通信光缆的改造及施工、保护配置相对较多。因此，此类接入方式应该用于容量较大的项目（1MW 以上），该种项目对接入成本增加的敏感度较低，并且适合全部发电量都上网的分布式电源项目的接入。

T 接接入 10kV 公共电网方式由于并网点为 10kV 架空线路中，目前公共电网架空线上，一般无法加装光纤通信设备，无法实现对分布式电站的调度和控制。

3. 专线接入用户 10kV 电网

专线接入用户 10kV 电网方式是最典型一种自发自用、余量上网的模式。分布式电源发电用户通过内部负荷先消耗，在用不完的情况下，可以送入电网，接入方式如图 2-30 所示。

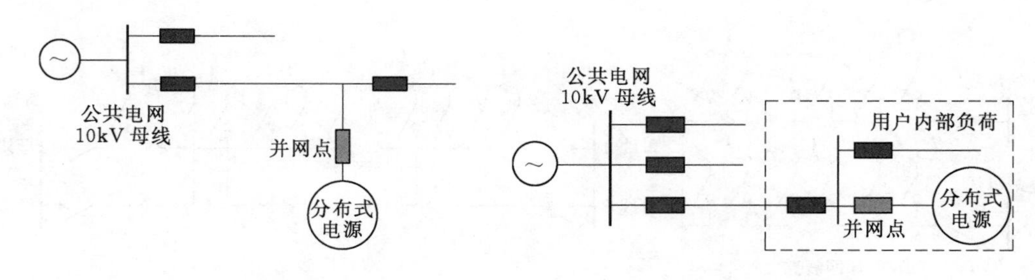

图 2-29　分布式电源 T 接接入 10kV 公共电网示意图

图 2-30　分布式电源专线接入用户 10kV 电网示意图

4. T 接接入用户 10kV 电网

分布式电源 T 接接入用户 10kV 电网示意图如图 2-31 所示，如果用户为架空线 T 接用户，由于线路上对于调度通信的装置的缺失，这种方式并不适合需要和电网建立调度关系的 10kV 并网分布式发电项目。

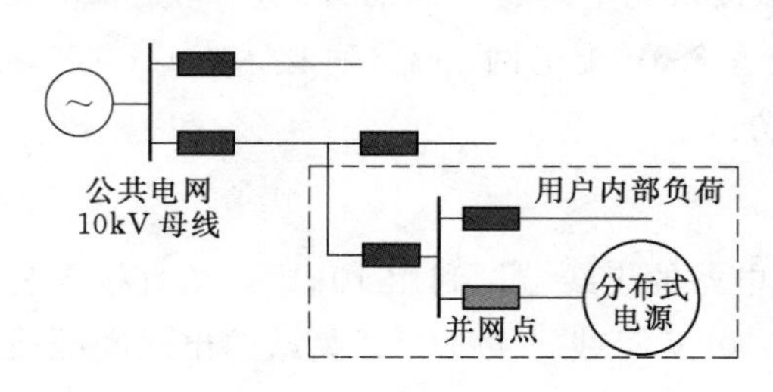

图 2-31　分布式电源 T 接接入用户 10kV 电网示意图

自发自用余量上网是目前国家最为鼓励的一种分布式能源利用方式。分布式电源项目建设往往是在厂用电申请完成之后才会进行。因此，这种接入方法带来的最大的好处是电缆路径和开关站间隔资源已经落实，只需增加通信设备的投资即可，在接入电网方面可以节省较多的投资费用。

5. 专线接入 380V 公共电网

分布式电源专线接入 380V 公共电网的方式是从 380V 低压母线接入，如图 2-32 所示。

6. T接接入380V公共电网

分布式电源T接接入380V公共电网是从380V低压分支配电箱接入，如图2-33所示。

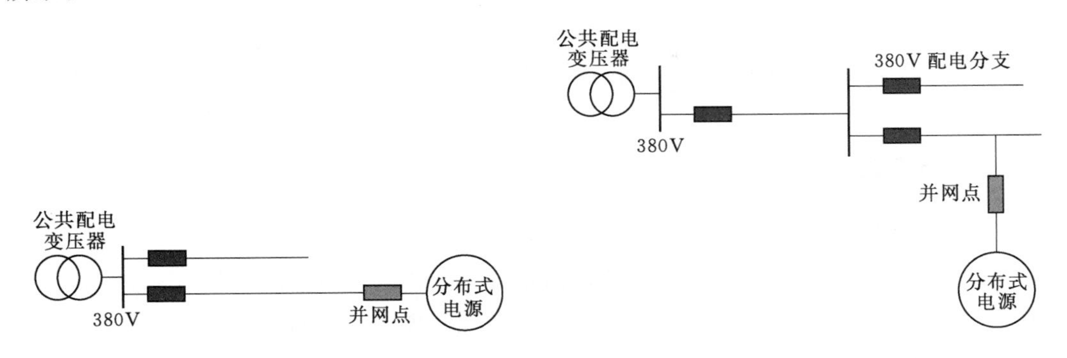

图2-32 分布式电源T接接入380V公共电网示意图

图2-33 分布式电源T接接入380V公共电网示意图

与10kV的项目不同，低压项目往往受到场地的限制，所安装的分布式电源容量有限，多为50kW以下的项目。其电能量输送的上级变压器为公用变压器，返送的电量不跨越变压器，而在380V的母线范围内被其他用户所消纳。

专线接入和T接接入380V公共电网的接入方式均为分布式发电系统直接通过电缆，接入变压器或开关站380V低压出线，只不过是接入的一级设备的不同。无论是直接接入低压总配电箱还是分支箱开关，都需要牵涉放电缆线，开挖线路通道等费用，投资较大。最典型的接入方式为先接入用户内部电网，通过用户原有的线路与公共电网的380V线母线进行连接，这样可以较多地节省通道投资的费用。

由于公用变压器设计时，是按照单向潮流设计。变压器不具备返送电的功能。因此为了能让电能更好地在母线上消纳，分布式电源的装机容量以不超过配变的25%为宜。如果有集中项目（如别墅群项目全部安装分布式发电模式），则需要更换变压器或增加储能装置。该两种接入方式是目前居民家庭分布式发电项目的主要模式。

7. 接入用户220/380V电网

接入220/380V用户内部电网如图2-34所示。该种模式一般用在用户侧负荷相对分布式发电装机容量较大且用电负荷持续的项目。如果一旦用户用电无法消纳，会通过变压器倒送到上一级电网，对于上一级电网以及用户配电变压器设备产生安全隐患和损害，因此需要在上送的端口安装防逆流的装置，避免倒送电。

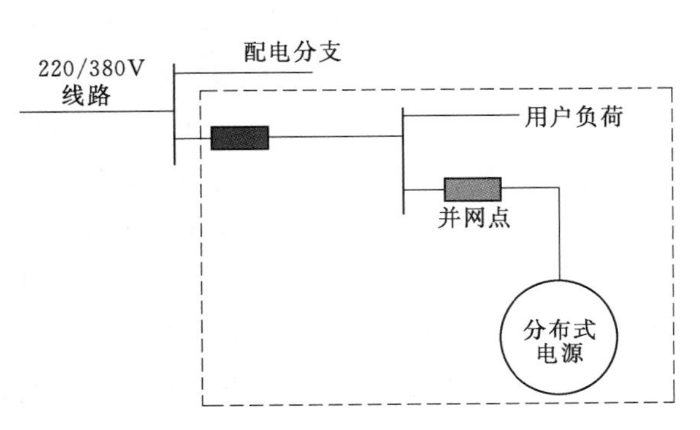

图2-34 分布式电源接入用户220/380V电网示意图

对于辐射型和双电源环网结构的配电网，分布式电源可专线接入，也可 T 接接入；对于多电源环网，分布式电源宜专线接入公共电网以降低调度运行操作以及保护配置的复杂性。我国目前的分布式发电工程，主要是接入辐射型结构的配电网为主，且以线路末端接入居多。

2.2.3　各类型分布式电源接入方式

2.2.3.1　分布式光伏发电

从实际应用来看，分布式发电并网模式可以分为以下类型：

(1) 完全自发自用模式，如图 2-35 所示。完全自发自用模式一般应用于用户侧用电负荷较大、用电负荷持续、一年中很少有停产或半停产发生的情况下，或者是，放假期间用户的用电维持负荷大小也足以消纳光伏电站发出的绝大部分电力。

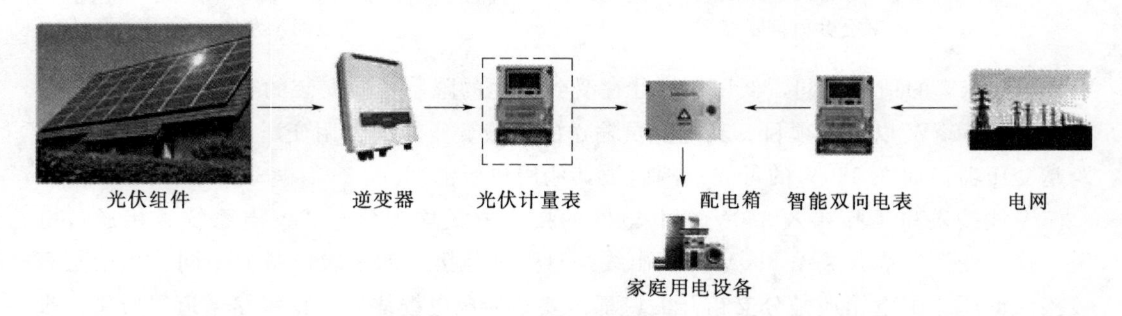

图 2-35　完全自发自用模式示意图

对于这类系统，由于低压侧并网，如果用户用电无法消纳，会通过变压器反送到上一级电网，而配电变压器设计是不允许用于反送电能的（可以短时倒送电，比如调试时，而长期不允许），其最初潮流方向设计是固定的，所以需要安装防逆流装置来避免电力的反送。

针对一些无法确保自身用电能够持续消纳光伏电力，或者生产无法保证持续性的用户，不建议采用此种并网方式。

单体 500kW 以下，并且用户侧有配电变压器的分布式光伏系统，建议采用这种模式，因为其升压所需增加的投资占比较大。

(2) 自发自用余电上网模式，如图 2-36 所示。自发自用余电上网是指分布式光伏发电系统当阴天、下雨或者自身故障时导致发电不足以满足用户用电需求时，由电网向负荷供电；光照条件好的时候，光伏发电优先供用户使用，富裕电量反向送到电网。光伏电站采用自发自用余电上网模式时，用户（或者光伏投资商）希望光伏电站发电量尽可能在企业内部消纳掉，多余电量可以送入电网。对于大多数用户来说，这是最理想的模式，这样既可以拿到自发自用较高电价，又可以在用不掉的情况下卖电给电网。

这种运营模式最大的缺点是收益模型不能固定，自发自用比例和余电上网比例始终在变化，电站融资、出售时评估价值会比实际产出有所打折，甚至投资方因为担心用电

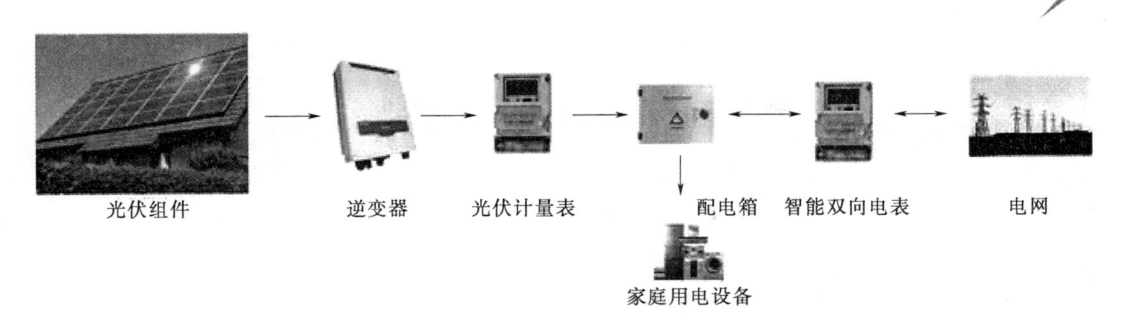

图 2-36　自发自用余电上网模式示意图

企业的未来经营状况而无法获得一个合理的资产价值。

(3) 全额上网模式，如图 2-37 所示。全额上网的分布式光伏并网发电系统不与用户侧的供电发生关系，所有发电量全部送入电网。在光伏发电大发展的近十年中，全额上网卖电一直是光伏应用的主流，也适用于未来的分布式光伏并网发电的发展。

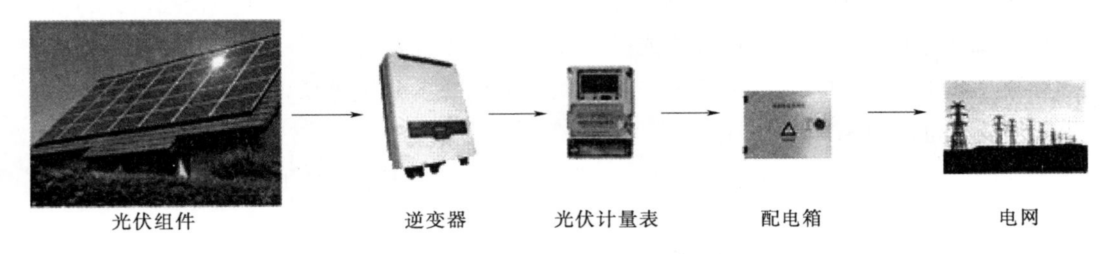

图 2-37　全额上网模式示意图

对比以上三种模式：完全自发自用模式在系统组成上相对简单，适用于白天用电量大的居民用户或者工商业用户，但必须保证能全部自用；自发自用余电上网模式的系统组成相对复杂一些，但自用或者卖电，比较灵活，且自用比例越高，成本回收周期越短；全额上网模式适用于白天用电量少的用户，成本回收期相对延长。国家能源局 2018 年 4 月下发的《分布式发电项目管理办法》中对分布式光伏发电项目上网形式等进行了分类梳理，如图 2-38 所示。

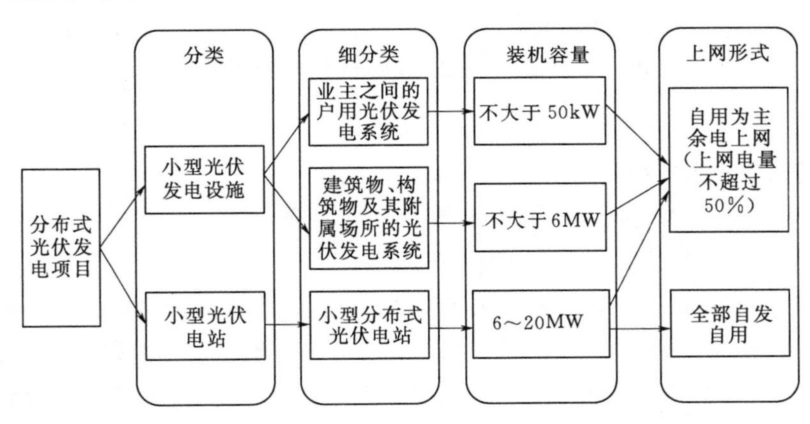

图 2-38　分布式光伏发电项目并网规模、上网形式

2.2.3.2　分散式风电

我国高度重视和大力支持分散式风电的开发，政府出台《关于印发分散式接入风电项目开展建设指导意见的通知》（国能新能〔2011〕374 号）、《关于加快推荐分散式接入风电项目建设相关要求的通知》（国能新能〔2017〕3 号）等多项政策鼓励分散式风电发展，国家能源局 2017 年《关于可再生能源发展“十三五”规划实施指导意见》指出“分散式风电严格按照相关技术规定和规划执行”，不受年度建设规模限制，这充分体现了政府对风电就地就近利用的支持。

根据 2018 年 4 月 3 日国家能源局颁布的《分散式风电开发建设暂行管理办法》（国能发新能〔2018〕30 号）相关规定，分散式风电有以下范围条件：

(1) 接入电压等级应为 110kV 及以下，并在 110kV 以下电压等级内消纳，不向 110kV 的上一电压等级电网送电。

(2) 35kV 及以下电压等级接入的分散式风电项目，应充分利用电网现有的变电站和配电系统设施，优先以 T 接方式或者 π 接的方式接入电网。

(3) 110kV（东北地区 66kV）电压等级接入的分散式风电项目只能有一个并网点，且总容量不超过 50WM。

(4) 在一个并网点接入的风电容量上限以不影响电网安全运行为前提，统筹考虑各电压等级的接入容量。

以某风电场为例，该风电场安装 6 台 1.5MW 的 MY1.5SE－82 型风电机组，采用直线型规则布置，出口电压 0.69kV，风电机组与 6 台 1.6MVA 箱式升压变采用一机一变的单元接线方式。

1. 接入点选择

原则上接入点应能实现风力发电就地平衡不上网，并提升 10kV 配电网末端电压，电网企业支持采用 T 接方案。

风电场选择主变 1 和主变 2 的 10kV 出线末端两处并网，这两条出线供电距离分别为 19.8km 和 17.5km，导线截面较小，且末端油气开采感性负荷的比重约为 90%，无功缺额较大，导致末端电压非常低，10kV 线路重载，网损较大，风电场接入 T 接方案如图 2－39 所示。

2. 分散接入主接线结构

接入点 1（主变 2 出线）主要为油气开采和农灌负荷，夏秋季负荷大。接入点 2（主变 1 出线）主要为油气开采和城市负荷，冬春季负荷大。考虑到接入点 1 和接入点 2 的负荷具有季节性互补特点，为了保证风电出力就地平衡不上网，并提高风电上网的灵活性和可靠性，该风电场电气主接线做了相应改进，摈弃了常规的单母分段接线，基于双母线接线进行简化，采用分组可调的并网方案。分散式风电机组分组可调电气主接线如图2－40所示。

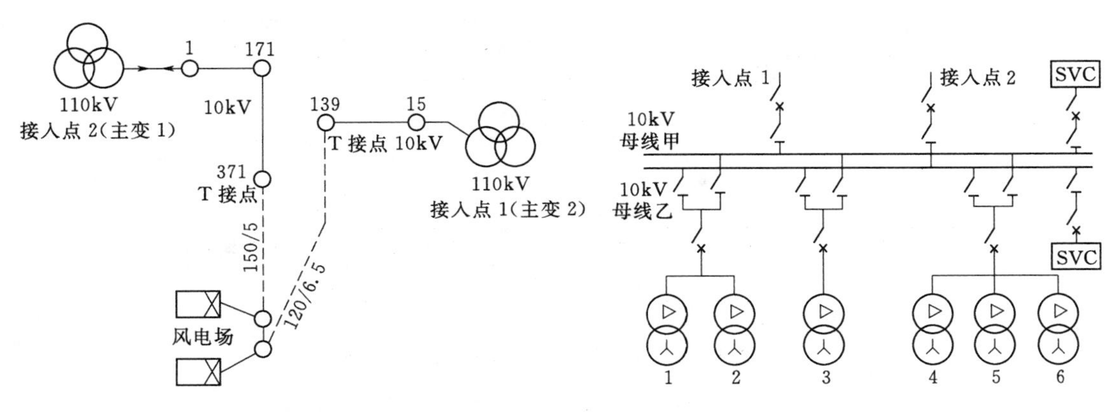

图 2-39 风电场接入 T 接方案

图 2-40 分散式风电机组分组可调电气主接线

3. 风电机组分组运行方式

风电机组分组运行方式调整：根据并网点负荷大小正常运行方式下 6 台风电机组以（2 台，4 台）组合方式分别 T 接在主变 2 的 10kV 新出线和主变 1 的 10kV 新出线上，新建 2 条送出线路长度分别约为 6.5km 和 5km。

为了保证 6 台风电机组发电出力的完全就地平衡，针对 2 条上网线路负荷预测，风电机组可以有（1 台，5 台）、（2 台，4 台）和（3 台，3 台）三种组合运行方式，完全能够适应负荷的发展及季节性变化。

2.2.3.3 分布式储能

分布式电池储能系统的典型并网模式，根据接入点数目的选择，可以分为分散式接入和集中式接入两种。

1. 分散式接入

（1）层次关系。分布式储能分散式接入的层次结构图如图 2-41 所示。电网调度根据电网的运行状态和实时需求向储能综合调度系统下发功率需求指令；储能综合调度系统接收指令后，根据所有储能就地监控系统上传的实时状态信息进行优化分配，向各个储能就地监控系统下发遥控信号；储能就地监控系统采集储能电池管理系统、储能变流器设备端遥测量、遥信量等重要信息，同时与馈线终端系统进行信息交互。可以看出，储能综合调度系统对一定区域内的各个分布式储能系统进行集中监视、控制和管理，向就地储能监控系统下发遥控命令。

（2）系统接入与构成。分布式储能分散式接入方式如图 2-42 所示。分布式储能系统可在 10kV 或 380V 接入，结合储能的安装容量和安装点的线路和变压器容量考虑接入电压等级。

分布式储能分散式接入系统基本组成框架如图 2-43 所示，每组独立的分布式储能

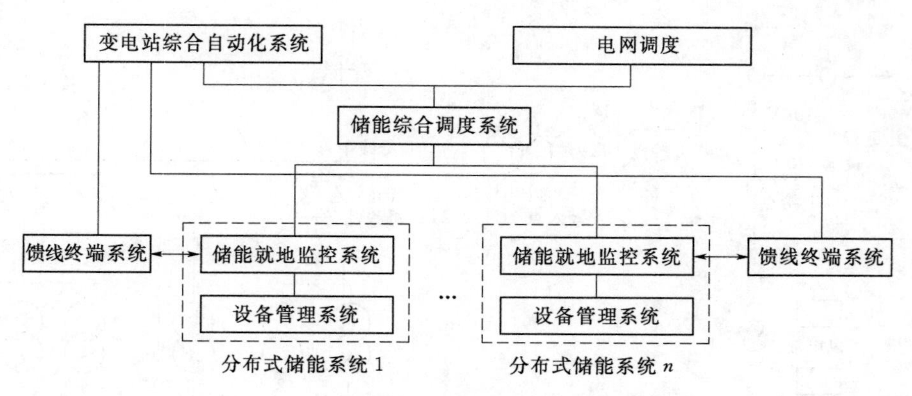

图 2-41　分布式储能分散式接入的层次关系示意图

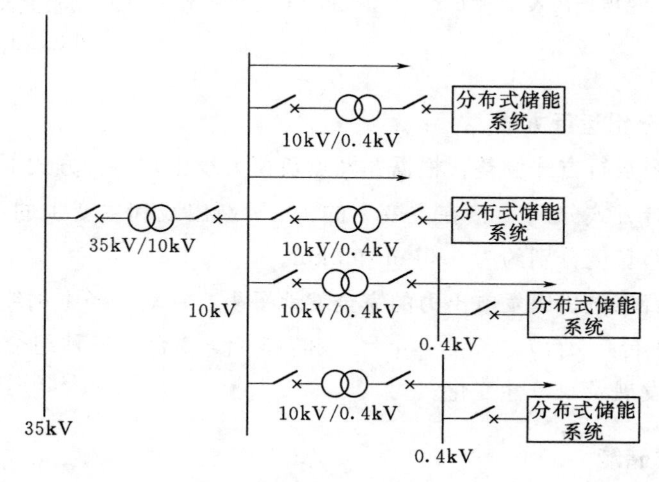

图 2-42　分布式储能分散式接入方式

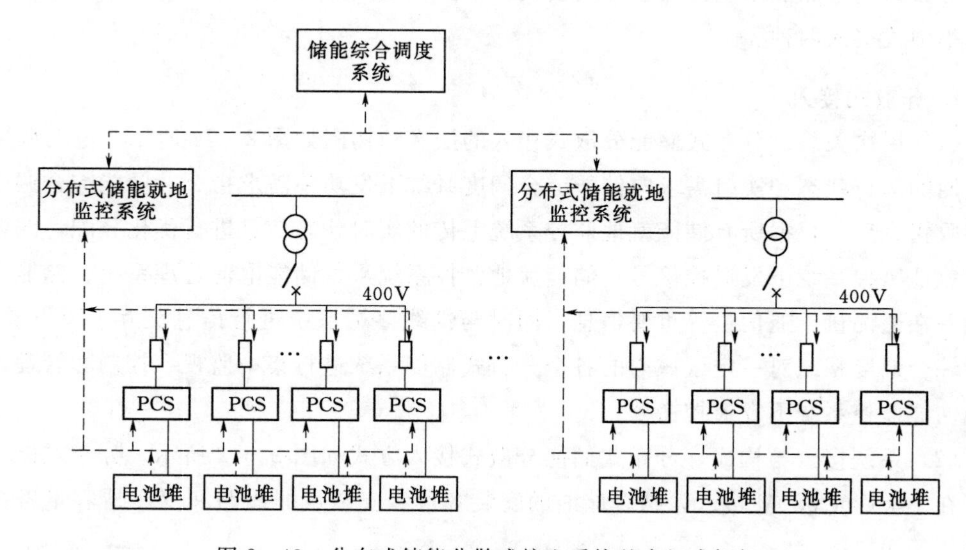

图 2-43　分布式储能分散式接入系统基本组成框架

系统由储能电池堆、储能变流器、分布式储能就地监控系统和开关、升压变和断路器构成。由于在不同地点安装多套储能系统，需配置一套储能综合调度系统对所有分布式储能系统进行集中监视、控制和管理。

2. 集中式接入

(1) 层次关系。储能集中式接入的层次关系如图 2-44 所示。其中：变电站综合自动化系统根据电网的运行状态和实时需求向集中式储能监控系统下发功率需求指令；集中式储能监控系统接收指令后，根据所有储能系统设备上传的实时状态信息进行分配，向各个储能控制系统直接下发遥控信号；集中式储能监控系统采集储能电池管理系统、储能变流器设备端遥测量、遥信量等重要信息。

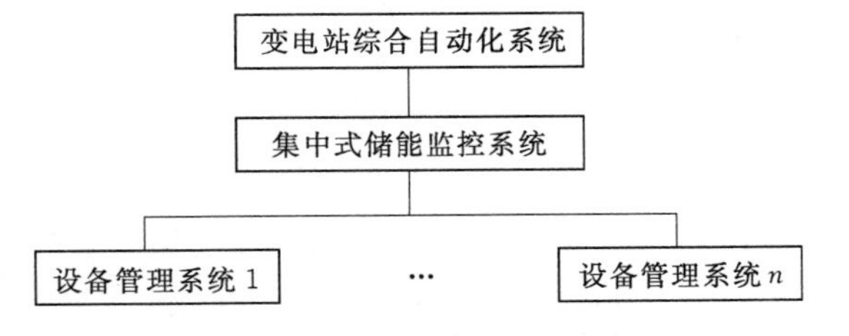

图 2-44 储能集中式接入的层次关系

(2) 系统接入与构成。储能集中式接入方式如图 2-45 所示。集中式储能系统可通过多组升压变直接接入 35kV 母线，应综合考虑储能的安装容量和安装点的线路与变压器的容量匹配。

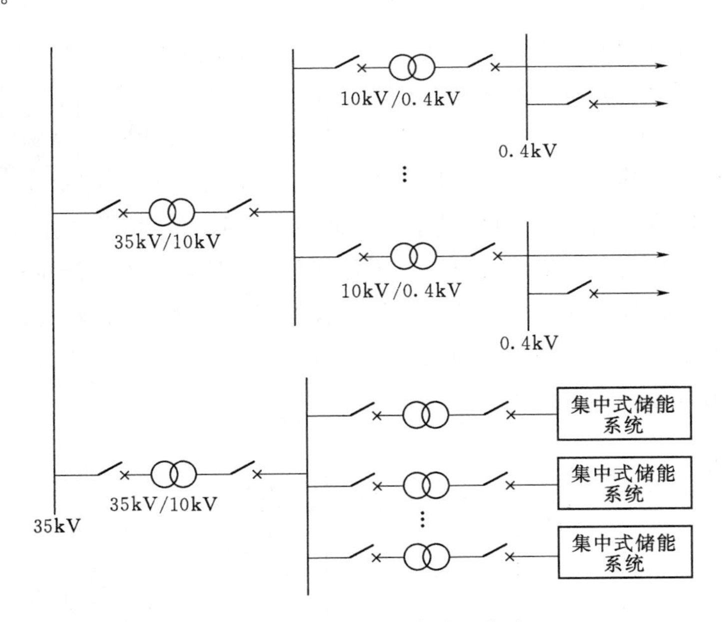

图 2-45 储能集中式接入方式

储能集中式接入的基本框架如图 2-46 所示，由多个独立可调度的储能子系统构成，每套子系统由储能电池堆、储能变流器、并网开关、升压变和断路器构成，可结合储能子系统的容量选择配置储能回路监控系统。由于集中式储能系统容量大，对多个独立可调度的储能子系统需进行统一监视、控制和管理，还需在变电站安装一套集中式储能监控系统。

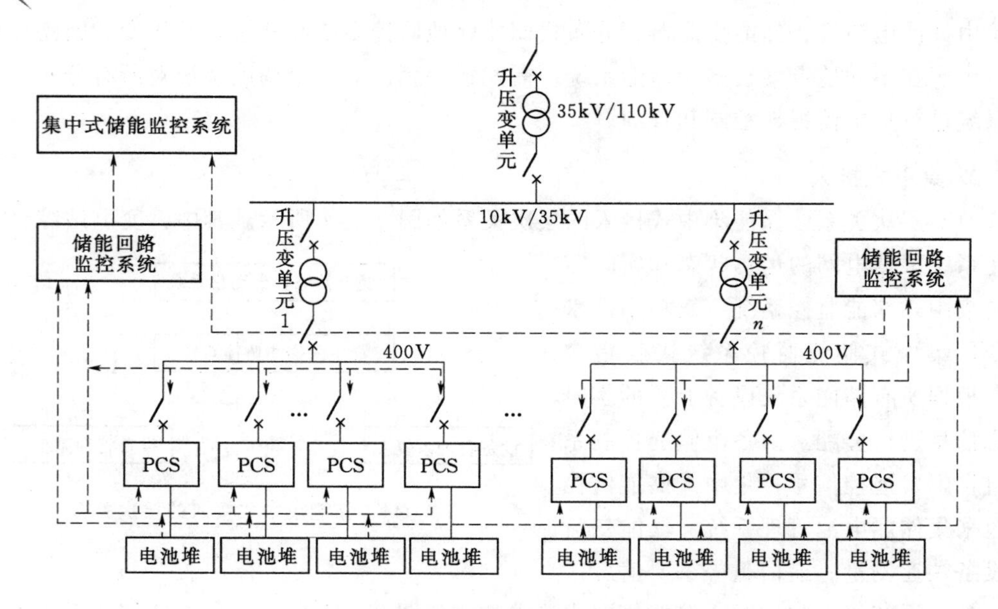

图 2-46　储能集中式接入的基本框架

2.2.3.4　微型燃气轮机

以国家 863 计划“兆瓦级冷热电联供分布式能源微网并网关键技术和工程示范”项目为例，说明微型燃气轮机典型并网模式。该项目示范点位于佛山供电局，示范点的系统主接线图如图 2-47 所示。示范点负荷由调度大楼、综合楼和试验楼 3 栋大楼组成。示范点负荷（包括供热、供冷系统）构成如图 2-48 所示，微电网由 600kW 微型燃气轮机与双效烟气制冷机组成冷/电联供系统；并网运行时，微型燃气轮机发出的电首先提供给部分调度大楼负荷和试验楼负荷，不足部分由外购电网的电满足；微型燃气轮机排出的烟气通过双效吸收式制冷机转为冷气，首先满足调度大楼的制冷需求，不足部分由中央电空调满足，多余部分可以为综合楼制冷，综合楼不足部分由电空调补充；试验楼的冷负荷则由分体式电空调提供。

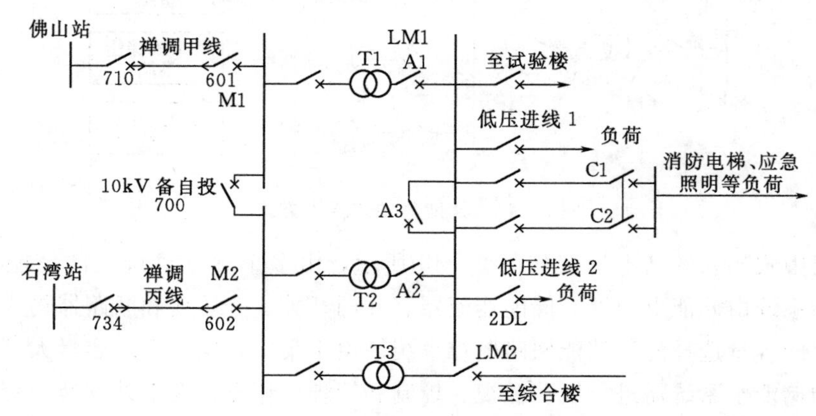

图 2-47　示范点的系统主接线图

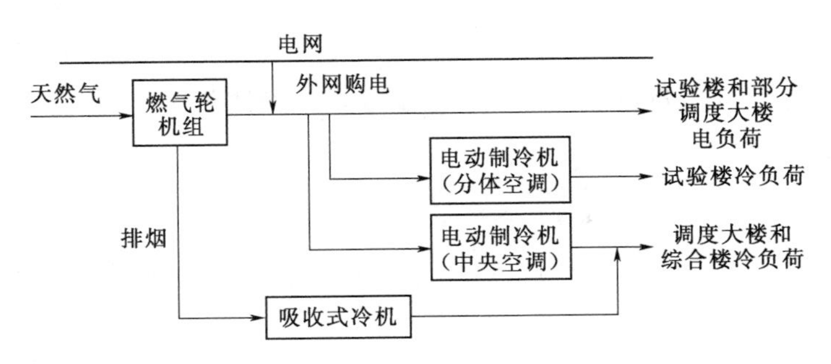

图 2-48　示范点负荷（包括供热、供冷系统）构成

2.3　本章小结

本章介绍了几种常见的分布式电源，包括发电原理、运行特点及其并网接入方式等方面。

分布式光伏发电利用半导体界面的光生伏特效应将光能直接转化为直流电能，再通过逆变器将其转变为交流电并入电网，多安装于建筑屋顶就近供电，其出力主要受太阳辐照影响，具有间歇性和波动性。

分散式风力发电利用风轮捕捉风能，将其转化为机械能后再转化为电能，变速恒频机组通过变流器实现同频并网，其出力主要受风轮高度处风速影响，也具有间歇性和波动性。

小水电利用水轮机将水位势能转化为机械能，再转化为电能并入电网，其出力主要受水位差和流量影响，因此在丰枯水期发电量有明显差别。分布式储能通过将电能转化为机械能、电磁能或者化学能，再在需要的时候释放出电能，主要应用于平抑功率波动，辅助电网调峰调频，也可作为备用电源。微型燃气轮机发电：首先将化石燃料转化为热能；然后通过涡轮转化为机械能；最后再转化为电能。由于其转速较高，通常采用变流器将高频交流电能转变为额定频率后并网，微型燃气轮机除输出电能外，还会产生余热，通常应用于冷热电联供，能源利用效率高且灵活可控。

不同容量、不同电压等级接入的分布式电源可参照典型接入方式接入电网，本章结合相关政策和应用案例，分门别类地给出了不同类型分布式电源并网的推荐方式，可为分布式电源更友好地接入电网提供参考。

参 考 文 献

[1] 白熊. 分布式光伏电源接入配电网典型设计与优化分析研究 [D]. 北京：华北电力大学，2011.
[2] 杨永标. 光伏电站分箱式接入配电网保护研究 [D]. 南京：南京理工大学，2013.
[3] 许晓艳. 并网光伏电站模型及其运行特性研究 [D]. 北京：中国电力科学研究院，2009.

[4] 张曦，康重庆，张宁，等. 太阳能光伏发电的中长期随机特性分析 [J]. 电力系统自动化，2014，38 (6)：6-13.
[5] 郑杰，陈思铭，钟柳，等. 海南大型并网光伏电站性能质量评价与分析 [J]. 广东科技，2013，24：149-150.
[6] 杨桂兴，王亮，魏新泉. 光伏电站在乌鲁木齐地区电网的运行特性分析 [J]. 新疆电力技术，2013，119 (4)：101-102.
[7] 李乃永，于振，曲恒志，等. 并网光伏电站特性及对电网影响的研究 [J]. 电网与清洁能源，2013，29 (9)：92-97.
[8] 陈湘如，韩征，周松，等. 江苏现有光伏电站运行特性研究 [J]. 电源世界，2015，8：48-50.
[9] 胡文堂，童杭伟. 屋顶光伏电站并网运行特性分析 [J]. 浙江电力，2011，2：5-7.
[10] 郑颖春. 分布式光伏发电运行特性及其对配电网的影响 [J]. 电子技术与软件工程，2013，23：173-174.
[11] 吴振威，蒋小平，马会萌，等. 多时间尺度的光伏出力波动特性研究 [J]. 现代电力，2014，31 (1)：58-61.
[12] 中国电力企业联合会. GB/T 19964—2011 光伏发电站接入电力系统技术规定 [S]. 北京：中国标准出版社，2011.
[13] 国家电网公司. Q/GDW 617—2011 光伏电站接入电网技术规定 [S]. 北京：中国电力出版社，2011.
[14] 钟显，樊艳芳，常喜强，等. 新疆电网光伏电站并网参与系统调节的讨论 [J]. 四川电力技术，2014，37 (4)：6-9.
[15] 曹艳，宋晓林，周艺环，等. 电动汽车充电站分布式光伏发电运行特性研究 [J]. 陕西电力，2012，9：20-23.
[16] 赵宇思，吴林林，宋玮，等. 新能源发电系统运行特性评价分析方法的研究综述 [J]. 华北电力技术，2015，3：18-24.
[17] 国家电网有限公司. Q/GDW 1866—2012 分散式风电接入电网技术规定 [S]. 北京：中国电力出版社，2012.
[18] 何国庆. 分散式风电并网关键技术问题分析 [J]. 风能产业，2013，5：12-14.
[19] 匡洪海. 分布式风电并网系统的暂态稳定及电能质量改善研究 [D]. 长沙：湖南大学，2013.
[20] S. M. Muyeen，Junji Tamura，Toshiaki Murata. 风电场并网稳定性技术 [M]. 李艳，王立鹏，唐建平，等，译. 北京：机械工业出版社，2010.
[21] lulian Munteanu，Antoreta lulian Bratcu，Nicolaos-Antonio Cutululis，Emil Ceangă. 风力发电系统优化控制 [M]. 李建林，周京华，译. 北京：机械工业出版社，2010.
[22] 孙立成，赵志强，王新刚，等. 分散式风电接入对地区电网运行影响的研究 [J]. 四川电力技术，2013，36 (2)：73-76.
[23] 王剑，姚天亮，郑昕，等. 分布式风电场分组可调分散并网方案 [J]. 电力建设，2012，33 (5)：17-20.
[24] 高辉，梁勃，王伟，等. 风光互补发电系统运行特性、输出功率曲线与负荷曲线的关系的研究 [J]. 太阳能，2012，3：42-46.
[25] 李征，蔡旭，郭浩，等. 分散式风电发展关键技术及政策分析 [J]. 电器与能效管理技术，2014 (9)：39-44.
[26] 赵豫，于尔铿. 新型分散式发电装置——微型燃气轮机 [J]. 电网技术，2004，28 (4)：47-50.
[27] 王成山，马力，王守相，等. 基于双 PWM 的微型燃气轮机系统仿真 [J]. 电力系统自动化，

2008，12 (1)：56 - 60.

[28] 余涛，童家鹏. 微型燃气轮机发电系统的建模与仿真 [J]. 电力系统保护与控制，2009，37 (3)：27 - 31.

[29] 孙可，韩祯祥，曹一家，等. 微型燃气轮机系统在分布式发电中的应用研究 [J]. 机电工程，2005，22 (8)：55 - 59.

[30] 郭力，王成山，王守相，等. 两类双模式微型燃气轮机并网技术方案比较 [J]. 电力系统自动化，2009，33 (8)：84 - 88.

[31] 郭力，王成山，王守相，等. 微型燃气轮机微网技术方案 [J]. 电力系统自动化，2009，33 (9)：81 - 85.

[32] 吴福保，杨波，叶季蕾，等. 电力系统储能应用技术 [M]. 北京：中国水利水电出版社，2014.

[33] 张建成，黄立培，陈志业. 飞轮储能系统及其运行控制技术研究 [J]. 中国电机工程学报，2003，23 (3)：108 - 111.

[34] 张宇，张华民. 电力系统储能及全钒液流电池的应用进展 [J]. 新能源进展，2013，1 (1)：106 - 113.

[35] 中华人民共和国水利部. SL 76—94 小水电水能设计规程 [S]. 北京：中国水利水电出版社，1994.

[36] 方玉建，张金凤，袁寿其，等. 欧盟 27 国小水电的发展对我国的战略思考 [J]. 排灌机械工程学报，2014，32 (7)：588 - 599.

[37] 宋旭东，余南华，陈辉，等. 小水电灵活并网控制技术研究 [J]. 南方能源建设，2015，2 (2)：86 - 90.

[38] 谢凡，邬静，谌中杰. 江西省小水电并网技术效益探究 [J]. 江西电力，2012，12：71 - 73.

第3章　含分布式电源的配电网电压控制

风力发电、光伏发电等一些分布式电源具有随机性、间歇性和波动性的特点，高比例分布式电源的接入会使配电网面临诸多风险，如电压越限和波动加剧、三相不平衡问题更加突出、谐波含量进一步增加、配电保护误动作等，其中电压越限是影响分布式电源消纳的关键因素之一。因此，研究含分布式电源的配电网电压控制具有极其重要的意义。

以光伏发电、风力发电等为代表的多种类型的分布式电源，在发出有功功率的同时，还能提供无功功率，因此对于含分布式电源的配电网，除了采取传统配电网无功补偿的方法之外，若能充分发挥分布式电源的无功补偿能力，则可以有效降低配电网的运行维护成本。

本章在介绍分布式电源对配电网潮流分布的影响、配电网无功电压控制原理的基础上，分析各类型分布式电源的无功出力能力以及分布式电源有功出力对配电网电压的影响，并以分布式电源中最常见的分布式光伏发电为例，阐述含分布式电源的分层分布式配电网电压控制技术。

3.1　分布式电源对配电网潮流的影响

分布式电源接入配电网，由于接入容量、接入位置、发电特性、负荷特性、配电线路调压方式等因素时，可能会引起配电线路有功、无功的数量和方向变化，进而影响到潮流和稳态电压。

3.1.1　理论分析

多点接入分布式电源的配电网结构如图3-1所示，假设线路上的每个节点都接有分布式电源，实际中没有接入分布式电源的节点其接入容量为零。

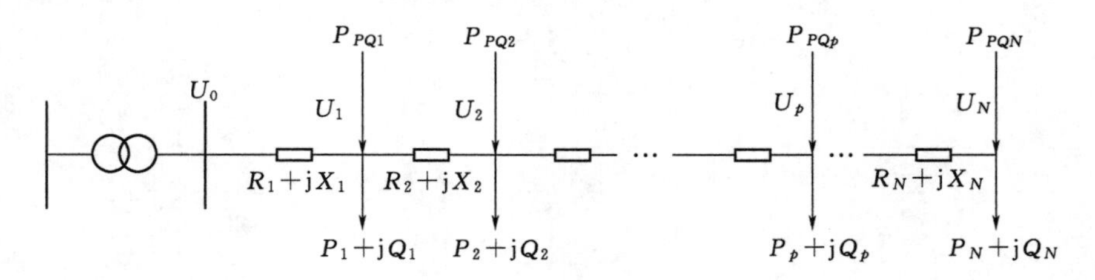

图3-1　多点接入分布式电源的配电网结构

第 m 个负荷节点的电压 U_m 为

$$U_m = U_0 - \sum_{k=1}^{m} \frac{(\sum_{i=k}^{N} P_i - P_{PQi})R_k + \sum_{i=k}^{N} Q_i X_k}{U_{k-1}} \tag{3-1}$$

第 m 个负荷节点与第 $m-1$ 个负荷节点之间的电压差 ΔU_m 为

$$\begin{aligned}\Delta U_m &= U_{m-1} - U_m \\ &= \sum_{k=1}^{m} \frac{\sum_{i=k}^{N}(P_i - P_{PQi})P_k + \sum_{i=k}^{N} Q_i X_k}{U_{k-1}} - \sum_{k=1}^{m-1} \frac{(\sum_{i=k}^{N} P_i - P_{PQi})P_k + \sum_{i=k}^{N} Q_i X_k}{U_{k-1}} \\ &= \frac{\sum_{i=m}^{N}(P_i - P_{PQi})R_m + \sum_{i=m}^{N} Q_i X_m}{U_{m-1}}\end{aligned} \tag{3-2}$$

式中 P_{PQi}——第 i 个负荷节点分布式电源的接入容量；

P_i——第 i 个负荷节点分布式电源的负荷有功功率；

Q_i——第 i 个负荷节点分布式电源的接入容量、负荷有功功率、负荷无功功率；

R_k、X_k——第 k 段线路的电阻与电抗值。

忽略无功功率的影响，则由式（3-2）可知，若 $\sum_{i=m}^{N} P_i > \sum_{i=m}^{N} P_{PQi}$ ，可以推出 $U_{m-1} - U_m > 0$，即 $m-1$ 节点和 m 节点之后的负荷消耗的总有功大于由分布式电源提供的有功之和，电压沿馈线逐渐降低；若 $\sum_{i=m}^{N} P_i < \sum_{i=m}^{N} P_{PQi}$ ，可以推出 $U_{m-1} - U_m < 0$，即 $m-1$ 和 m 节点之后的负荷消耗的总有功小于由分布式电源提供的有功之和，线路电压一直升高。因此分布式电源接入后对配电网潮流分布的影响由建筑光伏的具体接入情况而定，主要与分布式电源的接入容量、接入位置直接相关。

下面以某厂区实际配电系统为例，进行分布式光伏发电系统接入配电网后潮流及电压分布分析。该厂区分布式光伏发电系统装机容量 6.486MW，设置 10kV 光伏Ⅰ母线和光伏Ⅱ母线，10kV 光伏Ⅰ母线下接 3.022MW 光伏组件，并网点接至 10kV 注塑Ⅰ母线（节点 5）；10kV 光伏Ⅱ母线下接 3.464MW 光伏组件，并网点接至总装车间 10kV 母线（节点 6）。合肥高新区格力电器厂区分布式光伏发电系统 10kV 并网示意如图 3-2 所示，厂区年最大负荷约为 15.18MW，平均负荷为 13.1MW。

3.1.1.1 不同并网容量情况下分布式光伏发电系统接入配电网潮流及电压分析

场景设置：分布式光伏发电系统运行在功率因数 $\cos\varphi = 1$ 方式下，分布式光伏发电系统渗透率分别为 0%、25%、35%、45%、55%、65%、75%、85%、95%。

1. 大负荷运行方式下的仿真结果

大负荷运行主要是指厂区满负荷或重负荷运行。某厂区最大负荷运行方式下的电压分析仿真结果如图 3-3 所示从仿真结果可知，分布式光伏发电系统的接入会使系统电

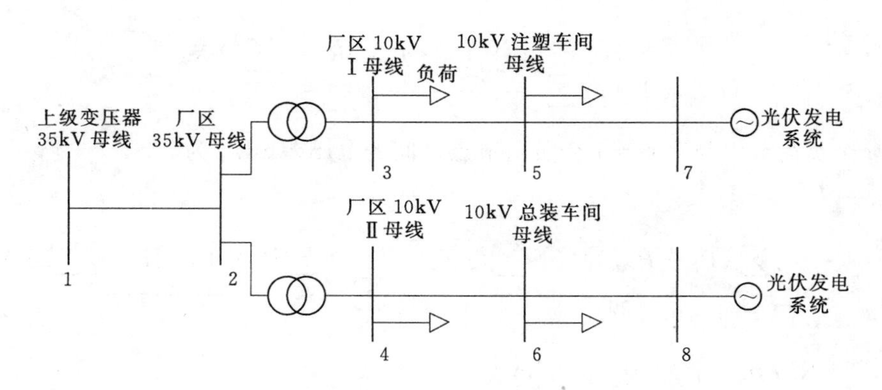

图 3-2　某厂区分布式光伏发电系统 10kV 并网示意图

压升高，分布式光伏发电系统渗透率越高，对系统电压的影响越明显。在分布式光伏发电系统渗透率逐渐增加的过程中，会出现厂区公共连接点（节点 2）电压超过系统送端电压，但由于此时光伏发电系统功率因数为 1，即仅发出有功功率，对厂区公共连接点电压的支撑效果有限，因此厂区配电系统电压仍满足国标的规定。分布式光伏发电系统多点接入整个厂区后，越靠近配电系统末端（节点 7、节点 8），节点电压变化率越大，即受分布式光伏发电系统接入的影响越大。

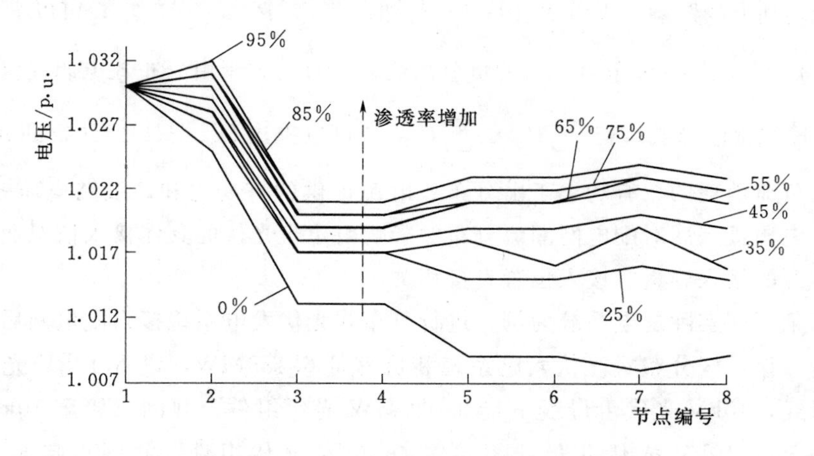

图 3-3　分布式光伏发电系统不同渗透率下各节点电压分布（大负荷方式）

2. 小负荷运行方式下的仿真结果

小负荷运行方式下仿真分析分布式光伏发电系统满发出力情况下对系统潮流的影响，即厂区负荷仅保留部分工厂负荷和生活区负荷，总负荷为（3.01＋j0.37）(MVA)，厂区无功补偿装置退出运行。此时系统整体电压水平偏高，在此极端情况下的电压分析仿真结果如图 3-4 所示。

该运行方式下的仿真结果与最大负荷运行情况下的规律基本相同。在极小负荷及分布式光伏发电系统满发的极端情况下，由于分布式光伏发电系统的接入容量增加，厂区内电压超过系统送端电压。此时将可能出现电压越限问题。

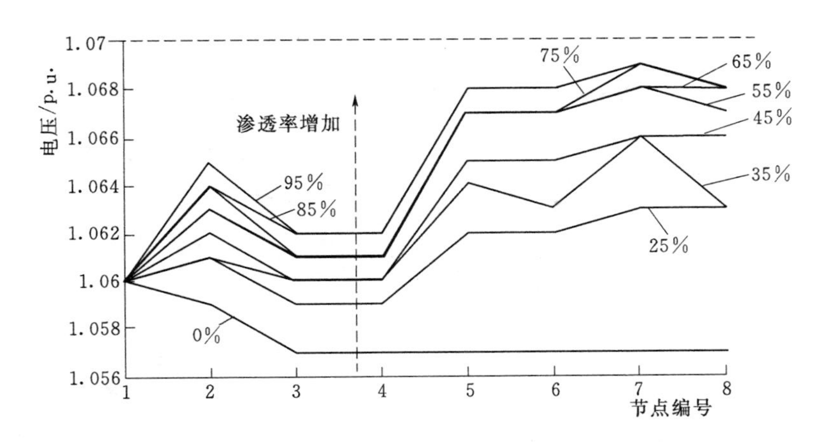

图 3-4 分布式光伏发电系统不同渗透下各母线电压分布（小负荷方式）

在电网中分布式光伏发电系统接入点确定的情况下，分布式光伏发电系统对电网运行的影响包含分布式光伏发电系统并网后功率的变化对电网电压的影响，以及分布式光伏发电不同功率因数对电网电压的影响。同样利用以上配电网络，在小负荷运行方式下分析分布式光伏发电系统不同出力水平和装机容量下的系统电压和静态稳定状况，结果如图 3-5、图 3-6 所示。图中 $\cos\varphi<0$ 代表分布式光伏机组运行于吸收无功状态，$\cos\varphi>0$ 代表光伏机组运行于发出无功状态。

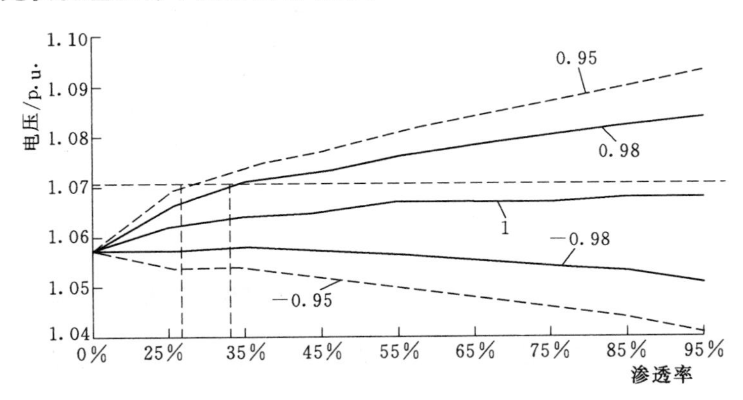

图 3-5 不同功率因数下并网点母线电压与分布式光伏发电系统渗透率关系

由仿真结果可以看出，在系统最小负荷方式运行下，当分布式光伏发电系统运行于发出无功状态时，在不调节变压器分接头的情况下，分布式光伏发电系统渗透率达到一定值后，系统电压将超出国标要求。

3.1.1.2 不同接入位置时分布式光伏发电系统接入配电网潮流及电压分析

将格力厂区 6.486MW 的分布式光伏发电系统接入格力厂区 10kV 母线，即接入点由节点 5、节点 6 改为节点 3、节点 4，将接入点位置向配电网上一级母线移动。仿真对比结果如图 3-7 所示。

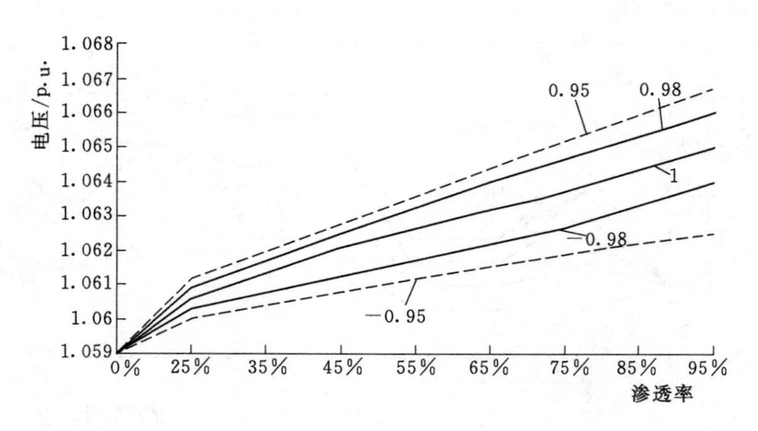

图 3-6　不同功率因数下公共连接点母线电压与分布式光伏发电系统渗透率关系

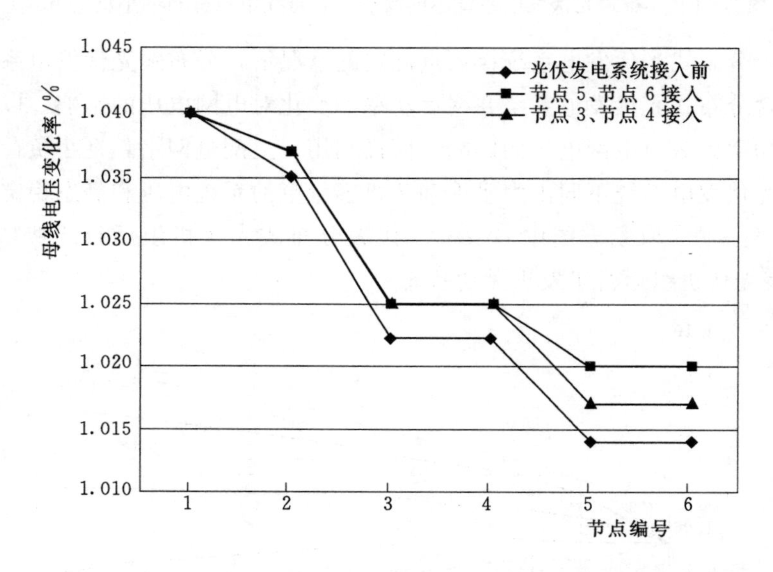

图 3-7　不同分布式光伏发电系统接入位置时的母线电压分布

仿真结果表明分布式光伏发电系统接入点越接近系统母线，对节点的电压分布影响越小。

3.1.1.3　增加分布式光伏发电系统接入点个数后配电网潮流及电压分析

该厂区分布光伏发电系统装机容量不变，同等容量下将其分散接入配网各母线节点，各节点接入容量如下配置：格力厂区 10kV Ⅰ母线（节点 3），格力厂区 10kV Ⅱ母线（节点 4）分别接入 1MW 光伏组件，10kV 注塑车间母线（节点 5）接入 2.022MW 光伏组件，10kV 总装车间母线（节点 6）接入 2.464MW 光伏组件。仿真对比结果如图 3-8 所示。

结果表明，相同容量的分布式光伏发电系统并网，从提高电压水平看，在线路末端的两点接入方式的效果优于将分布式光伏分散接入配网各节点的方式；从对系统的影响

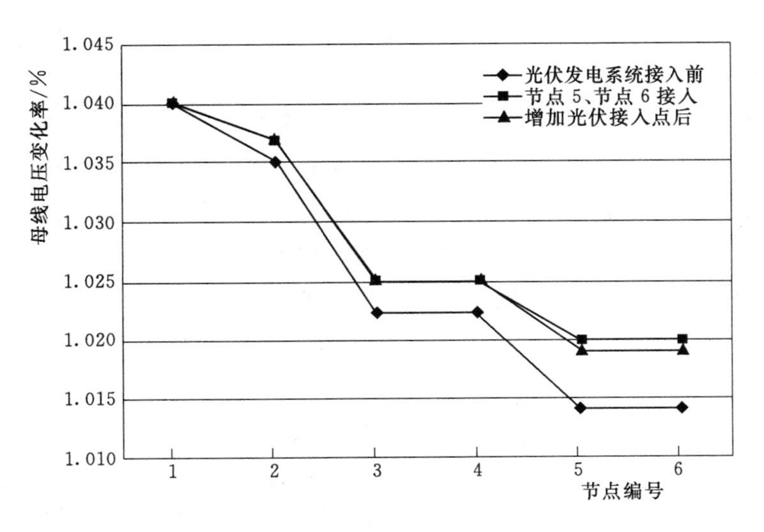

图 3-8 增加接入点个数后的母线电压分布

方面看，线路末端相对集中式的并网组合明显对系统的电压分布影响更大，对线路末端电压的支撑效果更明显。

综上可知，多接入点分布式电源接入对配电网潮流分布的影响如下：

(1) 分布式电源并网时，分布式电源对馈线上的潮流和电压分布产生一定影响，影响大小主要取决于分布式电源的接入容量、接入位置、运行方式等条件。

(2) 在确定并网位置的前提下，分布式电源的总出力决定了其对线路电压的影响程度，总出力越大，电压影响也越明显。

(3) 一定容量的多个分布式电源并入配电网，分布式电源越接近系统母线，对电压影响越小；分布式电源相对集中在线路末端节点时，对馈线末端电压的影响效果优于同样容量的分布式电源分散接入配电网多个节点。

(4) 分布式电源运行于发出无功状态对配电网内各节点的电压抬升效果更明显，即对电压分布影响更大。

3.2 配电网电压与无功补偿

电力系统电压控制的目标是使配电网各节点的电压处在规定的范围内，由于电网节点电压和无功功率具有强耦合关系，通常电网实时电压控制是通过对无功功率的实时补偿与控制。在电力系统中合理地进行无功补偿，能够有效地维持系统的电压，提高系统的电压稳定性，同时避免大量无功的远距离传输，从而降低系统网损。

3.2.1 配电网无功和电压关系

在配电网中，电动机需要从电网吸取无功功率来建立和维持旋转磁场以使其正常运转；变压器需要无功功率通过一次绕组建立并维持交变磁场才能在二次绕组感应出电压。因此，电感性用电设备不但需要从电网消耗有功功率，还必须获取无功功率才能满足运行的要求。

电压是电力系统电能质量的重要指标之一，而系统的无功平衡是保证电压质量的一个必要条件；系统中无功电源出力应满足系统所有负荷和网络损耗的需求，否则电压就会偏离额定值。当电压偏低时，系统中的功率损耗和能量损耗加大，电压过低时，还可能危及系统运行的稳定性，甚至引起电压崩溃，严重时甚至可能引起电压崩溃事故，造成电网大面积停电；而电压过高时，各种电气设备的绝缘可能受到损害。

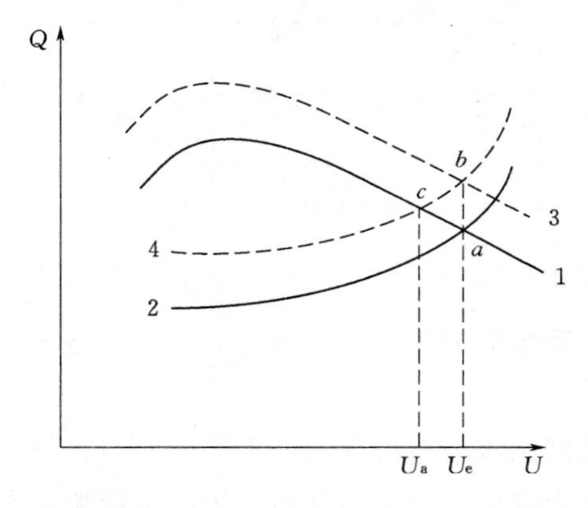

图 3－9　电力系统中无功与电压的关系曲线

在电力系统运行中，电源的无功在任何时刻应同负荷的无功功率和网络的无功损耗之和（即总的无功负荷）相等，也就是说无论何时电网中的无功总是平衡的，无功电源输出特性和无功负荷需求特性的交点就是无功平衡点。系统总的无功电源包括发电厂的无功功率和各种无功补偿设备的无功功率，电力系统中无功与电压的关系曲线如图 3－9 所示，曲线 1 是系统（无功电源）的无功电压曲线，曲线 2 是负荷的无功电压曲线。

如果此时系统的无功功率是平衡的，那么曲线 1 与曲线 2 的交点为 a，即为额定电压下的无功平衡点，对应的电压就是额定电压 U_e。当负荷无功增加时，负荷的无功电压特性为曲线 4，如果此时系统的无功没有相应的增加，电源的电压无功特性曲线仍为曲线 1，这时曲线 1 与曲线 4 的交点 c 就代表了新的无功平衡点，并由此决定了负荷电压为 U_a，显然 $U_a<U_e$，这说明负荷无功增加后，系统的无功总电源已不能满足在额定电压 U_e 下无功平衡的需要，因而会降低电压运行，以取得在较低电压 U_a 下的无功功率平衡。如果此时系统内发电机有充足的无功备用，可以通过无功调节，使系统的无功电压特性曲线上移到曲线 3，从而使曲线 3 与曲线 4 的交点 b 所确定的电压达到或接近额定电压 U_e。由此可见，无功电源比较充足，能满足较高电压下的无功功率平衡，电网就有较高的运行电压水平；反之，无功不足就反映为运行电压水平偏低。不难看出，无论是调整电源无功出力的调压还是调整负荷无功需求的调压，都是改变无功平衡状态以实现电压调整。

3.2.2　无功补偿及其作用

无功功率将在电路中产生附加电流，附加电流同样会增加电气线路和变压设备的负担，降低电气线路和变压设备的利用率，增加电气线路的发热量。但没有它，用电设备（特别是电动机等电感性设备）又不能正常工作。因此，就需要找一种设备接在线路上，这个器件在同一电源下，所产生的电流与附加电流方向相反，可以用来抵消附加电流。这样，既不影响电动机产生磁场，又能消除或减少线路上的附加电流，这种设备就称为

无功补偿装置，它在线路上的电流与附加电流方向相反。只要在线路上接的无功补偿装置容量与负载的电感分量相匹配，它产生的电容电流就能非常有效地消除或减少线路上的附加电流，也就是消除或减少负载向电网吸取的无功功率。这样就能减少电气线路和变压设备的负担，提高电气线路和变压设备的利用率，降低电气线路的发热量。这种在电气线路上安装相关装置以减少无功功率的方式就称为无功补偿。

电力负荷的不断增长改变了系统的潮流分布，造成系统的无功分布不尽合理，甚至可能造成局部地区无功严重不足和电压幅值较低的情况。随着电网结构日趋复杂，当系统受到较大干扰时，就可能在电压稳定薄弱环节上导致电压崩溃。

合理的无功补偿点选择以及补偿容量的确定，能够有效地维持系统的电压水平，提高系统的电压稳定性，避免大量无功的远距离传输，从而降低网损，减少用电费用。采用无功补偿可以起到以下作用：

（1）减少电力损失，一般工厂动力配线依据不同的线路及负载情况，其电力损耗为2%～3%，使用无功补偿提高功率因数后，总电流降低，可降低供电端与用电端的电力损失。

（2）改善供电品质，提高功率因数，减少负载总电流及电压降。于变压器二次侧加装无功补偿可改善功率因数以提高二次侧电压。

（3）延长设备寿命。改善功率因数后线路总电流减少，使接近饱和或已经饱和的变压器、开关等设备和线路容量负荷降低，因此可以降低温升延长寿命。

（4）满足电力系统对无功补偿的监测要求。

我国《电力系统安全稳定导则》（DL 755—2001）规定“电网的无功补偿应以分层分区和就地平衡为原则”。电网的无功电压控制一般使用自动电压控制系统（automatic voltage control，AVC）来实现，它对于提高电网的安全性，减少电网损耗，增加经济性有着极为重要的作用。

3.2.3　传统配电网无功补偿方式

传统的电网电压调节方法有三种：①调节发电厂同步发电机组机端电压；②调节有载调压变压器分接头（on - load tap changer，OLTC）；③通过无功补偿装置来调节无功功率潮流分布，从而改变线路压降，调节配电网尤其是末端电网电压，常用的无功补偿装置包括并联电容器（shunt capacitor，SC）、晶闸管控制电容器（thyristor switched capacitor，TSC）、静止无功补偿器（static var compensator，SVC）、静止同步补偿器（static synchronous compensators，STATCOM）等。调节发电机机端电压是通过励磁调节系统来实现的，必要时发电机还能进相运行，吸收电力系统中多余的无功功率；但是，发电机一般距离配电网的电气距离大，对配电网的调节效果不显著。因此在传统配电网中，主要通过调节有载调压变压器分接头或增设无功补偿装置来进行电压调节，这需要增加相应设备，提高了配电网的运行维护成本。

在变压器负载运行中能完成分接头电压切换的变压器称为有载调压变压器。随着地区负荷变化，如果没有配置有载调压变压器，供电母线电压可能随之变化。因此，我国《电力系统技术导则》（SD 131—1984）规定了“对 110kV 及以下变压器，宜考虑至少有一级电压的变压器采用带负载调压方式”。因此，对直接向供电中心供电的有载调压变压器，在实现无功功率分区就地平衡的前提下，随着地区负荷增减变化，配合无功补偿设备并联电容器及低压电抗器的投切，调节分接头，以便随时保证对用户的供电电压质量。当系统无功功率缺额时，负荷的电压特性可以使系统在较低电压下保持稳定运行，但如果无功功率缺额较大时，为保持电压水平，有载调压变压器动作，电压暂时上升，将无功功率缺额全部转嫁到主网，从而使主网电压逐渐下降，严重时可能引发系统电压崩溃。因此，配电网中离不开无功补偿装置。

目前，国内配电网采用的无功补偿方式主要有变电站集中补偿方式（方式 1）、低压配电网无功补偿方式（方式 2）、杆上无功补偿方式（方式 3）和用户终端分散补偿方式（方式 4）等，配电网系统各种无功补偿方式示意图如图 3-10 所示。

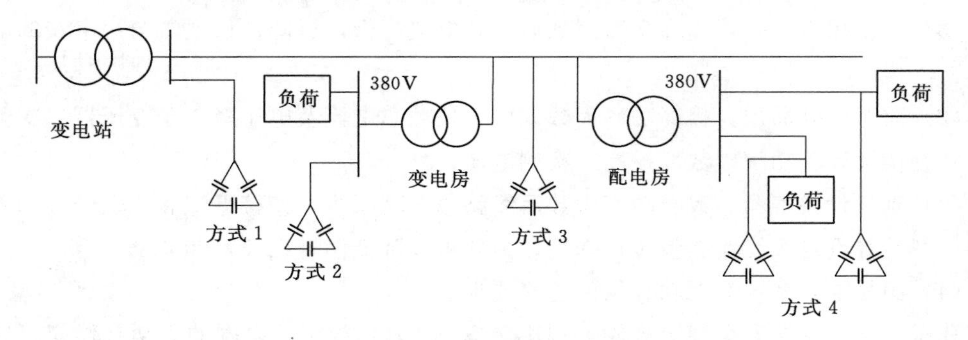

图 3-10　配电网系统各种无功补偿方式示意图

3.2.3.1　变电站集中补偿方式

针对配电网的无功平衡，变电站进行集中补偿方式中，补偿装置包括并联电容器、同步调相机、静止补偿器等，主要目的是改善电网的功率因数、提高终端变电所的电压、补偿主变的无功损耗。这些补偿装置一般连接在变电站的 10kV 母线上，因此易于管理、维护方便。

为了实现变电站的母线电压控制，通常无功补偿装置结合有载调压变压器来综合调节。

3.2.3.2　低压配电网无功补偿方式

提高功率因数的主要方法是采用低压无功补偿技术，通常采用的方法主要有随机补偿、随器补偿和跟踪补偿三种。

1. 随机补偿

随机补偿就是将无功补偿装置与电动机并接，通过控制保护装置与电机同时投切。随机补偿适用于补偿电动机的无功消耗，以补励磁无功为主，此种方式可较好地限制用

电单位无功负荷。

随机补偿的优点是当用电设备运行时，无功补偿投入；当用电设备停运时，补偿设备也退出，不需频繁调整补偿容量。具有投资少、占位小、安装容易、配置方便灵活、维护简单的特点。

2. 随器补偿

随器补偿是将无功补偿装置通过低压保险接在配电变压器二次侧，以补偿配电变压器空载无功的补偿方式。配变在轻载或空载时的无功负荷主要是变压器的空载励磁无功，配变空载无功是用电单位无功负荷的主要部分，对于轻负载的配变而言，这部分损耗占供电量的比例很大，从而导致电费单价增加。

随器补偿的优点是接线简单、维护管理方便；能有效地补偿配变空载无功，限制农网无功基荷，使该部分无功就地平衡，从而提高配变利用率，降低无功网损；具有较高的经济性，是目前补偿无功最有效的手段之一。

3. 跟踪补偿

跟踪补偿是以无功补偿投切装置作为控制保护装置，将低压电容器组补偿在大用户0.4kV 母线上的补偿方式。适用于 100kVA 以上的专用配变用户，可以替代随机、随器两种补偿方式，补偿效果好。

跟踪补偿的优点是运行方式灵活，运行维护工作量小，比前两种补偿方式寿命相对延长、运行更可靠。但缺点是控制保护装置复杂、首期投资相对较大。

但当这三种补偿方式的经济性接近时，应优先选用跟踪补偿方式。

目前国内采用较普遍的另外一种无功补偿方式是在配电变压器 380V 侧进行集中补偿，如图 3-10 中的方式 2。通常采用微机控制的低压并联电容器柜，容量为几十千乏至几百千乏不等，根据用户负荷水平的波动投入相应数量的电容器进行跟踪补偿。目前国内各厂家生产的自动补偿装置通常是根据功率因数来进行电容器的自动投切，也有为了保证用户电压水平而以电压为判据进行控制的。

3.2.3.3　杆上无功补偿方式

由于电网中大量存在的公用变压器没有进行低压补偿，使得补偿度受到限制。由此造成很大的无功缺口需要由变电站或发电厂来填，大量的无功沿线传输使得电网网损仍然居高难下。因此可以采用 10kV 户外并联电容器安装在架空线路的杆塔上或环网柜内（主要面向电缆型配电网络）进行无功补偿，以提高电网功率因数，达到降损升压目的。杆上安装的并联电容器远离变电站，容易出现保护不易配置、控制成本高、维护工作量大、受安装环境和空间等客观条件限制等工程问题。

显然，杆上无功补偿主要是针对 10kV 馈线上沿线的公用变所需无功进行补偿，具有投资小，回收快，补偿效率较高，便于管理和维护等优点，适合于功率因数较低且负荷较重的长配电线路，但是因负荷经常波动而该补偿方式长期固定，故其适应能力较差，主要是补偿了无功基本负荷，在线路重载情况下补偿度一般达不到 0.95。

3.2.3.4　用户终端分散补偿方式

目前，我国的城镇低压用户的用电量大幅增长，企业、厂矿和小区等对无功需求都很大，直接对用户末端进行无功补偿，是一种效率较高地降低电网损耗和维持电网电压水平的无功补偿方式。《供电系统设计规范》（GB 50052—2009）指出，容量较大、负荷平稳且经常使用的用电设备无功负荷宜单独就地补偿。故对于小区用户终端，由于用户负荷小，波动大，地点分散，无人管理，因此应采用新型低压终端无功补偿装置，并满足①智能型控制，免维护；②体积小，易安装；③功能完善，造价较低等的要求。

3.2.4　分布式电源无功出力能力分析

近年来，越来越多的分布式电源具备无功输出能力，使分布式电源具有无功补偿能力。根据分布式电源的并网设备类型，可将具备无功控制能力的分布式电源分为通过变流器并网的分布式电源、通过双馈式感应发电机组并网的分布式电源以及通过励磁调压型同步发电机组并网的分布式电源。

3.2.4.1　变流器并网型

太阳电池、电化学储能电池、直驱式风电机组等发出直流电或者高频交流电，需要利用变流器将直流电或者高频交流电转成工频交流电后，才能并网。通过对变流器进行控制，就能使分布式电源在提供有功功率的同时，向电网提供无功功率。

图 3-11 为光伏发电系统接入电网的等值电路图。其中，逆变器出口电压为 $\dot{U}_1$；分布式电源并网点电压为 $\dot{U}_2$；逆变器出口到并网点的阻抗为 $R+\mathrm{j}X$，其中包括输电线路及变压器阻抗；逆变器输出电流为 $\dot{I}$；逆变器出口电压与系统电压相角差为 δ。

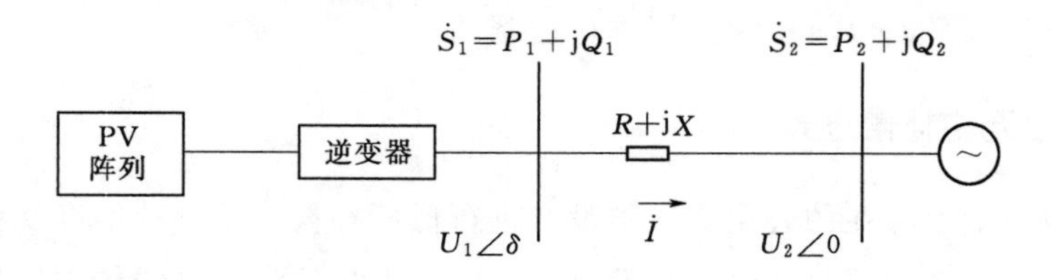

图 3-11　光伏发电系统接入电网的等值电路图

分布式电源并网，其输出电压要与电网电压同频、同相以及同幅，因此以分布式电源并网点电压 $\dot{U}_2$ 作为参考量，分析图 3-11 可得

$$\dot{U}_1=\dot{I}(R+\mathrm{j}X)+\dot{U}_2 \tag{3-3}$$

其中

$$\dot{U}_2=\dot{U}_2+\mathrm{j}0 \tag{3-4}$$

$$\dot{U}_1 = U_1\cos\delta + \mathrm{j}U_1\sin\delta \tag{3-5}$$

忽略系统损耗等效电阻 R，根据式（3－3）有

$$\dot{I} = \frac{\dot{U}_1 - \dot{U}_2}{\mathrm{j}X} = \frac{(U_1\cos\delta - U_2) + \mathrm{j}U_1\sin\delta}{\mathrm{j}X} \tag{3-6}$$

根据式（3－5）和式（3－6），光伏逆变器输出功率为

$$\dot{S} = \dot{U}_2\ \dot{I} = U_2\ \frac{(U_1\cos\delta - U_2) + \mathrm{j}U_1\sin\delta}{\mathrm{j}X} \tag{3-7}$$

整理可得

$$\dot{S} = P + \mathrm{j}Q = \frac{U_1U_2\sin\delta}{X} + \mathrm{j}\ \frac{U_2U_1\cos\delta - U_2^2}{X} \tag{3-8}$$

因此，光伏逆变器有功、无功出力为

$$P = \frac{U_1U_2\sin\delta}{X} \tag{3-9}$$

$$Q = \frac{U_2U_1\cos\delta - U_2^2}{X} \tag{3-10}$$

分析式（3－10）可知：当 $U_1 > U_2$，光伏逆变器向系统输出无功功率；当 $U_1 < U_2$，光伏逆变器吸收系统的无功功率。

通过对逆变器进行控制，就能使分布式电源在提供有功功率的同时，向电网提供无功功率。当光伏系统向电网提供有功功率时，逆变器将直流电变换成交流电，并有选择的对电网补偿一定的无功功率；当光伏逆变器不输出有功功率时，逆变器仍然可以对电网进行无功补偿。

利用逆变器并网分布式电源能提供的最大容性无功容量与逆变器的额定容量、逆变器发出的有功功率有关，其公式为

$$Q_{\max} = \sqrt{S_{\text{rated}}^2 - P_{\text{act}}^2} \tag{3-11}$$

式中 $Q_{\max}$——分布式电源能提供的最大容性无功容量；

S_{rated}——逆变器的最大额定容量；

P_{act}——逆变器向电网提供的有功功率。

同理，分布式电源能提供的最大感性无功容量与逆变器的额定容量、逆变器发出的有功功率有关，其公式为

$$Q_{\min} = -\sqrt{S_{\text{rated}}^2 - P_{\text{act}}^2} \tag{3-12}$$

式中 $Q_{\min}$——分布式电源能提供的最大感性无功容量，符号为负。

由式（3－11）和式（3－12）可知，当逆变器额定容量一定时，逆变器的有功出力越小，则能提供的无功输出范围越大，即逆变器的双象限无功调节能力越强。

3.2.4.2 双馈式感应发电机组并网型

通过双馈式感应发电机组并网的分布式电源主要是指双馈式风电机组。风电机组是

通过原动机捕获风能，将风能转换成机械能，然后利用发电机将机械能转换成电能。风电场早期使用恒速异步发电机，在向电网输出有功功率的时候，需要向电网吸收无功功率，不能参与电压调节。

随着电力电子技术的快速发展，脉宽调制（pulse width modulation，PWM）控制的交直交变频器和双馈式感应发电机组的引入，风电机组实现了变速恒频运行。变速恒频双馈发电机组转子部分采用由变流器提供的灵活交流励磁控制，实现了其输出有功功率和无功功率的解耦控制，能在其容量范围内发出无功功率或者吸收无功功率，参与配电网的电压调节。

双馈风电机组多采用双 PWM 型变流器来对其进行控制，这种变流器可实现发电机转子功率的双向流动，保证双馈风电机组在欠同步和超同步两种工作状态下有效运行。网测 PWM 变流器的作用是维持变流器中间部分的直流母线电压恒定，转子侧 PWM 变流器的主要目的是控制发电机对电网输出的有功、无功功率，有功部分需要跟随输入发电机的机械功率实现有功功率的输出，无功部分则需要根据电网的需求来调节输出功率的功率因数。

双馈风电机组定子直接并网，转子通过背靠背变流器连接电网，双馈风电机组功率关系如图 3－12 所示。图 3－12 中，P_M 为风电机组输入的机械功率；P_s、Q_s 为 DFIG 定子侧的有功功率和无功功率；P_c、Q_c 为 DFIG 网侧变流器的有功功率和无功功率；P_r、Q_r 为 DFIG 转子侧变流器的有功功率和无功功率；P_e、Q_e 为 DFIG 的有功功率和无功功率输出。

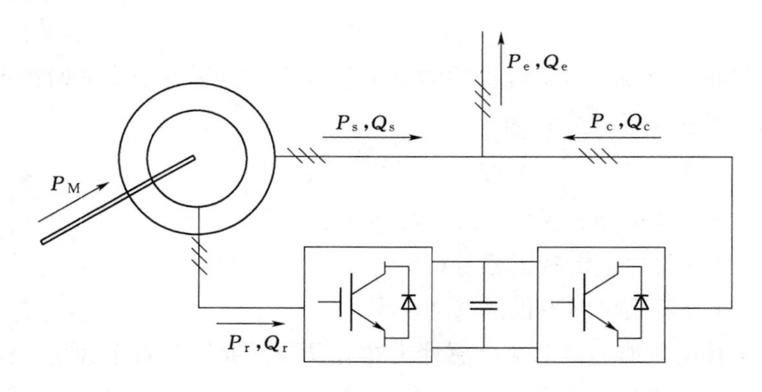

图 3－12　双馈风电机组功率关系

由于变流器中直流环节的存在，两侧变流器的无功功率 Q_c 和 Q_r 之间相互解耦。根据图 3－12 所定义的功率流动方向，双馈风力发电机的无功功率输出为

$$Q_e = Q_s + Q_c \tag{3-13}$$

因此，讨论双馈风力发电机的无功调节容量，就是讨论定子侧与网侧变流器所能达到的无功调节容量，即

$$Q_{emin} = Q_{smin} + Q_{cmin} \tag{3-14}$$

$$Q_{emax} = Q_{smax} + Q_{cmax} \tag{3-15}$$

式中　Q_{emax}、Q_{emin}——DFIG 的无功功率上限和下限；

Q_{smax}、Q_{smin}——DFIG 定子侧无功功率的上限和下限；

Q_{cmax}、Q_{cmin}——DFIG 网侧变流器的无功功率上限和下限。

3.2.4.3　励磁调压型同步发电机组并网型

通过励磁调压型同步发电机组并网的分布式电源，主要包括燃气（油）机发电、潮汐能发电、生物质能发电、地热发电等分布式电源。这些分布式电源的无功出力，主要通过调节同步发电机的励磁系统来实现。

同步发电机的励磁系统主要包括同步发电机、励磁功率单元、励磁调节器等部分，同步发电机励磁系统图如图 3－13 所示。

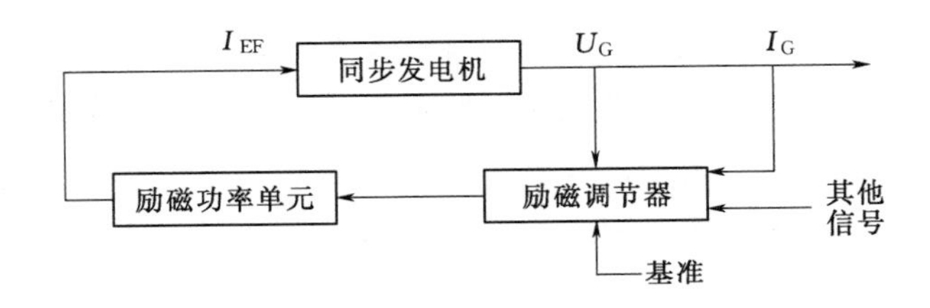

图 3－13　同步发电机励磁系统图

同步发电机的励磁调节器通过检测同步发电机的机端电压 U_G、电流 I_G 以及其他信号做出判断，然后励磁功率单元按照一定的调节标准对励磁电流 I_{EF} 进行调节，实现同步发电机的无功控制。

在原动机输入功率不变时，改变励磁电流将引起发电机定子电流大小和相位的变化，从而调节同步发电机的无功功率。同步发电机输出电压和功率恒定，定子电流与励磁电流之间的关系曲线可以通过实测得到，形似字母 V，如图 3－14 所示。对应不同的输出有功功率，有不同的 V 形曲线，随着输出有功功率增加，V 形曲线上移。每条曲线的最低点对应于 $\cos\varphi=1$、电枢电流最小、全为有功分量，把该点励磁电流称为“正常”值。$\cos\varphi=1$ 的曲线右方，励磁电流大于“正常”励磁，发电机处于“过励”状态，功率因数滞后，发电机向电网输出滞后无功功率；$\cos\varphi=1$ 的曲线左方，励磁电流小于“正常”励磁，发电机处于“欠励”状态，功率因数超前，发电机从电网吸收滞后无功功率；V 形曲线左侧存在着一个不稳定区（对应于功角 $\delta>90°$），且与欠励状态相连。因此，同步发电机不宜长时间在欠励状态下运行。

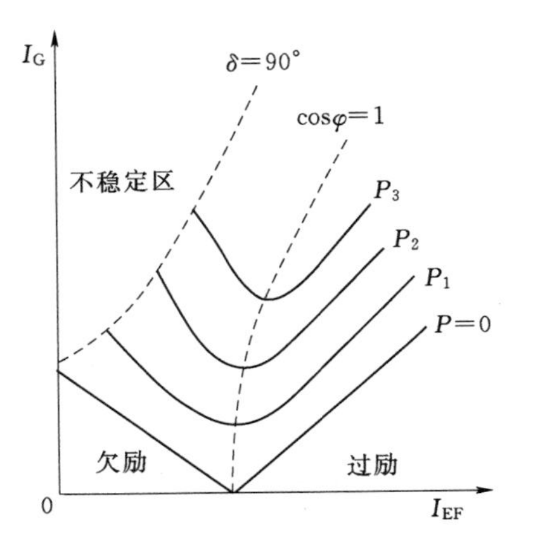

图 3－14　同步发电机的 V 形曲线图

3.3　含分布式电源的配电网电压分布

尽管配电网络拥有数目繁多的拓扑结构类型，但是目前我国传统的配电网大多数是辐射型链式网络，这种配电网络具有很多优势，比如接线简单，易于继电保护整定配合，易于扩容，比较经济等。对于此类配电网络，电能一般从高压侧输送到低压侧，按照同一方向馈送电能，不允许潮流倒送。这样就导致了在配电网中沿着潮流行进方向的节点电压不断下降。如果馈线较长，同时遇到负荷高峰期，线路潮流增加，电压损耗增加，极有可能造成馈线末端电压过低。但是随着分布式电源的不断渗透，原有配电网的潮流分布发生了改变，这样就会导致电压分布也会发生相应的改变。

电压分布取决于电网潮流的分布，对于低压配电网而言，由于配电线路阻抗和感抗之比相对较高，有功—相角和无功—电压的解耦关系不再存在，即有功和无功均能够对电压造成比较显著的影响；传统的低压配电网电能从配电变压器输送到用户，潮流单向流动，造成电压从配电母线开始沿馈线逐渐降低；而对于含分布式电源的低压配电网，若分布式电源的功率不能被本地负荷完全利用，将会导致反向潮流，从而电压将升高，而且接入的分布式电源比例越大，反向潮流越显著，节点电压就越高，甚至会越上限，同时也会造成网损增加；由于低压用户负荷特性与分布式电源的发电特性不一致，使得低压电网各时段电压变化明显，过电压和欠电压会不定期出现。

分布式电源并网等效电路如图 3-15 所示。以图 3-15 两节点简单系统说明分布式电源通过变流器并网注入功率的变化引起节点电压改变的基本原理。其中 PV 为光伏发电类型的分布式电源，$P+\mathrm{j}Q$ 为分布式电源注入系统的功率，$S_L=P_L+\mathrm{j}Q_L$ 为系统负荷，R 和 X 分别为线路电阻和电抗，U_S 为等值系统电压。

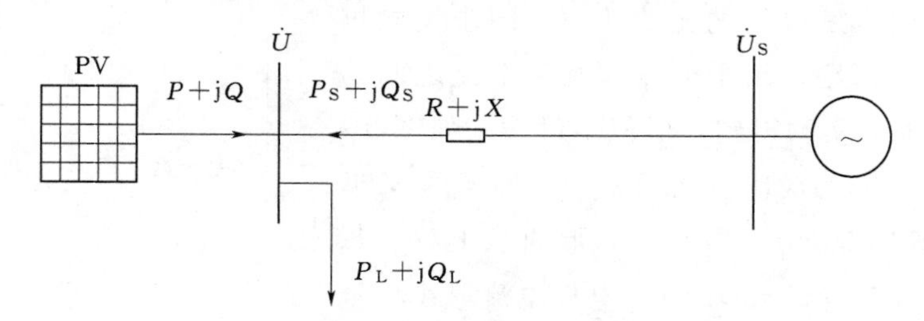

图 3-15　分布式电源并网等效电路

3.3.1　节点电压分布改善

如图 3-15 所示分布式电源并网等效电路，分布式电源接入前并网点电压 U_0 为（忽略网络损耗）

$$U_0=U_S-\frac{P_LR+Q_LX}{U_S} \tag{3-16}$$

若分布式电源功率因数为 1，即无功功率为 0，则分布式电源接入后并网点电压 U

为（忽略网络损耗）

$$U=U_S-\frac{(P_L-P)R+Q_LX}{U_S} \tag{3-17}$$

分布式电源接入前和分布式电源接入后，公共连接点电压变化量 ΔU 为

$$\Delta U=U-U_0=\frac{PR}{U_S} \tag{3-18}$$

式（3-18）表明，节点的电压变化量与分布式电源输出的有功功率有关，当并网分布式电源输出功率发生变化时，会引起分布式电源接入点电压的变化，即分布式电源接入配网后，实现了有功功率的就地平衡，减小了输电线路的电压降落。若馈线末端电压较低，分布式电源的接入能有效改善各节点电压，由于配电网一般都是辐射型网络或者链式网络，因此此原理对大多数配电网络都适用。当然这是在分布式电源输出相对稳定的情况下进行的分析，即分布式电源出力变化缓慢，浮动较小。如果分布式电源出力变化较快，容易引起节点电压的波动。

3.3.2 分布式电源导致配电网过电压

针对同样的网络，若分布式电源大容量集中接入，渗透率过高，导致潮流反转，分布式电源发电系统等效电路如图 3-16 所示。

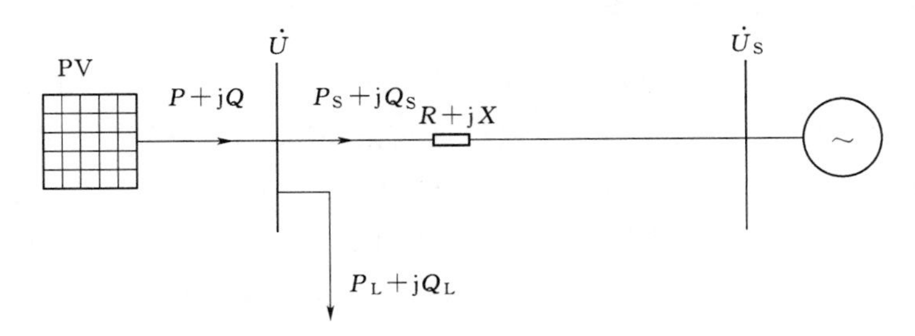

图 3-16 分布式电源发电系统等效电路

由功率关系可得

$$\begin{cases}P=P_L+P_S\\Q=Q_L+Q_S\end{cases} \tag{3-19}$$

分布式电源接入前并网点电压 U_0 为

$$U_0=U_S-\frac{P_LR+Q_LX}{U_0} \tag{3-20}$$

分布式电源接入后 PCC 点电压 U 为

$$U=U_S+\frac{R_SR+Q_SX}{U} \tag{3-21}$$

则分布式电源接入前和分布式电源接入后，PCC 点电压变化量 ΔU 为

$$\Delta U=U-U_0=\frac{PR+QX}{U}+(P_LR+Q_LX)\left(\frac{1}{U_0}-\frac{1}{U}\right) \tag{3-22}$$

式（3-22）第二项（$1/U_0-1/U$）近似为 0，忽略此项可得

$$\Delta U=\frac{PR+QX}{U} \tag{3-23}$$

若分布式电源运行在单位功率因数情况下，式（3-23）可表示为

$$\Delta U=\frac{PR}{U} \tag{3-24}$$

式（3-24）表明，分布式电源大容量接入以后，导致分布式电源输出的有功不但满足了当地的负荷需求，同时还向电网倒送潮流，导致潮流逆转，这样分布式电源并网点电压变化量与分布式电源的出力近似成正比关系，即分布式电源出力越大，并网点电压就会越高，极有可能造成电压越限问题。

3.4　分布式电源逆变器的功率控制

分布式电源中除小水电等常规旋转机组外，光伏发电、风电、电池储能、微型燃气轮机等类型都是通过电力电子变流器实现并网的。其中最常见的类型是分布式光伏发电，本节主要以光伏发电为背景，讲述逆变器的数学模型和有功无功控制方法。

3.4.1　并网逆变器的数学模型

逆变器是分布式光伏发电的并网接口，因此一般通过并网逆变器对发电功率进行控制。以三相电压源型逆变器为分析对象，根据其拓扑结构推导其在三相（abc）静止坐标系和两相同步旋转（$dq0$）坐标系中的数学模型，为功率控制的设计奠定理论基础。

图 3-17 为三相并网逆变器拓扑结构图。其中，$T_1\sim T_6$ 代表三相逆变桥的 6 个开关管，C 代表直流母线电容，L 代表滤波电感，R 代表包括电抗器电阻在内的每相线路的电阻，u_{sa}、u_{sb}、u_{sc}代表电网电动势。

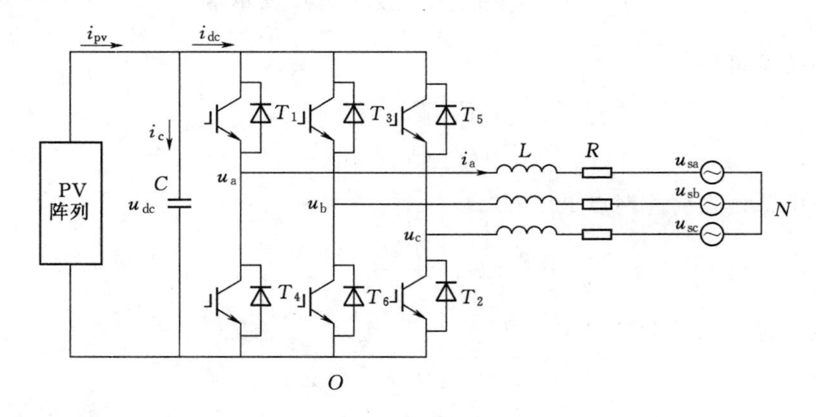

图 3-17　三相并网逆变器拓扑结构图

把逆变器的逻辑开关函数定义为 S_k，在任意时刻，总有 3 个不在同一桥臂的开关管处于导通状态，其余的开关管则截止，即 $S_k=1$ 上桥臂导通，下桥臂截止；$S_k=0$ 上

桥臂截止，下桥臂导通。

选择流经电感 L 的电流为状态变量 i_a、i_b、i_c，应用 KCL、KVL 定律，可得三相电压平衡情况下的状态方程为

$$C\frac{du_{dc}}{dt}=i_{pv}-\sum_k i_k S_k \tag{3-25}$$

$$L\frac{di_k}{dt}+Ri_k=u_{kn}-u_{sk}-u_{on} \tag{3-26}$$

$$u_{kn}=u_{dc}S_k \tag{3-27}$$

$$u_{kn}=u_{ko}+u_{on} \tag{3-28}$$

$$\sum_k i_k=\sum_k u_{kn}=0 \tag{3-29}$$

由式（3-25）～式（3-29）可得

$$u_{on}=\frac{u_{dc}}{3}\sum_k S_k \tag{3-30}$$

$$\sum_k u_{ko}=\sum_k u_{kn}-3u_{on}=0 \tag{3-31}$$

式（3-25）～式（3-31）中，$k=a$、b、c 代表 A、B、C 三相；u_{dc}代表逆变器直流侧母线电压。整理以上各式，可得三相电压型 PWM 逆变器用开关函数表述时的数学模型为

$$\begin{cases}\dfrac{di_a}{dt}=-\dfrac{R}{L}i_a+\dfrac{1}{L}\left(S_a-\dfrac{S_a+S_b+S_c}{3}\right)u_{dc}-\dfrac{1}{L}u_{sa}\\ \dfrac{di_b}{dt}=-\dfrac{R}{L}i_b+\dfrac{1}{L}\left(S_b-\dfrac{S_a+S_b+S_c}{3}\right)u_{dc}-\dfrac{1}{L}u_{sb}\\ \dfrac{di_c}{dt}=-\dfrac{R}{L}i_c+\dfrac{1}{L}\left(S_c-\dfrac{S_a+S_b+S_c}{3}\right)u_{dc}-\dfrac{1}{L}u_{sc}\\ \dfrac{du_{dc}}{dt}=\dfrac{1}{C}i_{pv}-\dfrac{1}{C}(S_a i_a+S_b i_b+S_c i_c)u_{dc}\end{cases} \tag{3-32}$$

为使逆变器模型转换到同步旋转 $dq0$ 坐标系下，首先通过 Clark 变换，将逆变器模型转换到两相静止 $\alpha\beta$ 坐标系下，并使 α 轴电网电压的 A 相方向重合，坐标变换及电压电流矢量图如图 3-18 所示。

$$T_{abc\to\alpha\beta}=\frac{2}{3}\begin{bmatrix}1 & -\dfrac{1}{2} & -\dfrac{1}{2}\\ 0 & \dfrac{\sqrt{3}}{2} & -\dfrac{\sqrt{3}}{2}\end{bmatrix} \tag{3-33}$$

通过 Clark 变换式（3-33），得到两相静止 $\alpha\beta$ 坐标系下逆变器的状态方程为

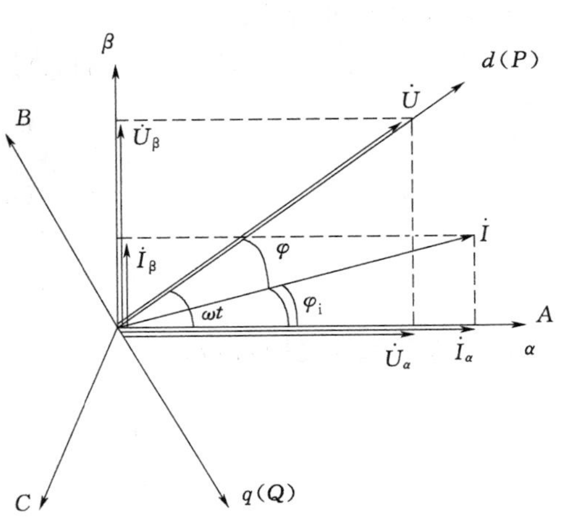

图 3-18　坐标变换及电压电流矢量图

$$\begin{cases}\dfrac{\mathrm{d}i_\alpha}{\mathrm{d}t}=-\dfrac{R}{L}i_\alpha+\dfrac{1}{L}u_\alpha-\dfrac{1}{L}u_{s\alpha}\\ \dfrac{\mathrm{d}i_\beta}{\mathrm{d}t}=-\dfrac{R}{L}i_\beta+\dfrac{1}{L}u_\beta-\dfrac{1}{L}u_{s\beta}\end{cases} \tag{3-34}$$

$$T_{\alpha\beta\to dq}=\begin{bmatrix}\cos\omega t & \sin\omega t\\ \sin\omega t & -\cos\omega t\end{bmatrix} \tag{3-35}$$

根据 Park 变换式（3-35），得到同步旋转 $dq0$ 坐标系下逆变器状态方程为

$$\begin{cases}\dfrac{\mathrm{d}i_d}{\mathrm{d}t}=-\dfrac{R}{L}i_d+\omega Li_q+\dfrac{1}{L}u_d-\dfrac{1}{L}u_{sd}\\ \dfrac{\mathrm{d}i_q}{\mathrm{d}t}=-\dfrac{R}{L}i_q-\omega Li_d+\dfrac{1}{L}u_q-\dfrac{1}{L}u_q\end{cases} \tag{3-36}$$

并网逆变器在同步旋转 $dq0$ 坐标系中时，其交流侧电压 u_{ko}的 d 轴分量 u_d 和 q 轴分量 u_q 为

$$\begin{cases}u_d=S_du_{\mathrm{dc}}\\ u_q=S_qu_{\mathrm{dc}}\end{cases} \tag{3-37}$$

其中

$$u_{\mathrm{dc}}=\frac{i_{\mathrm{pv}}-\dfrac{3}{2}(S_di_d+S_qi_q)}{SC}=\frac{i_{\mathrm{pv}}-i_{\mathrm{dc}}}{SC} \tag{3-38}$$

$$i_{\mathrm{dc}}=S_ai_a+S_bi_b+S_ci_c=\frac{3}{2}(S_di_d+S_qi_q) \tag{3-39}$$

3.4.2　并网逆变器的有功无功控制

有功无功控制的控制目标是使逆变器发出指定的有功和无功功率，该方法以功率控制为外环，将逆变器的有功和无功出力进行解耦，从而实现对两者的独立调节，内环则采用电流控制。

1. 功率外环控制设计

以 u 表示并网逆变器输出的三相基波电压，以 U_{m} 表示相电压幅值，则

$$\begin{bmatrix}u_{\mathrm{a}}\\ u_{\mathrm{b}}\\ u_{\mathrm{c}}\end{bmatrix}=\begin{bmatrix}U_{\mathrm{m}}\cos\omega t\\ U_{\mathrm{m}}\cos\left(\omega t-\dfrac{2\pi}{3}\right)\\ U_{\mathrm{m}}\cos\left(\omega t+\dfrac{2\pi}{3}\right)\end{bmatrix} \tag{3-40}$$

对 u 进行 $dq0$ 变换可得

$$\begin{bmatrix}u_d\\ u_q\end{bmatrix}=T_{abc\to dq}\begin{bmatrix}u_a\\ u_b\\ u_c\end{bmatrix}=\begin{bmatrix}U_{\mathrm{m}}\\ 0\end{bmatrix} \tag{3-41}$$

其中

$$T_{abc \to dq} = \begin{bmatrix} \cos\omega t & \cos\left(\omega t - \frac{2\pi}{3}\right) & \cos\left(\omega t + \frac{2\pi}{3}\right) \\ -\sin\omega t & \sin\left(\omega t - \frac{2\pi}{3}\right) & -\sin\left(\omega t + \frac{2\pi}{3}\right) \end{bmatrix} \tag{3-42}$$

由式（3-42）可以看出，在 $dq0$ 旋转坐标系下，d 轴分量和 q 轴分量之间并不耦合，u_d 为一个常数，$u_q=0$。

以 i 表示逆变器输出电流，以 i_d、i_q 分别表示 $dq0$ 变换得到 d 轴、q 轴电流。根据瞬时功率理论，逆变器输出的瞬时有功功率 P 和瞬时无功功率 Q 在 $dq0$ 旋转坐标系中的表达式为

$$\begin{cases} P = \frac{3}{2}(u_d i_d + u_q i_q) \\ Q = \frac{3}{2}(u_q i_d - u_d i_q) \end{cases} \tag{3-43}$$

由于 $u_q=0$，式（3-43）即转化为

$$\begin{cases} P = \frac{3}{2} u_d i_d \\ Q = -\frac{3}{2} u_d i_q \end{cases} \tag{3-44}$$

由式（3-44）可知，逆变器发出的瞬时有功功率仅相关于逆变器输出电流的 d 轴分量，而其输出的瞬时无功功率仅相关于与逆变器输出电流的 q 轴分量，因而分别对 i_d、i_q 进行控制即可实现逆变器有功和无功输出的解耦控制。

外环功率控制通常采用 PI 控制器，得到的参考电流表达式为

$$\begin{cases} i_{d\mathrm{ref}} = \frac{2}{3u_d}(P - P_{\mathrm{ref}})\left(k_{\mathrm{P}} + \frac{k_{\mathrm{I}}}{S}\right) \\ i_{q\mathrm{ref}} = -\frac{2}{3u_d}(Q - Q_{\mathrm{ref}})\left(k_{\mathrm{P}} + \frac{k_{\mathrm{I}}}{S}\right) \end{cases} \tag{3-45}$$

2. 电流内环控制设计

功率外环产生的电流参考值 i_{ref} 作为输入量传递给电流内环，并与反馈电流作比较，两者的差值通过 PI 调节器的调解产生零稳态误差作用，从而实现对电流中的非线性扰动补偿。在对电流环进行设计时，为了能对有功、无功电流独立控制需要进行解耦操作。同时，为了削弱电网电压对控制系统的影响，还需增加前馈控制。PI 调节过程中，若电流控制误差为 0，逆变器的输出电流将根据电流参考值维持恒定电流调节，从而使得输出电压能够对电网电压实时跟踪，输出电流不含零序和直流分量，更接近正弦波，同时使系统对谐波和三相负荷不平衡的敏感性降低，便于进行有功、无功控制，使分布式光伏发电系统具有灵活运行的能力。电流内环解耦过程如下：

逆变器的电压输出模型在 $dq0$ 旋转坐标系中满足

$$\begin{bmatrix} u_d \\ u_q \end{bmatrix} = \begin{bmatrix} LS & -\omega L \\ \omega L & LS \end{bmatrix} \begin{bmatrix} i_d \\ i_q \end{bmatrix} + \begin{bmatrix} u_{d\mathrm{ref}} \\ u_{q\mathrm{ref}} \end{bmatrix} \tag{3-46}$$

由式（3-46）可以看出，此模型的 d、q 轴之间存在耦合项，这阻碍了系统对 d、q 轴分量的独立调节。为解除这种耦合关系，可以在电流内环引入前馈解耦控制，逆变器模型经过解耦和PI控制器调节后如下

$$\begin{bmatrix} u_{d\text{ref}} \\ u_{q\text{ref}} \end{bmatrix} = \begin{bmatrix} u_d \\ u_q \end{bmatrix} - \left(k_\text{P} + \frac{k_\text{I}}{S}\right)\begin{bmatrix} i_{d\text{ref}} - i_d \\ i_{q\text{ref}} - i_q \end{bmatrix} + \begin{bmatrix} 0 & \omega L \\ -\omega L & 0 \end{bmatrix}\begin{bmatrix} i_d \\ i_q \end{bmatrix} \tag{3-47}$$

联立式（3-46）、式（3-47），可得

$$LS\begin{bmatrix} i_d \\ i_q \end{bmatrix} = \left(k_\text{P} + \frac{k_\text{I}}{S}\right)\begin{bmatrix} i_{d\text{ref}} - i_d \\ i_{q\text{ref}} - i_q \end{bmatrix} \tag{3-48}$$

可见，并网系统的 i_d、i_q 实现解耦，从而可以独立地控制有功、无功电流。

根据前面对电压外环、电流内环控制的设计，搭建并网逆变器 PQ 控制原理图，如图 3-19 所示。

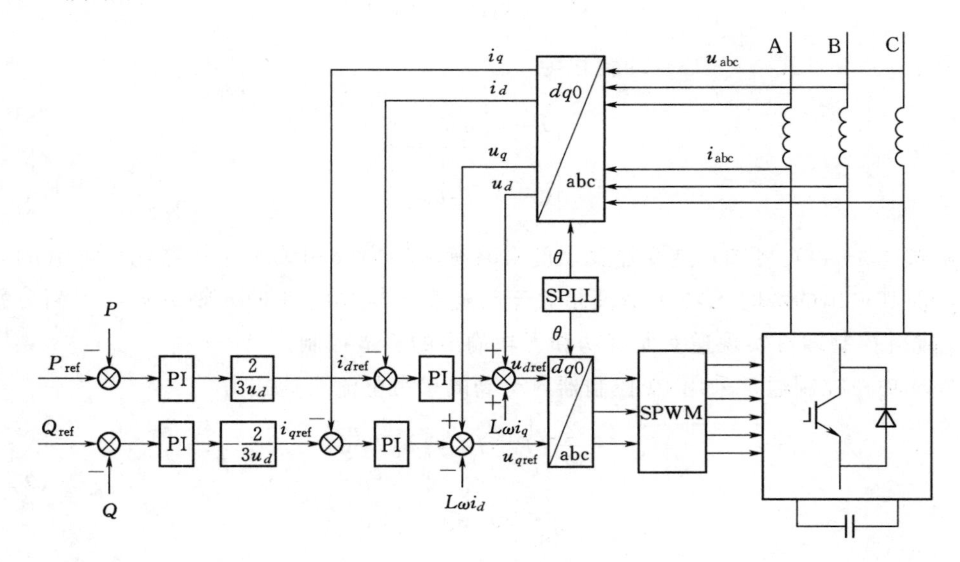

图 3-19 并网逆变器 PQ 控制原理图

3.5 含分布式电源的电网分层分布式电压控制模式及策略

分布式电源接入电网后会引起电网无功分布的变化以及电压水平的改变，本节介绍一种含分布式电源的电网分层分布式电压控制模式以及全局和局部控制层的控制策略与方法。

3.5.1 含分布式电源的电网分层分布式电压控制模式

在传统的对电网可控单元的控制过程中，通常要面临两种矛盾：首先是空间上大量可控单元的协调控制，控制单元要求相对集中，对所管辖的可控单元进行集中控制，而分布式电源在空间上则分布范围广、运行状态差异较大、控制方法和控制模式各异；其

次在时间上，电网接入的分布式电源节点繁多、网络通信压力很大，全局优化求解过程复杂，无法做到对各个具体控制单元运行状态的实时调控，只能用于长时间尺度下的协调控制，而分布式电源对外界影响比较敏感（分布式电源对气象环境较为依赖），运行状态变化频繁，长时间尺度的协调控制无法对环境及负荷的变化做出及时响应。

3.5.1.1 控制层级的划分

为解决现有可控单元控制过程中所面临的分布广和响应时间长的问题，可以在空间层面对含可控单元的电网按照一定原则进行分区和等效，全局控制将不再对某个具体的分布式电源、电容器等可控单元进行控制，而是以每个等效区域为控制对象，再由每个控制区域对区域内的各个可控单元进行控制；在时间层面，根据全局优化、局部区域自治控制以及各可控单元响应的不同时间尺度，提出多时间尺度相结合的控制方法。

1. 分区原则

在分层分布式控制中，自治区域的划分是一切工作的前提和基础。因此如何划分自治区域对于配电网的全局与局部协调控制十分重要，其关系到配电网等效分布式电源的分布以及各个等效分布式电源局部目标的计算结果。含分布式电源的配电网自治区域划分示意图如图 3－20 所示。配电网自治区域可以依照以下原则进行划分：

原则 1：馈线上两个分段开关间隔内如果包含可控分布式电源，则其成为一个独立的自治区域。

原则 2：馈线上从分界开关到线路末端，如果包含可控分布式电源，则其是一个独立的自治区域。

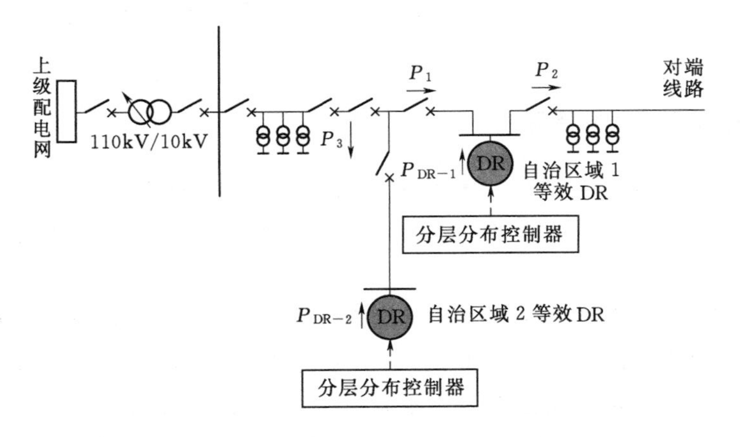

图 3－20 含分布式电源的配电网自治区域划分示意图

按照上述原则进行含分布式电源的配电网自治区域的划分，可以很好地适应配电网运行方式多变的特点，即自治区域的范围不因联络断路器位置的调整而发生变化，具有很高的灵活适应性。此外，这种自治区域划分方式基于配电网自动化配置的实际状况，可以实时采集到自治区域向馈线的功率注入值，具有很高的实用性。

进一步地，在进行了区域划分之后，从功率的角度上来说，配电网的各个自治区域可以等效为一个可控的分布式电源。该区域向馈线注入的功率可以看作该等效可控分布式电源的输出功率，配电网各个自治区域的自治控制可以认为是该等效分布式电源的输出功率调节。

通过分区，可以省去全局控制层对各可控单元的直接控制，令全局控制层专注于全局优化过程。各可控单元则由其所在的自治区域进行控制，这将有效提高整个系统的控制效率，也会增强系统对间歇性能源与负荷波动的抵御能力。

2. 协调变量

信息的共享是大系统不同部分之间实现协调的必要条件，能够实现协调所必需的最少量信息被称为协调变量。若要对系统进行全局优化，则须根据优化目标，获取相应的约束条件。在这里，约束条件应为配电网的系统运行状态数据、负荷变化情况以及所含可控单元的各类限值。同时，为了实现对各自治区域中新型可控单元的准确控制，以达到全局优化目标，各自治区域需要全局向其提供各区域的运行控制目标。

需要指出的是，为了实现全局对局部快速、高效的控制效果，结合在电网 AVC 控制中的控制模式，在此提出区域关口指令这一概念。区域关口指令包括关口有功/无功交换功率、关口功率因数、关键节点电压等。各自治区域只需对区域内的可控单元进行控制，追踪其自身的区域关口指令，即可实现全局的优化目标。

全局控制层可通过电网数据采集与监控、状态估计、负荷预测等子系统，获取各控制区域相关状态参数和运行约束限值对整个系统进行全局优化控制。而各个自治区域以全局下发的关口交换功率等指标为目标，对区域内可控单元进行协调控制。

综上所述，各自治区域对系统运行状态、可控单元限值以及全局向局部下发的区域关口指令构成了整个协调控制体系中的协调变量。

3.5.1.2　无功控制的时间尺度

在时间层面，由于全局优化与区域自治控制对象响应时间的差异较大，因此针对两者各自的响应速度与控制周期，分为长时间尺度与短时间尺度。两者的具体区分方法如下：

在配电网的全局优化控制中，优化计算的数据来源是各控制区域中分布式电源、无功补偿装置等可控单元的运行状态参数、网络拓扑参数等信息。全局控制层将以这些数据为基础，再运用最优潮流算法计算出各分布式电源的最优调度策略。可见，全局优化的核心是“优化”，其涉及的信息较多、算法复杂、计算时间较长，因此长时间尺度适用于全局优化控制。

在局部自治控制过程中，各自治区域的控制目标是由全局控制层下发的各区域关口指令；各自治区域的控制手段是通过调节控制区域中的分布式电源、无功补偿装置以及可控负荷等新型可控单元，使得各区域的关口运行状态参数追踪全局下发的控制目标。区域自治的核心是“控制”，而无功补偿装置和分布式电源的控制和响应时间比较短，

区域自治控制应属于短时间尺度范畴。

3.5.1.3 分层分布式电压控制模式

根据前文所确定的各控制层级，可以构建出含分布式电源的配电网多时间尺度下的分层协调控制模式，分层分布式电压控制模式如图 3-21 所示。

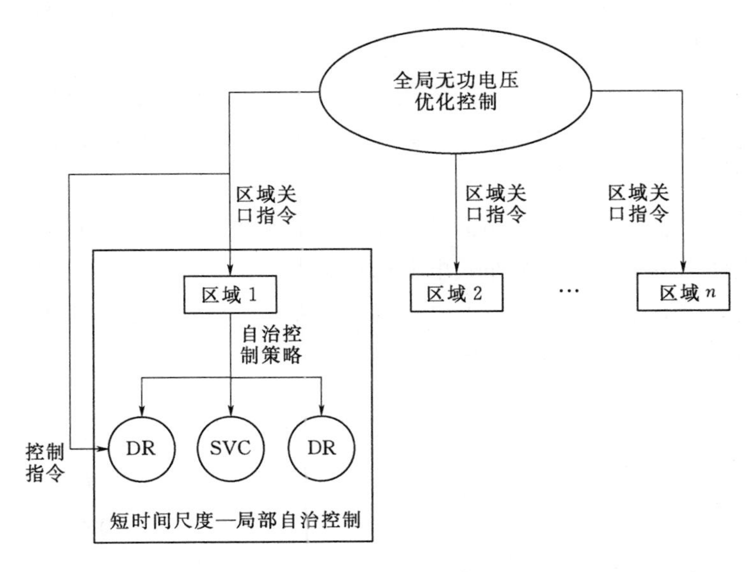

图 3-21　分层分布式电压控制模式

由图 3-21 可以看出，含分布式电源的配电网多时间尺度分层分布式电压控制主要包括以下步骤：

（1）基于配电网自治区域划分原则，根据可控单元的分布情况将一个大规模配电网划分为不同的自治区域。

（2）配电网能量管理系统通过电网数据采集与监控系统采集的网络数据、分布式电源、无功补偿装置等的状态信息，根据最优化算法计算出长时间尺度下的全局优化控制策略。

（3）根据全局优化控制策略，计算出各控制区域与整体网络之间关口有功功率、功率因数或线路末端电压幅值，并下发给各区域。

（4）各区域根据该目标值和实际运行状况，通过区域自治控制策略实现在长时间尺度优化协调控制的间隔周期内各个可控单元的实时协调控制，以修正实际运行工况与理想优化工况的偏差，使得配电网整体运行在全局优化与区域自治相协调的环境下。

由此可以看出，通过优化模型的建立，长时间尺度的全局优化控制可以确保系统运行在经济性最佳的状态；而短时间尺度的区域自治则通过追踪全局下发的区域关口指令，当系统负荷水平或分布式电源出力发生波动时，尽量将系统的运行维持在最优状态附近。该控制模式在保证经济性的同时，大幅提升了系统运行的鲁棒性。

3.5.2 配电网全局无功电压优化模型

长时间尺度全局优化控制是在较长的时间尺度内针对整个配电网建立无功电压优化的数学模型，为实现网损最小或经济效益最高等优化目标，通过优化计算确定配电网中所有的控制变量取值，并将关口电压下发给各区域，通过各区域自治控制以维持配电网在本优化周期内尽可能接近于最优状态的运行。含分布式电源的配电网无功电压协调优化模型，包括目标函数和约束条件两个部分。

目标函数一般从系统安全性、经济性、投资效益等方面考虑，具体包括有功网损最小、电压稳定裕度最高或者综合经济效益最大等，有时也会同时考虑其中的两者或三者。

选取最常见的整体系统有功网损最小作为目标函数，则控制变量为各分布式电源的无功出力、无功电源（不包括分布式电源的传统无功电源）的无功出力以及分组投切电容器组的档位，状态变量为各节点的电压幅值和相角。网损最小等价于所有节点的注入功率之和与所有节点有功负荷之和的差最小，即

$$\min P_{\mathrm{Loss}} = \sum_{i=1}^{n} P_i - \sum_{i=1}^{n} P_{i,\mathrm{d}} \tag{3-49}$$

式中 P_{Loss}——系统有功网损；

n——系统节点数；

P_i——系统中节点 i 的注入功率；

$P_{i,\mathrm{d}}$——系统中节点 i 的有功负荷。

约束条件包括等式约束和不等式约束。等式约束为潮流约束，具体为有功功率和无功功率的平衡约束；不等式约束包括各分布式电源有功无功出力的上下限、SVC无功出力上下限以及有载调压变压器挡位和分组投切电容器组挡位的取值约束等控制变量的不等式约束和节点电压的上下限等状态变量的不等式约束。

1. 等式约束

数学模型中，系统每一个节点都要满足有功功率和无功功率的平衡，即有

$$\begin{cases} P_i = U_i \sum\limits_{j=1}^{n} U_j (G_{ij}\cos\delta_{ij} + B_{ij}\sin\delta_{ij}) \\ Q_i = U_i \sum\limits_{j=1}^{n} U_j (G_{ij}\sin\delta_{ij} - B_{ij}\cos\delta_{ij}) \end{cases} \tag{3-50}$$

式中 P_i、Q_i——系统中节点 i 的注入有功功率和无功功率；

U_i、U_j——系统中节点 i 和节点 j 的电压幅值；

G_{ij}、B_{ij}、δ_{ij}——节点 i 和节点 j 之间的互电导、互电纳以及电压的相角差。

为便于把有功—无功协调优化的模型转化为半正定规划（semi-definite programming，SDP）模型，本节将潮流平衡方程改写为矩阵和向量的形式。利用定理 $\mathrm{tr}(\boldsymbol{AB})=\mathrm{tr}(\boldsymbol{BA})$，其中 $\mathrm{tr}(\boldsymbol{AB})$ 表示矩阵 $\boldsymbol{AB}$ 的秩。

$$S_i = \boldsymbol{e}_i^* \boldsymbol{U}\boldsymbol{I}^* \boldsymbol{e}_i = \boldsymbol{e}_i^* \boldsymbol{U}\boldsymbol{U}^* \boldsymbol{Y}^* \boldsymbol{e}_i = \mathrm{tr}[\boldsymbol{U}\boldsymbol{U}^* (\boldsymbol{Y}^* \boldsymbol{e}_i \boldsymbol{e}_i^*)] = \boldsymbol{U}^* \boldsymbol{Y}_i^* \boldsymbol{U}$$
$$= \left[\boldsymbol{U}^* \left(\frac{\boldsymbol{Y}_i^* + \boldsymbol{Y}_i}{2}\right)\boldsymbol{U}\right] + \boldsymbol{i}\left[\boldsymbol{U}^* \left(\frac{\boldsymbol{Y}_i^* - \boldsymbol{Y}_i}{2j}\right)\boldsymbol{U}\right] \tag{3-51}$$

式中　S_i——节点 i 的注入功率；

$\boldsymbol{e}_i$——第 i 个元素为 1，其他元素全为 0 的列向量；

$\boldsymbol{U}$、$\boldsymbol{I}$——电压列向量和电流列向量；$\boldsymbol{Y}_i = \boldsymbol{e}_i \boldsymbol{e}_i^* \boldsymbol{Y}$。

令 $\boldsymbol{\Phi}_i = (\boldsymbol{Y}_i^* + \boldsymbol{Y})/2$，$\boldsymbol{\Psi}_i = (\boldsymbol{Y}_i^* - \boldsymbol{Y})/2$，并将式（5-51）的实部、虚部分列，可得

$$\begin{cases} P_i = P_{i,\mathrm{DG}} - P_{i,\mathrm{d}} = \boldsymbol{U}^* \boldsymbol{\Phi}_i \boldsymbol{U} \\ Q_i = Q_{i,\mathrm{DG}} + Q_{i,\mathrm{SVC}} + k_i q_{i,\mathrm{CB}} - Q_{i,\mathrm{d}} = \boldsymbol{U}^* \boldsymbol{\Psi}_i \boldsymbol{U} \end{cases} \tag{3-52}$$

式中　$P_{i,\mathrm{DG}}$、$P_{i,\mathrm{d}}$——节点 i 上所连接的分布式电源和负荷的有功功率；

$Q_{i,\mathrm{DG}}$、$Q_{i,\mathrm{SVC}}$和 $Q_{i,\mathrm{d}}$——节点 i 上所连接的分布式电源无功功率、SVC 的补偿功率以及负荷的无功功率；

k_i——分组投切电容器组的挡位；

$q_{i,\mathrm{CB}}$——分组投切电容器组单位挡位的补偿功率。

此处为了形式上的统一，将所有节点的注入功率都写成统一的表达形式。对于不含分布式电源的节点，则取 $P_{i,\mathrm{DG}}=0$，$Q_{i,\mathrm{DG}}=0$；不含 SVC 的节点，则取 $Q_{i,\mathrm{SVC}}=0$；不含电容器组的节点，则取 $k_i=0$。

传统的数学模型中的负荷为恒功率负荷，并没有考虑负荷随着电压变化的响应关系，用于输电网中表示节点的等值负荷是可以的，但是在配电网中就不能够准确表示不同类型的负荷情况。由一定比例的恒功率负荷模型和一定比例的恒阻抗负荷所组成的静态负荷模型可以表示配电网中不同种类的负荷。如住宅区用户负荷可以用 30％的恒阻抗负荷和 70％的恒功率负荷来表示；工业负荷可以用 20％的恒阻抗负荷和 80％的恒功率负荷来表示；商业负荷可以用 50％的恒阻抗负荷和 50％的恒功率负荷来表示。为了使本节所述的数学模型更符合配电网的实际特点，负荷采用一定比例的恒功率负荷模型和恒阻抗负荷所组成的综合静态负荷模型表示，表达式为

$$\begin{cases} P_{i.d} = P_{i,0}\left[a_{i,P}\left(\dfrac{U_i}{U_{i,0}}\right)^2 + b_{i,P}\right] = b_{i,P}P_{i,0} + \boldsymbol{U}^* \boldsymbol{\Phi}_i^* \boldsymbol{U} \\ Q_{i.d} = Q_{i,0}\left[a_{i,Q}\left(\dfrac{U_i}{U_{i,0}}\right)^2 + b_{i,Q}\right] = b_{i,Q}Q_{i,0} + \boldsymbol{U}^* \boldsymbol{\Psi}_i^* \boldsymbol{U} \end{cases} \quad i \in S_{\mathrm{B}} \tag{3-53}$$

式中　$P_{i,0}$、$Q_{i,0}$——额定电压 $U_{i,0}$下的有功负荷和无功负荷；

$a_{i,P}$、$b_{i,P}$——恒阻抗有功负荷和恒功率有功负荷在总有功负荷中所占的比例；

$a_{i,Q}$、$b_{i,Q}$——恒阻抗无功负荷和恒功率无功负荷在总无功负荷中所占的比例；

U_i——电压幅值；

$U_{i,0}$——额定电压幅值。

其中
$$\boldsymbol{\Phi}_i^* = \frac{a_{i,P}P_{i,0}}{U_{i,0}^2}\boldsymbol{e}_i\boldsymbol{e}_i^*\;;\;\boldsymbol{\Psi}_i^* = \frac{a_{i,Q}Q_{i,0}}{U_{i,0}^2}\boldsymbol{e}_i\boldsymbol{e}_i^*\,。$$

2. 不等式约束

连续控制变量的不等式约束包括每个节点分布式电源有功出力的上下限、无功出力的上下限以及 SVC 无功出力的上下限，其公式为

$$\begin{cases}\underline{P}_{i,\mathrm{DG}}\leqslant P_{i,\mathrm{DG}}\leqslant\overline{P}_{i,\mathrm{DG}} & i\in S_{\mathrm{DG}}\\ \underline{Q}_{i,\mathrm{DG}}\leqslant Q_{i,\mathrm{DG}}\leqslant\overline{Q}_{i,\mathrm{DG}} & i\in S_{\mathrm{DG}}\\ \underline{Q}_{i,\mathrm{SVC}}\leqslant Q_{i,\mathrm{SVC}}\leqslant\overline{Q}_{i,\mathrm{SVC}} & i\in S_{\mathrm{SVC}}\end{cases}\tag{3-54}$$

式中　$\underline{P}_{i,\mathrm{DG}}$、$\overline{P}_{i,\mathrm{DG}}$——分布式电源可调有功出力的下限值和上限值，根据分布式电源的数学模型，在某一个断面处可以取$\underline{P}_{i,\mathrm{DG}}=\overline{P}_{i,\mathrm{DG}}=P_{i,\mathrm{DG}}^{\mathrm{pre}}$；

$\underline{Q}_{i,\mathrm{DG}}$、$\overline{Q}_{i,\mathrm{DG}}$——分布式电源可调无功出力的下限值和上限值；

$\underline{Q}_{i,\mathrm{SVC}}$、$\overline{Q}_{i,\mathrm{SVC}}$——SVC 可调无功功率的下限值和上限值；

S_{DG}、S_{SVC}——分布式电源和 SVC 所在节点的集合。

在全局无功电压协调控制问题中，为了减弱含分布式电源的配电网的功率波动可能对输电网产生的影响，需要增加配电网根节点处的关口交换功率约束，即

$$\begin{cases}\underline{P}_0\leqslant P_0\leqslant\overline{P}_0\\ \underline{Q}_0\leqslant Q_0\leqslant\overline{Q}_0\end{cases}\tag{3-55}$$

式中　P_0——从配电网根节点流入本级配电网的有功功率；

$\underline{P}_0$、$\overline{P}_0$——调控中心设定的关口有功功率交换的上下限；

Q_0——从配电网根节点流入本级配电网的无功功率；

$\underline{Q}_0$、$\overline{Q}_0$——调控中心设定的关口无功功率交换的上下限。

离散控制变量的不等式约束为

$$k_i\in\{0,1,2,\cdots,K_i\}\quad i\in S_{\mathrm{B}}\tag{3-56}$$

式中　K_i——节点 i 所连接分组投切电容器组的最高挡位。

状态变量的不等式约束为

$$\underline{U}_i^2\leqslant U_i^2\leqslant\overline{U}_i^2\quad i\in S_{\mathrm{B}}\tag{3-57}$$

式中　U_i——节点 i 的电压幅值；

$\underline{U}_i$、$\overline{U}_i$——电压幅值的下限值和上限值。

以上建立了全局无功电压协调控制的数学模型，包括目标函数和约束条件两个部分。为了使所建立的数学模型更符合配电网的实际情况，在其中加入了分布式电源的数学模型以及由一定比例的恒阻抗负荷和恒功率负荷所组成的负荷模型。

以上所建立的全局无功电压协调控制数学模型是一个大规模的混合整数非凸非线性规划问题，该模型包括以下特点：

（1）非线性。模型的目标函数和约束条件的表达式均为非线性。

（2）非凸性。模型的可行域是非凸的，其中潮流方程等式约束是该模型的一个强非凸源。

（3）离散变量与连续变量并存。模型中既有分布式电源、SVC 的无功出力和节点

电压等连续变量，又有分组投切电容器组等离散变量，组成一个混合整数规划类问题。

3.5.3 多种无功源的局部协调控制方法

局部控制是针对配电网某一控制区域，在短时间尺度内，通过充分调动本区域内各种可控单元参与调节，尽可能维持本区域关口有功、无功、电压水平不变，减少区域内间歇式电源和负荷波动对其他区域的影响，实现配电网的安全、稳定及优化运行。

电网中可参与区域自治控制的无功源包括可控分布式电源、无功补偿装置等。针对电压正常情况下和电压越限情况下两种情况，多种无功源的局部协调控制可制定相应的多无功源协调优化控制策略实现区域自治控制。其中电压正常情况下可制定基于优化算法求解和基于规则的两种控制策略，在运用时可根据需求选择其中一种。电压越限情况下制定了以配电网各无功源输出调整量最小为目标的控制策略。

电压正常情况下通过优化算法求解的控制策略其算法求解与全局控制层无功优化求解类似，只是在约束条件中增加了关口功率与全局优化计算结果之差小于预设值，故在此不做赘述。下面分别介绍基于规则的协调控制策略和电压越限情况下无功电压的控制策略。

3.5.3.1 基于规则的区域自治控制策略

在区域控制过程中，首先确定的是区域自治目标。在本节提出的区域自治控制策略中，我们的区域控制目标可定为将控制区域与全局的功率交换水平维持在一个相对稳定的水平，从而将控制区域内的分布式能源与负荷波动对上层电网运行的影响降至最小。

根据多时间尺度分层协调控制框架，在区域自治控制过程中选择可控分布式电源、无功补偿装置等可控单元作为控制手段，制定多无功源的协调优化控制策略，实现区域自治控制。

若控制区域中分布式能源可控，根据全局优化控制层级计算获得的最优解制定控制目标：以区域关口功率因数、线路末端电压为电压无功控制的控制目标，以区域关口有功功率为可控分布式电源的控制目标。区域自治控制策略流程如图 3－22 所示。

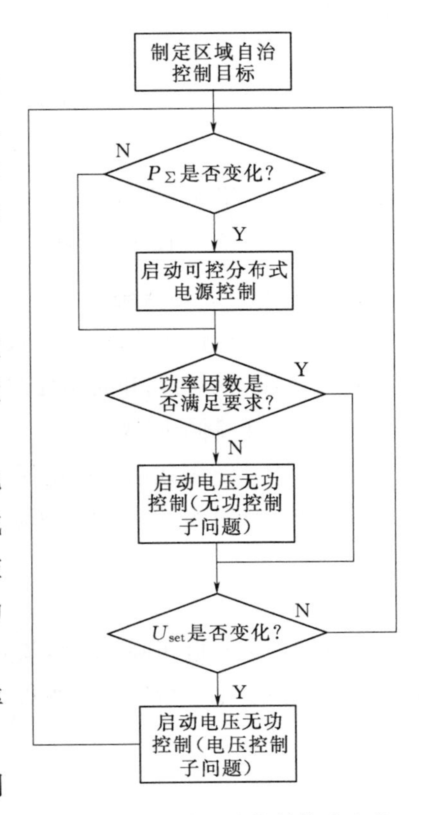

图 3－22　区域自治控制策略流程

步骤 1：在短时间尺度内，若区域关口有功功率 P_Σ 发生变化，首先启动可控分布式电源控制。

步骤 2：计算关口功率因数，若不满足要求，则启动电压无功控制。计算调节后的区域关口有功功

率 P'_{Σ}是否满足要求，若 P'_{Σ}仍大于期望值 P_{set}，则启动可控负荷控制，修改线路末端电压期望值 U_{set}。

步骤 3：若线路末端电压期望值 U_{set}发生变化，则启动电压无功控制，调节变压器档位，完成区域自治控制。

1. 分布式电源控制策略

可控分布式电源控制，主要是对线路的有功进行控制。具体控制策略如下：

步骤 1：采集区域关口有功功率 P_{Σ}，计算与期望功率 P_{set}的差值 ΔP，其公式为

$$\Delta P = P_{set} - P_{\Sigma} \tag{3-58}$$

步骤 2：判断功率差值是否超出可控分布式电源调节能力范围，计算有功出力 P_S。其公式为

$$P_S = \begin{cases} P_{Smax} & P_0 + \Delta P \geqslant P_{Smax} \\ P_0 + \Delta P & P_{Smin} < P_0 + \Delta P < P_{Smax} \\ P_{Smin} & P_0 + \Delta P \leqslant P_{Smin} \end{cases} \tag{3-59}$$

式中　P_0——上一控制周期可控分布式电源有功出力值；

P_{Smax}、P_{Smin}——可控分布式电源有功出力的上下限。

步骤 3：采集监测节点的电压实时值 U_P，通过以下规则，判断可控分布式电源出力的变化情况。

$$\begin{cases} \Delta P < 0 \text{ 且 } U_P < U^h - U_{bw} \text{时，增加出力} \\ \Delta P > 0 \text{ 且 } U_P > U^l + U_{bw} \text{时，减小出力} \\ \text{其他情况，不改变出力} \end{cases} \tag{3-60}$$

式中　U_{bw}——电压带宽；

U^h、U^l——节点电压上下限。

2. 电压无功控制策略

电压无功控制（voltage var control，VVC）将电压无功分解为两个独立的控制子问题：电压控制子问题和无功控制子问题，具体控制策略如下：

（1）电压控制子问题。主要步骤有：

步骤 1：从监测线路末端电压测量值的集合中得到电压最小值 U_{end}。

步骤 2：计算变电站电压 U_0 与最小的线路末端电压测量值 U_{end}之间的电压降 VD 为

$$VD = U_0 - U_{end} \tag{3-61}$$

步骤 3：基于电压降 VD 与预先定义的电压降值 VD^h 的关系，确定相应的控制电压带宽 U_{bw}。控制电压带宽可以被设置为 U^l_{bw}、U^h_{bw}。

$$\begin{cases} U_{bw} = U^l_{bw}, VD < VD^h \\ U_{bw} = U^h_{bw}, VD > VD^h \end{cases} \tag{3-62}$$

步骤 4：比较期望电压 U_{set}和最小线路末端电压测量值 U_{end}。

当负荷量较低时，变压器分接头位置 tap 变化为

$$\begin{cases} tap=tap+1, U_{\text{end}}<(U_{\text{set}}-U_{\text{bw}}^{\text{l}}) \\ tap=tap-1, U_{\text{end}}>(U_{\text{set}}+U_{\text{bw}}^{\text{l}}) \end{cases} \tag{3-63}$$

当负荷量较高时，变压器分接头位置 tap 变化为

$$\begin{cases} tap=tap+1, U_{\text{end}}<(U_{\text{set}}-U_{\text{bw}}^{\text{h}}) \\ tap=tap-1, U_{\text{end}}>(U_{\text{set}}+U_{\text{bw}}^{\text{h}}) \end{cases} \tag{3-64}$$

在变压器分接头动作前，会判断该动作是否会导致电压超出允许的范围。一旦出现电压越界情况，会立即终止分接头的动作。

(2) 无功控制子问题。无功控制的目标是将变电站变压器所在处的功率因数维持在指定值以上。

步骤1：在电容器进行动作之前，要对电网中相关的电容器进行排序。排序的规则是容量越大的电容器越早投入，越晚切除。如果两个电容器的容量相同，离变电所远的电容器先被投入，后被切除。

步骤2：依据下面的判据，进行电容器投切操作。

$$\begin{cases} SW_i=CLOSED, Q_{\text{br}i}>d^{\max}Q_{ci} \\ SW_i=OPEN, Q_{\text{br}i}<d^{\min}Q_{ci} \end{cases} \tag{3-65}$$

式中　Q_{ci}——第 i 个电容器的额定容量；

$d^{\max}$、$d^{\min}$——用来防止机械震荡的系数；

$Q_{\text{br}i}$——相应的无功缺额；

SW_i——第 i 个电容器的开关状态。

3.5.3.2 电压越限情况下的协调控制策略

含分布式电源的配电网区域内，电压越限可能会发生在以下两类节点：分布式电源接入点及纯负荷节点。当分布式电源接入点发生电压越限时，分布式电源就地控制策略由正常状态下的恒功率因数控制迅速转为恒电压控制，利用分布式电源的无功能力调节接入点电压。当纯负荷节点发生电压轻度越限时，节点因缺乏就地控制设备而不能对节点电压偏离做出调整。

为解决就地控制下分布式电源接入点电压控制能力弱（分散接入分布式电源无功容量较小）或纯负荷节点无电压控制能力的问题，就地控制之后，集中控制将集中配电网区域内各无功源的电压调节能力，对仍处于轻度越限的节点电压实施校正控制。

电压越限状态下控制策略的目标函数为配电网内各无功源输出调整量最小，其公式为

$$\min f=\sum_{i=1}^{m}(\Delta Q_i)^2 \tag{3-66}$$

式中　ΔQ_i——集中控制前后节点 i 处的无功源输出调整量。

预警状态下集中控制策略的等式约束和不等式约束，为系统潮流约束、无功源出力

限制以及各节点电压安全范围约束，其公式为

$$P_{G.i} - P_{L.i} - U_i \sum_{j=1}^{n} U_j (G_{ij}\cos\theta_{ij} + B_{ij}\sin\theta_{ij}) = 0 \tag{3-67}$$

$$Q_{G.i} - Q_{L.i} - U_i \sum_{j=1}^{n} U_j (G_{ij}\sin\theta_{ij} - B_{ij}\cos\theta_{ij}) = 0 \tag{3-68}$$

式中　$P_{G.i}$——节点 i 处有功电源注入有功功率；

$P_{L.i}$——节点 i 处有功负荷；

$Q_{G.i}$——节点 i 处无功电源注入无功功率；

$Q_{L.i}$——节点 i 处无功负荷。

$$Q_{G.i.\min} \leqslant Q_{G.i} \leqslant Q_{G.i.\max} \tag{3-69}$$

$$U_{i.\min} \leqslant U_i \leqslant U_{i.\max} \tag{3-70}$$

式中　$Q_{G.i.\min}$——节点 i 处无功源注入无功功率最小值；

$Q_{G.i.\max}$——节点 i 处无功源注入无功功率最大值；

U_i——节点 i 处的电压值；

$U_{i,\min}$——节点 i 处的电压最小值，此处取 0.95p.u.；

$U_{i,\max}$——节点 i 处的电压最大值，此处取 1.05p.u.。

3.6　本章小结

大量分布式电源接入电网后，会影响配电网的有功潮流分布。由于配电网的线路阻抗中电阻分量不能忽略，分布式电源的有功功率波动进而会影响到配电网的电压分布。从分布式电源控制的客观技术条件上看，由于风电、光伏等分布式电源随机性波动性较强、有功控制难度大、通信信道建设成本高等原因，除微电网、虚拟电厂等形式外，很少对分布式电源进行有功控制。然而，可通过调节分布式电源的无功功率实现配电网的无功电压控制，保障配电网的稳定运行，同时还可以减少无功补偿装置的投入。

分布式电源能提供一定的无功功率，充分发挥分布式电源的无功补偿能力，能在配电网的无功电压控制中起到较为显著的作用。分布式电源的并网形式分为通过变流器并网的分布式电源、通过双馈式感应发电机组并网的分布式电源以及通过励磁调压型同步发电机组并网的分布式电源三种类型，其无功输出能力不同；分布式电源的有功出力和无功出力均对配电网的电压分布有不同程度的影响，为提高配电网电压运行的稳定可靠性，采用含分布式电源的配电网分层分布式电压控制模式及其控制方法，以解决含分布式电源的配电网中电源分布广、控制响应慢等问题。随着分布式电源技术的发展，分布式电源可控性将逐步增强，对配电网的无功电压控制也将提供更为有效的支撑。

参考文献

[1] 将建民，冯志勇，刘美仪．电力网电压无功功率自动控制系统 [M]．辽宁：辽宁科学技术出

版社，2010.

[2] 蔡永翔，唐巍，徐鸥洋，等．含高比例户用光伏的低压配电网电压控制研究综述［J］．电网技术，2018，42（1）：220－229.

[3] 陈丽，张晋国，苏海锋．考虑并网光伏电源出力时序特性的配电网无功规划［J］．电工技术学报，2014，29（12）：120－127.

[4] 王旭强，刘广一，曾沅，等．分布式电源接入下配电网电压无功控制效果分析［J］．电力系统保护与控制，2014，42（1）：47－53.

[5] 张丽，徐玉琴，王增平，等．含分布式电源的配电网无功优化［J］．电工技术学报，2011，26（3）：168－173.

[6] 李晓东，刘广一，贾宏杰，等．基于电压调节的分布式可再生能源发电功率波动平抑策略［J］．电工技术学报，2015，30（23）：76－82.

[7] 杨素琴，罗念华，韩念杭．分布式电源并网动态无功优化调度的研究［J］．电力系统保护与控制，2013，41（17）：122－126.

[8] 许晓艳，黄越辉，刘纯，等．分布式光伏发电对配电网电压的影响及电压越限的解决方案［J］．电网技术，2010，34（10）：140－146.

[9] 李清然，张建成．含分布式光伏电源的配电网电压越限解决方案［J］．电力系统自动化，2015，39（22）：117－123.

[10] 祁希萌．分布式光伏并网系统参与电压无功调节的控制策略研究［D］．秦皇岛：燕山大学，2015.

[11] Alam M J E，Muttaqi K M，Sutanto D. A multi－mode control strategy for VAr support by solar PV inverters in distribution networks［J］. IEEE Transactions on Power Systems，2015，30（3）：1316－1326.

[12] Turitsyn K，Sulc P，Backhaus S，et al. Options for control of reactive power by distributed photovoltaic generators［J］. Proceedings of the IEEE，2011，99（6）：1063－1073.

[13] 付英杰．含分布式电源的配电网无功/电压控制研究［D］．长沙：湖南大学，2015.

[14] 余昆，曹一家，陈星莺，等．含分布式电源的地区电网无功电压优化［J］．电力系统自动化，2011，35（8）：28－32.

[15] 曹璞佳．分布式光伏发电并网无功电压控制策略研究［D］．北京：华北电力大学，2017.

[16] 徐玉琴，李雪冬，张继刚，等．考虑分布式发电的配电网规划问题的研究［J］．电力系统保护与控制，2011，39（1）：87－91.

[17] 张立梅，唐巍，赵云军，等．分布式发电接入配电网后对系统电压及损耗的的影响分析［J］．电力系统保护与控制，2011，39（5）：91－96.

[18] 康龙云，郭红霞，吴捷，等．分布式电源及其接入电力系统时若干研究课题综述［J］．电网技术，2010，34（11）：43－47.

[19] Scott N C，Atkinson D J，Morrell J E. Use of load control to regulate voltage on distribution networks with embedded generation［J］. IEEE Transactions on Power Systems，2002，17（2）：510－515.

[20] 石嘉川，刘玉田．计及分布式发电的配电网多目标电压优化控制［J］．电力系统自动化，2007，31（13）：47－51.

[21] 袁瑛．粒子群算法在电力系统经济调度中的应用研究［D］．西安：西安理工大学，2010.

[22] 王颖，文福拴，赵波，等．高密度分布式光伏接入下电压越限问题的分析与对策［J］．中国电机工程学报，2016，36（5）：1200－1206.

[23] Yi Lei，Zhengming Zhao，Wei Xu，et al. Modeling and analysis of MW－level grid－connected PV plant［C］. IECON 2011－37th Annual Conference on IEEE Industrial Electronics Society，

Melbourne，Australia，2011.

［24］ Jietan Zhang，Haozhong Cheng，Chun Wang，et al. Quantitive assessment of active management of distribution network with distributed generation ［C］//Third International Conference on Electric Utility Deregulation and Restructuring and Power Technologies，2008.

［25］ 陈海焱，段献忠，陈金富．分布式发电对配网静态电压稳定性的影响［J］．电网技术，2006，30（19）：27－30.

［26］ 蒲天骄，李烨，陈乃仕，等．基于 MAS 的主动配电网多源协调优化调度［J］．电工技术学报，2015，30（23）：67－75.

［27］ 陈飞，刘东，陈云辉．主动配电网电压分层协调控制策略［J］．电力系统自动化，2015，39（9）：61－67.

［28］ 骆晨，陶顺，赵晨雪，等．主动配电网区域自适应性电压分层分区控制［J］．2016，33（3）：29－34.

［29］ 中国国家标准化管理委员会．GB/T 29319—2012 光伏发电系统接入配电网技术标准［S］．北京：中国标准出版社，2012.

［30］ 中国国家标准化管理委员会．GB/T 33592—2017 分布式电源并网运行控制规范［S］．北京：中国标准出版社，2017.

第4章　分布式电源对配电网的影响

分布式电源接入电力系统是智能电网发展的必然趋势。从近期看，分布式电源主要是接入配电网，它的接入改变了传统配电网的结构，由辐射型网络转变为分布的点状电源直接与用户负荷相连的网络；当大规模接入时，将会对配电网产生显著影响。本章主要从电能质量、继电保护、供电安全性、供电可靠性、电网设备利用率、电网线损等方面阐述了分布式电源接入对配电网运行的影响。

4.1　分布式电源对配电网电能质量的影响

分布式电源很大一部分是通过电力电子器件并网，这会给配电网电能质量带来诸多问题，如电压的跌落和闪变、大量的谐波等。

4.1.1　对配电网电压质量的影响

光伏发电、风力发电等类型的分布式电源受外界环境如太阳辐射、风速的影响较大，出力具有随机性、波动性和间歇性特点。配电网中含有大比例的随机性分布式电源会使线路上的负荷潮流发生波动且变化较大。但电网中很少具有动态无功调节设备，仅靠投切电容电抗器进行电压调节。因此，电网电压的调整难度加大，调节不当会导致电压偏差、电压波动和闪变等问题。

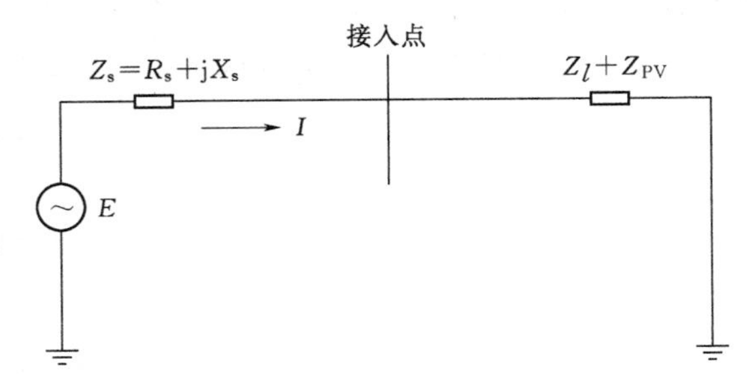

图4-1　分布式电源接入点处的戴维南等效电路图

相对于配电网中的其他节点来说，分布式电源的不稳定性对并网点的影响最大，因此，选择分布式电源并网点作为电压变化的评估点。分布式电源接入点的戴维南等效电路如图4-1所示。

当分布式电源注入系统的功率发生改变时，会使线路上的电流产生 ΔI 的变化。当出力波动时，接入点的电压变化值为 ΔU_{PV}。由图4-1可简单估算分布式电源输出功率出现波动时并网点上的电压变化值，即

$$\begin{aligned}\Delta U_{PV}&=(R_s+jX_s)(\Delta I_P+j\Delta I_Q)\\&=|Z_s|(\cos\varphi+j\sin\varphi)|\Delta I|(\cos\theta+j\sin\theta)\\&=\frac{U^2}{S_k}\frac{\Delta S_n}{U}[(\cos\varphi\cos\theta-\sin\varphi\sin\theta)+j(\sin\varphi\cos\theta+\cos\varphi\sin\theta)]\end{aligned}\tag{4-1}$$

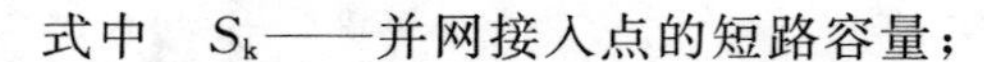

式中　S_k——并网接入点的短路容量；

ΔS_n——分布式电源的注入功率变化；

θ——分布式电源功率因数角；

R_s+jX_s——电网等效阻抗；

U——接入点电压；

φ——从接入点看入的电网阻抗角。

一般情况下，线路两端的相位移不大，ΔU_{PV}近似于其水平分量，垂直分量可忽略，由此可得电压的相对变化率为

$$d=\frac{\Delta U_{PV}}{U}\approx\frac{\Delta S_n\cos(\varphi+\theta)}{S_k}\times 100\% \tag{4-2}$$

从式（4－2）可以看出，电压相对变化率取决于 ΔS_n、S_k、θ，即分布式电源对系统供电电压造成冲击的 3 个主要因素为分布式电源注入功率的变化、所接入系统的短路容量及分布式电源的功率因数。

分布式电源本身具有不稳定性，会对电网内其他用户的供电电压造成冲击。短路容量反映电力系统某一供电点电气性能的一个特征量。短路容量大（对应于低阻抗）表明网络强，负荷、并联电容器或电抗器的投切不会引起电压幅值大的变化，系统电压稳定性强；相反，短路容量小表明网络弱。分布式电源的接入可在一定程度上提高系统的整体短路容量，当配电网内部冲击性负荷投切、外部故障等使电压闪变、跌落时，对配电网造成的冲击程度会得到抑制和削弱。但是通常逆变型分布式电源向系统提供的短路电流仅为其额定电流的 1.5～2 倍，远小于同步发电机提供的短路电流，所以目前中、小容量逆变型分布式电源对提高系统短路容量的贡献并不大。

以典型城乡结合配电网为分析算例，配电网结构如图 4－2 所示。地区内大部分建

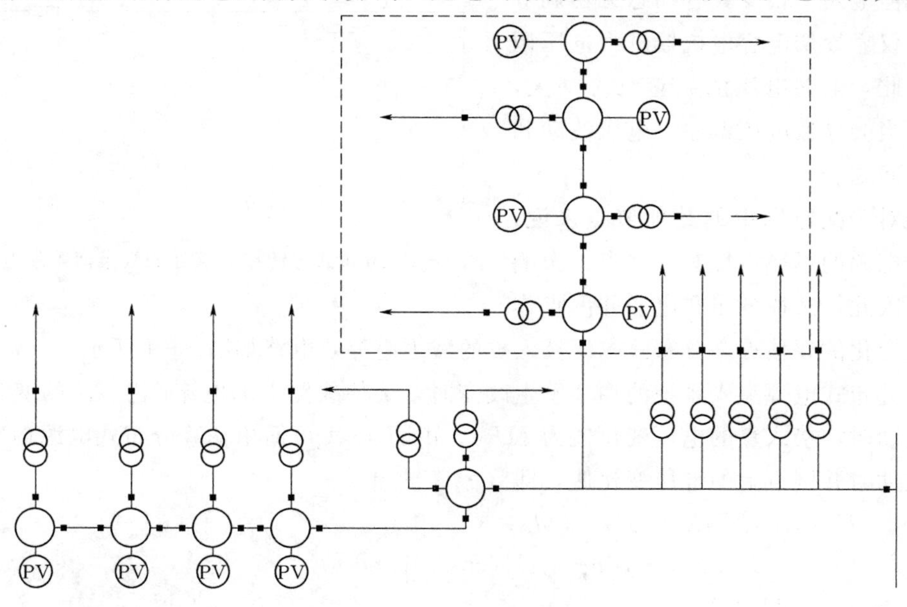

图 4－2　典型配电网模型

筑为平房，有较好的光伏安装条件，主要负荷为工业负荷和居民负荷，冬、夏两季负荷水平相差不多，能够实现分布式光伏发电的优先消纳。

《电能质量 电压波动和闪变》(GB/T 12326—2008) 中规定了由波动性负荷产生的电压变动限值与变动频度、电压等级的关系，见表 4-1。

表 4-1　　电压变动限值

r/(次·h^{-1})	d/%	
	LV、MV	HV
$r≤1$	4	3
$1<r≤10$	3*	2.5*
$10<r≤100$	2	1.5
$100<r≤1000$	1.25	1

注：1. 变动频度很小（每日少于 1 次）时，电压变动限值 d 还可以放宽，但不在本标准中规定。
2. 对于随机、不规则的电压波动，如电弧炉负荷引起的电压波动，表中标有 * 的值为其限值。
3. 参照《标准电压》(GB/T 156—2007)，本标准中系统标称电压 U_N 等级按以下划分：
低压 (LV)：$U_N≤1kV$。
中压 (MV)：$1kV<U_N≤35kV$。
高压 (HV)：$35kV<U_N≤220kV$。
对于 220kV 以上超高压 (EHV)，系统的电压波动限值可参照高压 (HV) 系统执行。

对于分布式光伏发电系统出力变化引起的电压变动，其频度可以按照 $1<r≤10$（每小时变动的次数在 10 次以内）考虑。由于分布式光伏发电系统接入点的电压受光伏出力波动的影响显著，因此主要分析分布式光伏发电系统接入点的电压变动。

1. 案例 1：分布式光伏发电 4 个点接入

选择图 4-2 中虚线框内的 4 个光伏发电单元作为仿真分析对象，研究多接入点分布式光伏发电系统对系统并网电压的影响，结果如图 4-3 及表 4-2 所示。

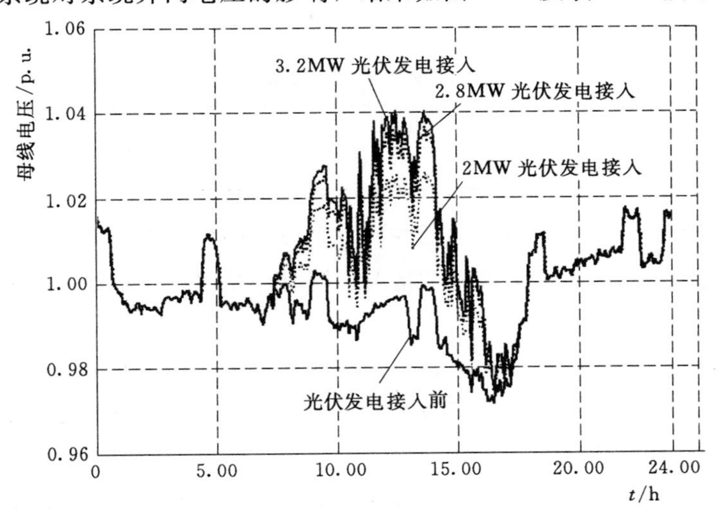

图 4-3　并网点电压曲线

表 4-2　　线路末端并网点电压变动值

分布式光伏发电总装机容量/MW	2	2.4	2.8	3	3.2
并网点电压变动值/%	2.26	2.64	2.94	3.12	3.21

由图 4-3 可知，随着装机容量增加，分布式光伏出力使并网点母线在白天时的电压偏差增大，虽未超出国标要求，但日电压偏差量增大明显。从表 4-2 可知，随着光伏发电装机容量增加，电压波动值逐渐增加，当装机容量达到一定值后，光伏输出功率的波动将导致并网点电压超出国标要求。

2. 案例 2：分布式电源 8 个点接入

如图 4-2 所示，分析分布式光伏系统通过 8 个光伏发电单元接入后对系统电压的影响，结果如图 4-4 及表 4-3 所示。

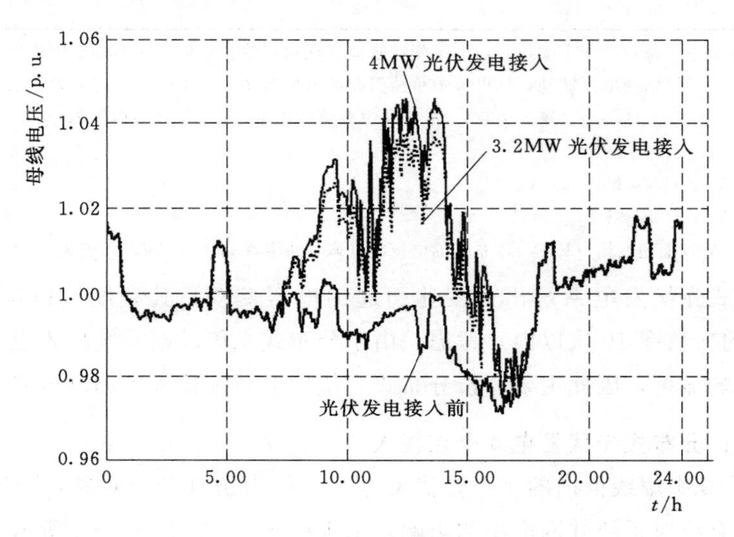

图 4-4　并网点电压曲线

表 4-3　　线路末端并网点电压变动值

光伏发电总装机容量/MW	2.8	3.2	3.5	4
并网点电压变动值/%	2.70	2.93	3.19	3.55

对比案例 1 的仿真结果可得，增加并网点个数，并将单点光伏容量减小，即分散接入可以一定程度上缓解系统电压波动的情况。同时，并网点越靠近系统末端，对电网电压波动的影响越大。

依据理论和实际算例分析，多接入点分布式光伏接入对配电网电压质量的影响如下：

（1）分布式光伏出力使并网点母线在白天时电压正偏差明显增大，随着光伏容量的增加，日电压偏差增加明显。

（2）分布式光伏出力波动叠加负荷波动会引起并网点母线电压变动值增大，对馈线末端的电压变动影响最大；随着光伏容量的增加，影响也随之加大。

（3）对于多点接入的分布式光伏发电系统，其电压波动值与并网点位置、个数，各并网点装机容量直接相关，并网点越靠近系统末端，系统电压波动越明显；增加并网点个数，并将单点光伏容量减小，即分散接入可以一定程度上减小系统电压波动。

4.1.2 对配电网谐波的影响

由于逆变器采用了大量的电力电子装置及控制技术，而大部分分布式电源都是通过逆变器并网，因此逆变器是影响系统并网电能质量的最重要因素。电能质量的主要影响因素包括采用的并网控制策略、直流侧电压的选取及稳定控制、LC 滤波电路等。

1. 并网控制策略的影响

并网控制策略是影响电能质量的重要因素，它直接关系到逆变器输出电能的波形质量。以滞环电流控制为例，其中的滞环宽度、开关频率及定时器的设定时间直接影响输出电流的电能质量。滞环宽度太大会降低输出电流的跟踪精度，太小会增加开关频率；而开关频率的波动大会造成电流频谱较宽，增加并网电流的谐波。

2. 直流侧电压选取及稳定控制的影响

逆变器并网控制策略中，一般假设直流侧电压恒定，而在实际的分布式发电系统中，直流侧电压随环境因素变化。直流侧电压不稳定，或者直流侧电压波动，将会导致低次谐波分量渗入交流网侧，造成波形畸变。为了解决上述问题，可以在直流侧设置平波环节，一般在电压型逆变器的直流侧并联电容进行滤波。

直流侧电容的主要作用是稳定直流侧电压，缓冲交流侧带来的能量脉动及交直流间的能量交换，抑制纹波。电容若取值太小则会增大电压波动，取值过大又会降低动态响应速度。

3. LC 滤波电路的影响

为了获得良好的正弦电流波形，在逆变器交流侧需加装 LC 滤波器来消除开关频率附近的高次谐波。LC 滤波器中滤波电感的选择十分重要，它影响系统的动态响应性能，制约输出功率因数及基波电压的稳定性。考虑到滤波电感决定逆变器的低频输出阻抗，应尽量小，但这样却会增大谐波电流，且需相应增大滤波电容以获得相同的滤波效果，而太大又会降低实际电流的跟踪速度。对于电容的选择，在并网时取值越大，越利于负荷稳压，高频滤波效果越好，但这时电容会吸收更多的基波电流，加重了逆变器负担，降低了利用率。因此，需要选择合适的取值以保证一定的滤波效果，同时兼顾电容稳定和电流的要求。

制造商为了降低逆变器的成本，将外部电抗尽量减小，增大输出电容，因此大量并网逆变器的加入可能使原来的电网在某次谐波上产生并联谐振或者串联谐振。

（1）并联谐振。并联谐振电路如图 4-5 所示，公共连接点内部产生的谐波电流 I_h 使电网中的容抗 C_p（逆变器、负荷以及电缆）和系统感抗 L_p（变压器和线路）产生并联谐振。这种情况下，逆变器可看作是谐波源，在 PCC 点处造成电压畸变。

(2) 串联谐振。串联谐振电路如图 4-6 所示，电网背景谐波使网络中的容抗 C_s 和感抗 L_s 形成串联谐振，造成负载和逆变器的电流畸变。

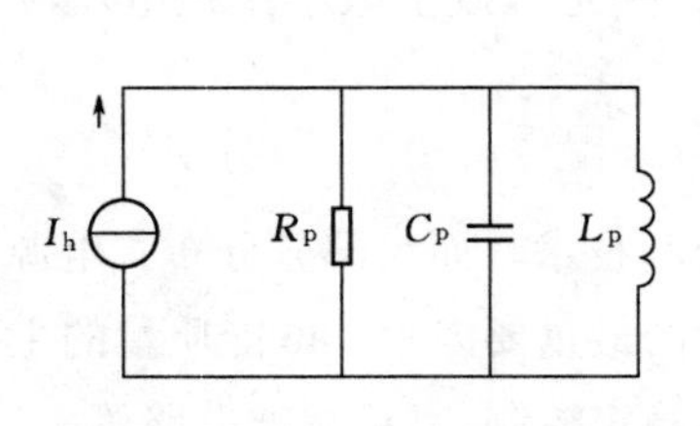

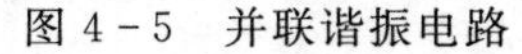
图 4-5　并联谐振电路

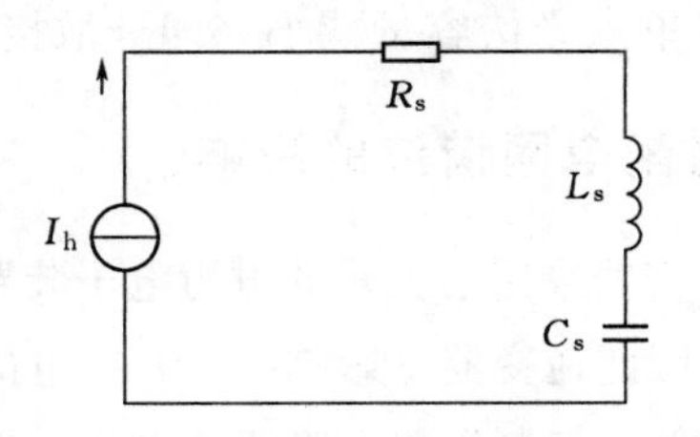

图 4-6　串联谐振电路

当逆变器产生并联谐振频率次数的谐波，这些谐波由相关的网络和负载阻抗吸收，在 PCC 点处将产生很高的谐振电压，这将对 PCC 点连接的逆变器和其他设备产生影响。如果逆变器所在的电网较脆弱（如 L 值很大），将在较低频率产生并联谐振，使谐振情况更加严重。当电网背景谐波与网络中的串联谐振频率相同时，电网中将产生很高的谐振电流，完全由网络阻抗吸收。在实际应用中，电感、电容的选值都需要依据经验和实验分析进行综合调整，选择不当会引入谐波或其他逆变器并网电能质量问题。

本节以某厂区分布式光伏发电系统为例进行实际电能质量监测分析，监测点选择如图 4-7 所示。监测时选择多云天气，时间为 2012 年 6 月 22 日 11：45：54—11：57：54（12min）。有功功率最大、最小工况下的电压电流的波形和频谱如图 4-8、图 4-9

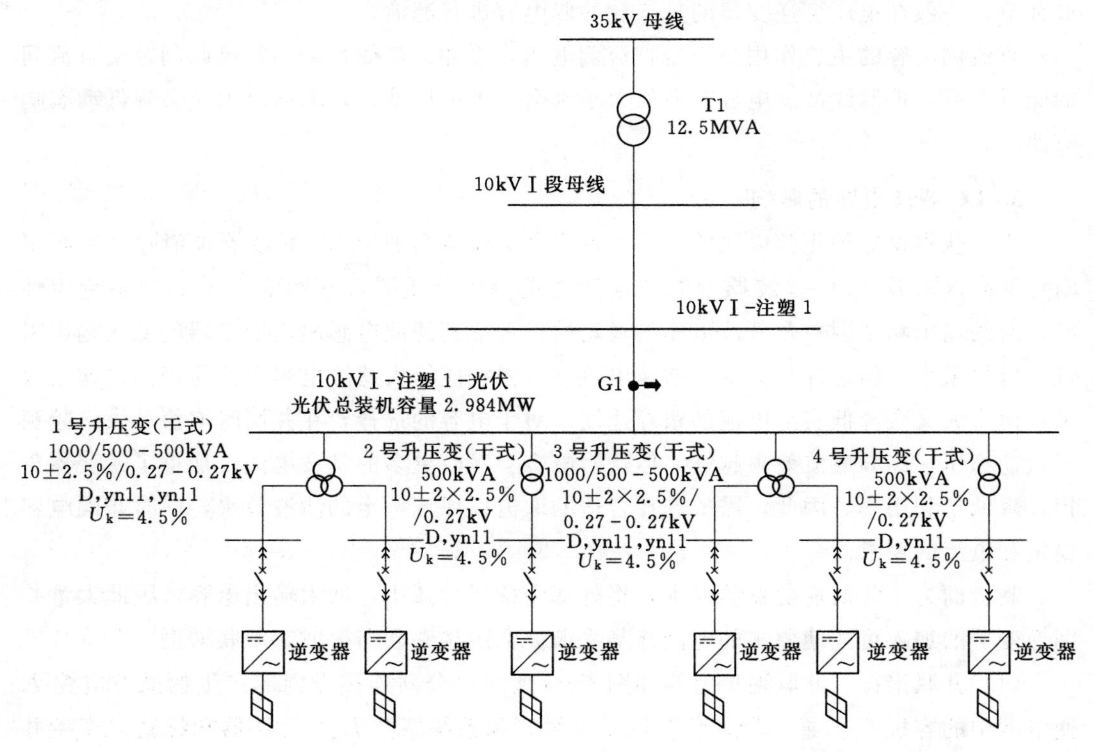

图 4-7　分布式光伏发电系统电能质量监测点示意图

所示。

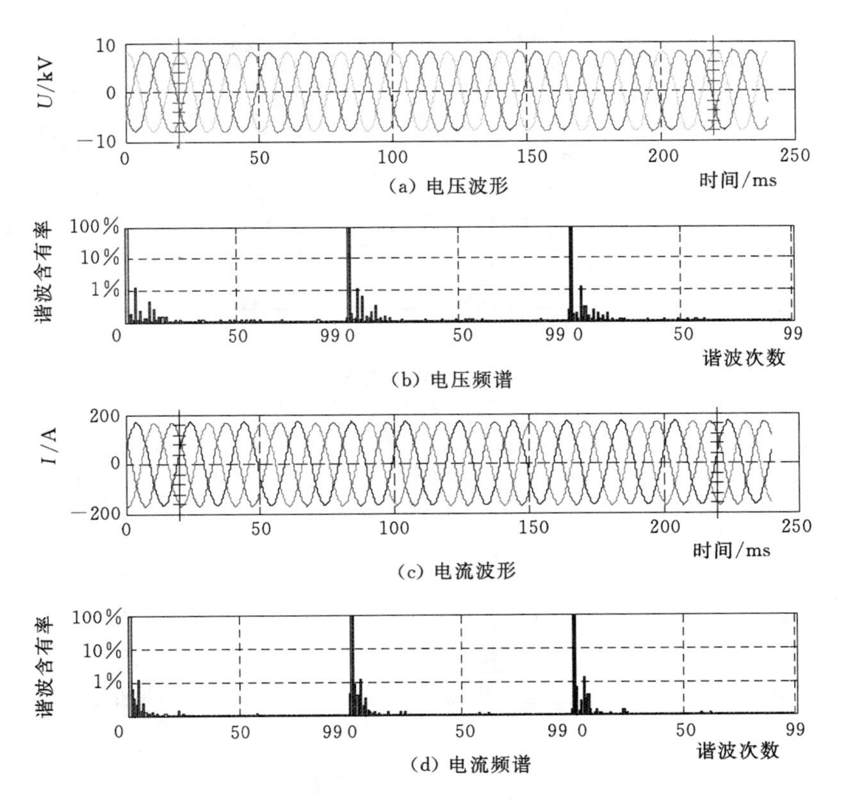

(a) 电压波形

(b) 电压频谱

(c) 电流波形

(d) 电流频谱

图 4-8 有功功率最大值时 10kV I 段母线电压和并网点电流典型的波形与频谱

由分析结果可知，注入测点的 2 次及 5 次谐波电流主趋势与光伏发电功率正相关。分布式光伏发电功率为 2MW 时，2 次谐波电流在 1A 左右波动，5 次谐波电流约为 2.3A；分布式光伏发电功率为 0.7MW 时，2 次谐波电流在 0.6A 左右波动，5 次谐波电流约为 1.8A。

同时，逆变器在 60 次左右的特征谐波电流与逆变器 IGBT 的开关频率选择有关系，发生量大小与光伏逆变器负载率关联性不大。在发电功率为 2MW 时，谐波电流小于 0.2A，对其影响可忽略不计。对于逆变器群，60 次左右的特征谐波电流存在叠加放大的可能性，可采用无源高通滤波器滤除。

综上可知分布式电源接入对配电网谐波的影响主要如下：

(1) 分布式电源通过逆变器并网时，大量电力电子器件的应用会产生谐波。随着分布式电源在配电网系统渗透率的增加，多个谐波源会叠加使谐波含量增加，叠加后的谐波电流为各个谐波源电流的矢量和。

(2) 低次谐波与分布式电源发电功率正相关；高次谐波与逆变器 IGBT 的开关频率选择有关系，与逆变器负载率关联性不大。

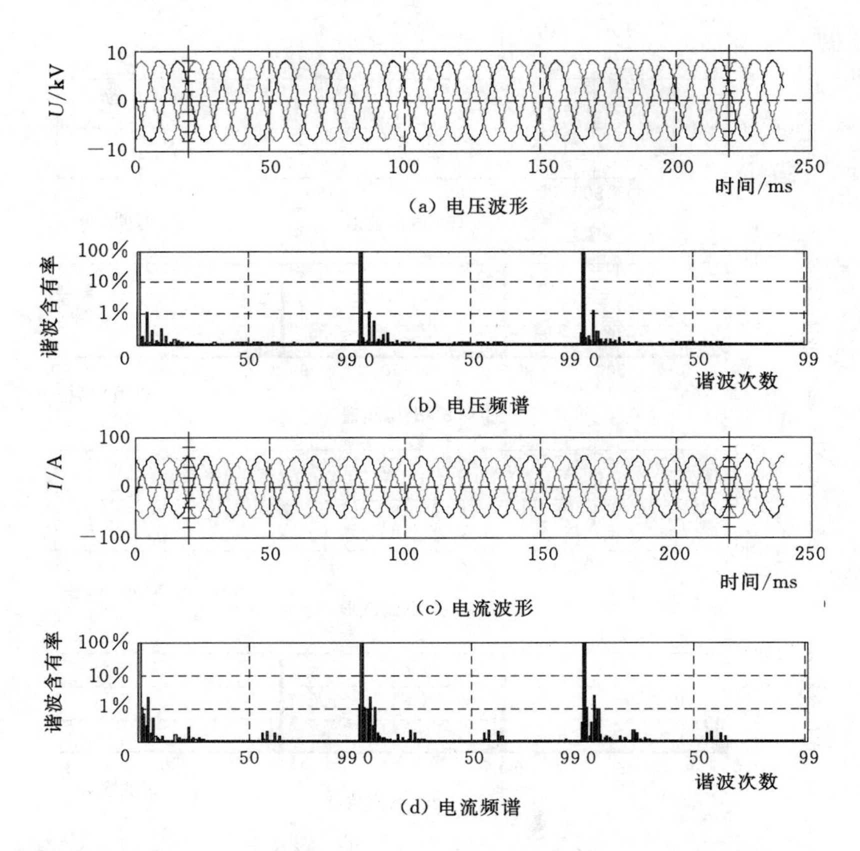

图 4-9　有功功率最小值时 10kV Ⅰ段母线电压和并网点电流典型的波形与频谱

4.2　分布式电源对继电保护的影响

继电保护的作用是当线路发生故障时，供电系统能够有效切除故障，使损失降到最小，其保护整定与电网的接线结构有着紧密的关系。分布式电源接入配电网后，在发生故障时会对故障点提供故障电流。不同类型的分布式电源由于其电抗值不同，当电网故障时电流的注入能力也不同，不同类型分布式电源的故障电流注入能力见表 4-4。

表 4-4　不同类型分布式电源的故障电流注入能力

DG 类型	故障电流注入能力
变流器	100%～400%，持续时间取决于控制方式
同步发电机	500%～1000%，逐渐衰减到 200%～400%
感应发电机	500%～1000%，在 10 个周波内衰减至可忽略

4.2.1 对电流保护的影响

4.2.1.1 接入位置的影响

1. 分布式电源接入线路末端

在线路末端接入分布式电源如图 4-10 所示。

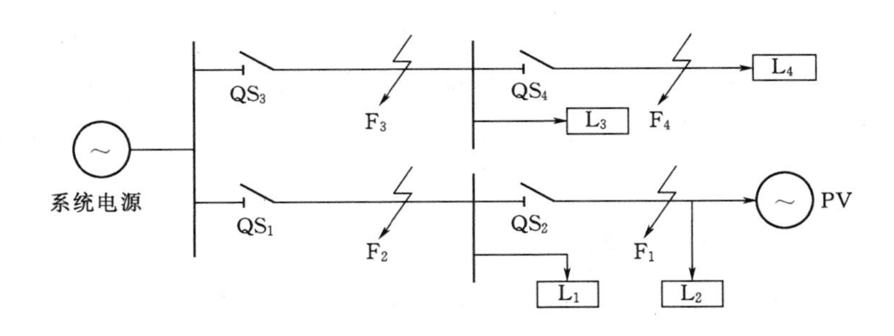

图 4-10 线路末端接入分布式电源

此时系统电源和分布式电源之间的线路由原来的单电源辐射供电变成双电源供电，其他线路仍由系统电源单电源供电。在不同的短路位置，分布式电源的接入对系统中不同位置的保护产生不同的影响。

(1) 短路故障发生在分布式电源上游 F_1 点。若短路故障发生在分布式电源上游 F_1 点，此时故障电流不会流过 QS_3、QS_4 处的保护，因此分布式电源接入不会影响 QS_3、QS_4 处的保护。F_1 点的故障电流由系统电源和分布式电源共同提供，QS_1、QS_2 处保护流过的故障电流由系统电源单独提供。与接入分布式电源前相比，该故障电流的大小及方向均未发生变化，故分布式电源接入也不会影响 QS_1、QS_2 处的保护，F_1 点线路故障可由 QS_2 处保护可靠切除。

(2) 短路故障发生在分布式电源上游 F_2 点。若短路故障发生在分布式电源上游 F_2 点，此时故障电流仍然不会流过 QS_3、QS_4 处的保护，因此分布式电源接入不会影响 QS_3、QS_4 处的保护。F_2 点的故障电流由系统电源和分布式电源共同提供。QS_1 处保护流过的故障电流由系统电源单独提供，与接入分布式电源前相比，该故障电流的大小及方向均未发生变化，故分布式电源接入也不会影响 QS_1 处的保护，F_2 点线路故障可由 QS_1 处保护可靠切除。但是，分布式电源提供的故障电流将流过 QS_2 处保护，若分布式电源能够提供足够大的反向故障电流，QS_2 处保护将动作，跳开 QS_2，分布式电源和负载 L_2 将形成电力孤岛，此时，分布式电源必须退出运行以防止分布式电源孤岛运行产生的设备及人身危害。

(3) 短路故障发生在相邻馈线 F_3 点。若短路故障发生在共母线的相邻馈线 F_3 点，F_3 点的故障电流由系统电源和分布式电源共同提供。与分布式电源接入前相比，流过

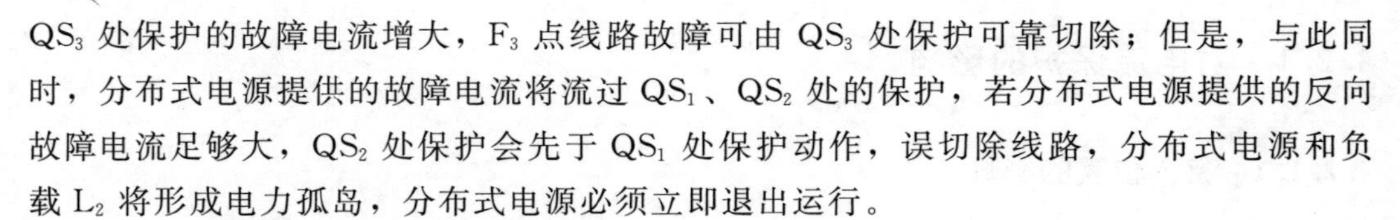

QS_3 处保护的故障电流增大，F_3 点线路故障可由 QS_3 处保护可靠切除；但是，与此同时，分布式电源提供的故障电流将流过 QS_1、QS_2 处的保护，若分布式电源提供的反向故障电流足够大，QS_2 处保护会先于 QS_1 处保护动作，误切除线路，分布式电源和负载 L_2 将形成电力孤岛，分布式电源必须立即退出运行。

（4）短路故障发生在相邻馈线 F_4 点。若短路故障发生在相邻馈线 F_4 点，同上所述，正常情况下由 QS_4 处保护动作跳开 QS_4 切除故障，其他保护不动作。但是，若分布式电源容量较大，提供的反向故障电流足够大，有可能造成 QS_2 处保护误动，此时分布式电源和负载 L_2 将形成电力孤岛，分布式电源必须退出运行；与此同时，由于流过 QS_3 处保护的故障电流由系统电源和分布式电源共同提供，与分布式电源接入前相比，该故障电流将增大，若增加过大，有可能导致 QS_3 处保护失去选择性，误动跳开 QS_3。

2. 分布式电源接入线路中段

在其中一条馈线的中段接入分布式电源，如图 4－11 所示。

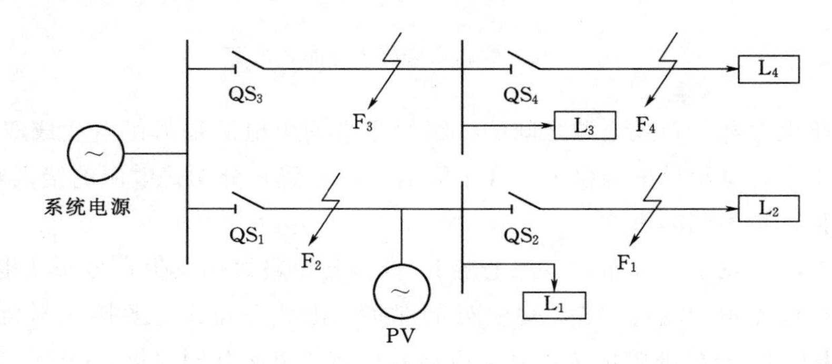

图 4－11　线路中间位置接入分布式电源

此时系统电源和分布式电源之间的线路以及分布式电源下游线路由原来的单电源辐射供电变成双电源供电，其他线路仍由系统电源单电源供电。在不同的短路位置，分布式电源的接入对系统中不同位置的保护产生不同的影响。

（1）短路故障发生在分布式电源下游 F_1 点。若短路故障发生在分布式电源下游 F_1 点，此时故障电流不会流过 QS_3、QS_4 处的保护，因此分布式电源接入不会影响 QS_3、QS_4 处的保护。F_1 点的故障电流由系统电源和分布式电源共同提供，与分布式电源接入前相比，流过 QS_2 处保护的故障电流增大，F_1 点线路故障可由 QS_2 处保护可靠切除。此时，虽然 QS_1 处保护流过的故障电流仅由系统电源单独提供，但是与分布式电源接入前相比，流过的故障电流减小（分布式电源容量越大，QS_1 处保护流过的故障电流越小），这会降低 QS_1 处保护的灵敏度。

（2）短路故障发生在分布式电源上游 F_2 点。若短路故障发生在分布式电源上游 F_2 点，此时故障电流仍然不会流过 QS_3、QS_4 处的保护，因此分布式电源接入不会影响 QS_3、QS_4 处的保护。同前所述，QS_1 处保护也不会受分布式电源接入的影响，能够可

靠动作跳开 QS_1，但是，分布式电源将继续向 F_2 故障点提供故障电流，且分布式电源处于孤岛运行状态，分布式电源必须立即退出运行。

（3）短路故障发生在相邻馈线 F_3 点。若短路故障发生在 F_3 点，此时故障电流不会流过 QS_2 处的保护，因此分布式电源接入不会影响 QS_2 处的保护。F_3 点的故障电流由系统电源和分布式电源共同提供，与分布式电源接入前相比，流过 QS_3 处保护的故障电流增大，F_3 点线路故障可由 QS_3 处保护可靠切除。但是，与此同时，分布式电源提供的故障电流将流过 QS_1 处保护，若分布式电源容量较大，则 QS_1 处保护有可能误动跳开 QS_1，此时分布式电源和负载 L_1、L_2 将形成电力孤岛，分布式电源必须退出运行。

（4）短路故障发生在相邻馈线 F_4 点。若短路故障发生在 F_4 点，同样的，此时故障电流不会流过 QS_2 处的保护，因此分布式电源接入不会影响 QS_2 处的保护。F_4 点的故障电流由系统电源和分布式电源共同提供，与分布式电源接入前相比，流过 QS_4 处保护的故障电流增大，F_4 点线路故障可由 QS_4 处保护可靠切除。但是，与此同时，分布式电源提供的故障电流将流过 QS_1 处保护，若分布式电源容量较大，则 QS_1 处保护有可能误动跳开 QS_1，此时分布式电源和负载 L_1、L_2 将形成电力孤岛，分布式电源必须退出运行；而流过 QS_3 处保护的故障电流由系统电源和分布式电源共同提供，与分布式电源接入前相比，该电流将增大，若增加过大，有可能导致 QS_3 处保护失去选择性，误动跳开 QS_3。

3. 分布式电源接入线路首端

专线接入的分布式电源，很多情况下是接入线路首端。这种情况下，分布式电源和系统电源对线路并联供电，增大了供电容量。此时在线路中发生短路故障时，流过保护的故障电流将增大，保护的灵敏性增加，保护能够可靠动作。但是，若分布式电源容量过大，发生短路故障时，流过保护的电流增加过大，可能发生过流保护动作范围延伸到下一级线路，从而影响保护的选择性。

4.2.1.2　接入容量的影响

分布式电源的容量大小与对配电网继电保护的影响有很大关系。

1. 分布式电源上游发生短路故障

分布式电源上游发生短路故障等效电路如图 4－12 所示。设系统电势为 E_1，分布式电源电势为 E_2，系统至短路点的线路阻抗为 Z_1，分布式电源至短路点的线路阻抗为 Z_2，在线路中部发生短路故障。分布式电源注入短路点的短路电流为

$$I_2=\frac{E_2}{Z_2+Z_g} \tag{4-3}$$

分布式电源提供的短路电流将流经 Z_2 处保护，如果短路电流超过 Z_2 处保护的整定值，就可能造成 Z_2 处保护的误动作。即 $I_2 \geqslant I_{SET}$ 时，将造成保护的误动作。代入式

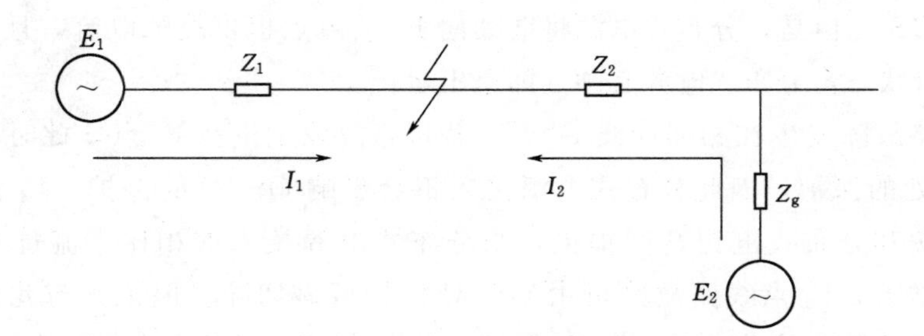

图 4-12　分布式电源上游发生短路故障等效电路图

(4-3) 得

$$\frac{E_2}{Z_2+Z_g}\geqslant I_{SET} \tag{4-4}$$

整理可得

$$E_2\geqslant Z_2 I_{SET}+Z_g I_{SET} \tag{4-5}$$

如果分布式电源的接入不引起保护误动作，就要对分布式电源的容量有所限制，要求容量小于保护整定值和对应线路阻抗的乘积。

2. 分布式电源下游发生短路故障

分布式电源下游发生短路故障等效电路如图 4-13 所示。

$$I_2'=\frac{E_1}{Z_{s\cdot min}+Z_1+Z_2/\!/Z_g}\frac{Z_g}{Z_2+Z_g}+\frac{E_2}{Z_{s\cdot min}+Z_2+Z_1/\!/Z_g}\frac{Z_1}{Z_1+Z_g} \tag{4-6}$$

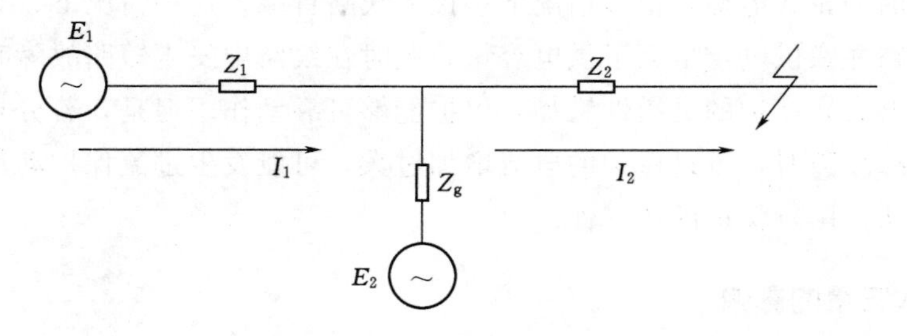

图 4-13　分布式电源下游发生短路故障等效电路图

设在接入分布式电源之前，当分布式电源的下游发生短路故障时，流过 Z_2 处保护的故障电流为 I_2，则

$$I_2=\frac{E_1}{Z_{s\cdot min}+Z_1+Z_2} \tag{4-7}$$

比较可知，接入分布式电源后，故障电流增大，保护灵敏性增加。若分布式电源容量过大，将会导致保护范围延伸至下一级保护处，使保护失去选择性。

4.2.2　对重合闸的影响

在配电网故障中，大部分故障为瞬时性或暂时性故障，自动重合闸可在故障清除

后快速闭合断路器恢复线路供电，减少线路停电时间和次数，极大地提高系统供电的可靠性。因此，自动重合闸在配电网，特别是单侧电源供电的线路中得到了广泛的应用。

在分布式电源接入前，配电网中线路发生故障，自动重合闸正常动作。若是瞬时性故障，线路将恢复供电；若是永久性故障，保护加速跳开断路器，对系统造成的冲击有限。当分布式电源接入后，若配电网中的线路发生瞬时性故障，在故障发生后，分布式电源若没有及时退出运行，则分布式电源将持续向故障点提供故障电流，有可能导致故障点电弧重燃，瞬时故障发展为永久性故障，最终导致重合失败，线路停电。此外，在重合闸动作前，若分布式电源没有及时退出运行，会导致重合闸在双侧带电情况下非同期合闸，非同期合闸引起的冲击电流和电压有可能会造成分布式电源的损坏。

分布式电源接入配电网引起的重合闸失败及非同期合闸问题已经引起了供电部门广泛的关注，其产生的直接原因是分布式电源不能在故障发生后及时退出运行，这对防孤岛保护的可靠性和速动性都提出了很高的要求；此外，适当延长重合闸动作时间能一定程度上改善分布式电源接入对重合闸的影响。

4.3 分布式电源对配电网供电安全、供电可靠性的影响

4.3.1 对配电网供电安全的影响

1. 分布式发电系统孤岛效应的影响

孤岛效应是指当电网因事故或停电检修而失电时，分布式发电系统不能即时检测出停电状态从而将自身切离主电网络，并形成由分布式并网发电系统及与其相连的本地负载所组成的自给供电的一个孤岛发电系统（如图 4－14 中虚线表示）。

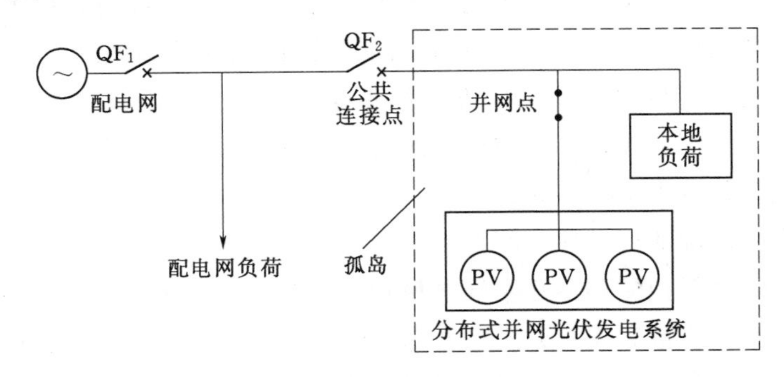

图 4－14　分布式光伏孤岛效应示意图

孤岛可分为非计划性孤岛和计划性孤岛。非计划孤岛是因故障跳闸等偶然因素或突发事件所形成的非计划、不受控的分布式电源孤岛现象；计划性孤岛是指按预先配置的

控制策略，有计划地发生孤岛。非计划孤岛产生的原因通常是以下一种或几种：

（1）电网检测到故障，并将电网侧的断路器跳开，但分布式发电装置未能检测出故障而继续运行。

（2）由于电网设备出故障致使正常供电意外中断。

（3）电网维修造成了供电中断。

（4）工作人员出现误操作。

（5）自然灾害。

非计划孤岛的发生会给运行维护人员和系统设备带来如下危害：

（1）若分布式发电装置没有对电压和频率调节的能力，且没有安装限制电压及频率偏移的保护继电器，孤岛发生后电压和频率会失去控制，发电系统中的电压与频率将会产生较大的波动，从而损坏电网和用电设备。

（2）如果重合闸过程中系统内的分布式电源和电网不同步，则孤岛系统重新接入电网时会导致电路中的断路器损坏，并且会产生很大的冲击电流，从而损害孤岛发电系统中分布式的发电装置，甚至会导致电网的重合闸失败。

（3）孤岛状态下一些被认为已经和所有电源都断开的线路可能会带电，进而给电网的维修人员及用户带来人身伤害。

2. 对停电和检修管理的影响

大量分布式电源接入后，停电计划要考虑电源，运行方式的调整，大容量分布式电源设备检修纳入检修月度计划管理，防止同时多个停电检修造成供需不平衡。由于难以对数量众多的分布式电源进行有效控制，停电检修计划安排的难度增加，配电网施工安全风险加大。

4.3.2 对配电网供电可靠性的影响

在传统的配电系统可靠性评估中，由于配电网“闭环结构、开环运行”的特点，电网正常运行时负荷点仅由单一电源供电。当系统内元件发生故障时，位于故障馈线段的负荷点因通路中断而停电，而位于故障馈线段后的负荷点则可根据是否存在联络或联络备用容量是否充足恢复供电，故障分析过程明确而清晰。当分布式电源接入配电系统后，电网变成一个多电源与负荷点相连的网络，配电网的结构发生了根本改变，这给配电系统的可靠性评估带来了许多新的问题。

首先，分布式电源的接入导致配电系统继电保护配合等二次系统变化，如果分布式电源与配电网的继电保护配合不好使继电保护误动作，则会降低系统的可靠性；其次，不适当的安装地点、容量和连接方式也会降低配电网可靠性；再次，分布式电源本身的出力特性及设备质量问题也是导致配电网可靠性降低的一个因素；最后，由于系统维护或故障所引起的断路器断开、跳闸等形成的非计划孤岛，不但会对电力线路的维护人员或其他人员造成伤害，还可能出现电力供需不平衡，降低了配电网的供电可靠性。含分布式电源的配电网可靠性评估面临的问题主要如下：

1. 分布式电源出力波动性加剧了可靠性评估的复杂性

传统的配电系统可靠性评估中，通常采用将上级电网等效的方式，只考虑单一电源（变电站、母线）的可用性；与上级电源相比，单条配电馈线的容量很小，因而当上级电源可用时，可以认为其容量充足，无需作过多考虑。在含分布式电源的配电网中，分布式电源的输出功率一般较小，由于分布式发电的一次能源种类多样，风光等分布式电源的出力具有随机性、间歇性和难以控制等特征。在进行可靠性分析时，需要考虑大量分布式电源出力波动性的影响，增加了评估的复杂程度。

2. 分布式电源元件多、状态多，增加系统状态数量

分布式电源接入后，成为配电系统的重要组成部分，因此同样需要建立其停运模型，计及分布式电源的失效状态。另外，与馈线、变压器等非电源元件不同，分布式电源属于电源元件，通常具有多个失效状态，其停运模型的建立相对复杂。而对于配电系统而言，配电网本身的元件数量已经很多，在大量的分布式电源接入后，将会导致系统状态规模的进一步增加。

3. 分布式储能运行特性的特殊性对可靠性的影响

储能装置是支撑分布式发电系统自主稳定运行的重要组成部分，由于分布式电源出力的波动性，分布式发电系统中通常需要配置储能装置以平滑其出力。因此，与常规电源不同，储能装置的运行状态实际上是可控的，其出力大小随着分布式电源出力变化而变化，无法用传统元件的可靠性建模方式事先获得。此外，储能装置充放电策略的不同也会影响其出力的变化，从而系统的可靠性评估也要有所改变。

4. 分布式电源的接入导致系统运行方式的改变

分布式电源接入会导致配电系统的运行方式发生显著变化。分布式电源的运行模式有孤岛运行和并网运行两种。在孤岛模式下，分布式电源和部分负荷将组成一个自给自足的孤岛，由分布式电源独立向负荷供电。当配电网发生故障时，分布式电源如果能够运行于孤岛方式，将对孤岛内负荷的供电可靠性有重要意义。但是，孤岛的形成和划分需要综合考虑分布式电源出力波动性、负荷的不确定性以及保护开关配置等因素的影响，这些都是传统配电系统可靠性评估中没有涉及的新问题。当分布式电源运行于并网模式时，负荷可以同时从电网和分布式电源获取电能，看似供电更加可靠；但是，如果考虑到经济性的因素，在分布式电源大量接入后，就应该适当减少上级电源的冗余容量，这将有可能导致分布式电源故障时，上级电源因容量不足而无法供应所有负荷的情况，反而会造成系统可靠性的降低。

5. 分布式电源接入后的可靠性评价标准有待完善

合理制定可靠性指标是评价系统可靠性的前提。但是，目前配电系统可靠性评估中所广泛使用的可靠性指标都是针对传统配电系统，即以单个负荷点的停电次数、时间和缺供电量为基本要素构建的。分布式电源接入后，由于配电网结构发生了改变，现有指标不再适用。因此，可靠性评价指标需要进一步完善。

4.4　分布式电源对电网设备利用率及耗损的影响

4.4.1　对电网设备利用率的影响

4.4.1.1　传统电网的设备利用率

针对电网设备利用率，通常用变压器或线路容载比和负载率反映设备的负载情况。容载比即变电容量与最高负荷之比，负载率即变压器（线路）等设备实际功率与额定功率之比；设备平均利用率定义为平均有功负荷与设备额定容量的比值。国内供电企业城市配电网中压线路负载率大部分都低于 50%。国外发达国家的电网负载率相对较高，如日本东京中压线路的负载率超过了 80%。

本节中将设备利用率等效为负载率，定义为变压器（线路）等设备所带有功负荷实际值与设备额定容量的比值。设备平均利用率定义为平均有功负荷与设备额定容量的比值。

4.4.1.2　含分布式电源的配电网设备利用率

分布式电源接入后，会对配电网设备利用率带来一定的影响，具体包括：

（1）分布式电源接入后，就地负荷的部分需求由分布式电源供应，因此在分布式电源输出有功功率的时间段，和接入分布式电源前相比，电网设备载荷较低，即此时的电网设备利用率较低。

（2）为了保证供电可靠性，配电线路和变电设施需要为间歇性分布式电源提供备用，设备容量必须在分布式电源小出力的情况下留有裕度，这就导致其处于轻载的时间增加。因此，分布式电源接入仅在部分时间段内可减小对电网设备容量的需求，总体上并不会降低设备投资。

如何在保障电网供电可靠性和电能质量的前提下有效提升分布式电源接入后电网设备的利用率，进而提高电网投资的经济性，是未来有源配电网规划建设面临的主要问题。

4.4.1.3　案例分析

以分布式光伏发电系统为例分析分布式电源接入对不同类型负荷供电设备利用率的影响。图 4－15 所示为城市配电网中典型负荷特性曲线，主要为轻工业、商业、居民生活 3 类。图 4－15（a）为某三班制企业的日负荷曲线，存在 3 个用电高峰，大致在 7：00—10：00，13：00—16：00，18：00—19：00。图 4－15（b）为商业负荷曲线，大致分为两种曲线类型，贸易中心、写字楼等商业负荷，存在负荷的突变，用电高峰及

低谷的时间比较固定且期间负荷相对平稳，而饭店等负荷变化相对较缓；写字楼的用电高峰一般集中在7：00—19：00，其余商业用电高峰一般从7：00持续到22：00。居民生活类用电曲线如图4-15（c）所示，存在两个用电高峰，大致是7：00—11：00及17：00之后两个时间段。

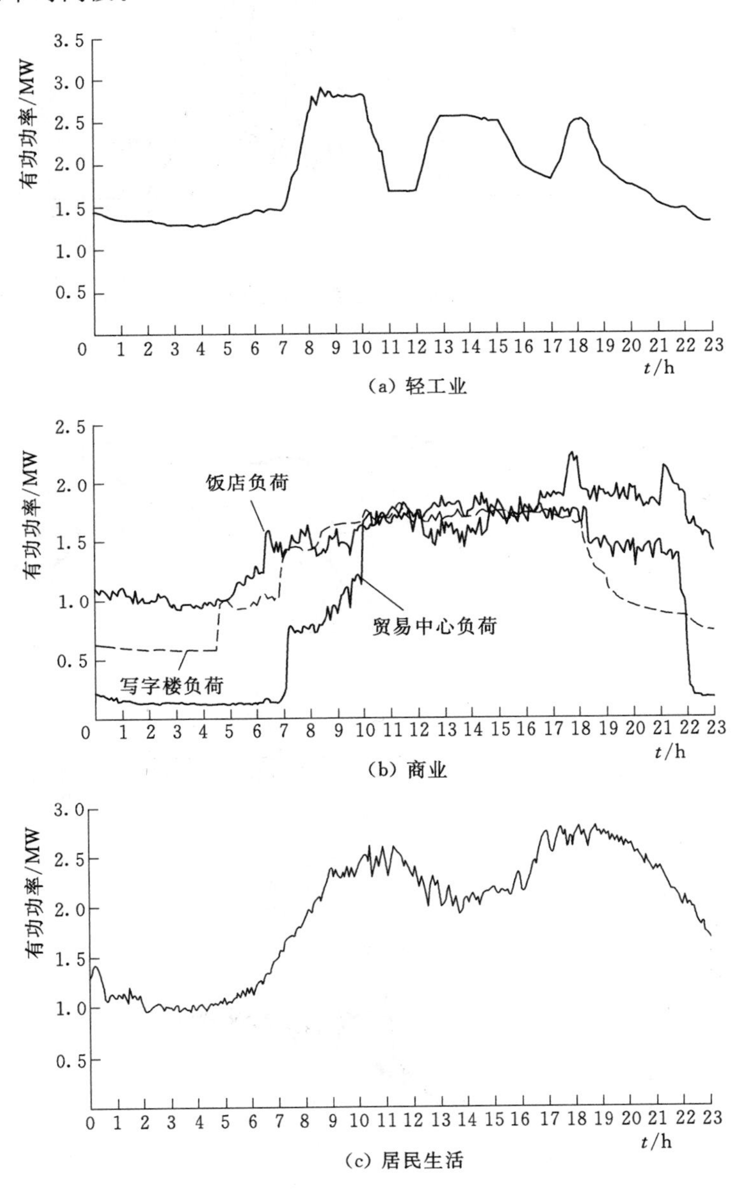

图4-15　城市配电网典型负荷特性曲线

不同天气下分布式光伏发电系统典型日出力曲线如图4-16所示。

以图4-16所示的典型多云天气的日出力曲线分析光伏发电出力的周期性、间歇性对图4-15所示的不同类型负荷供电设备（配电线路）利用率的影响。分析结果如图4-17、表4-5所示。

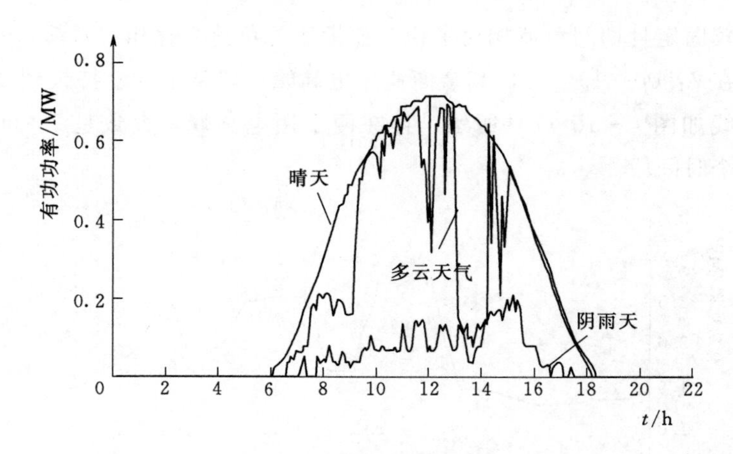

图 4-16　光伏发电典型日出力特性曲线

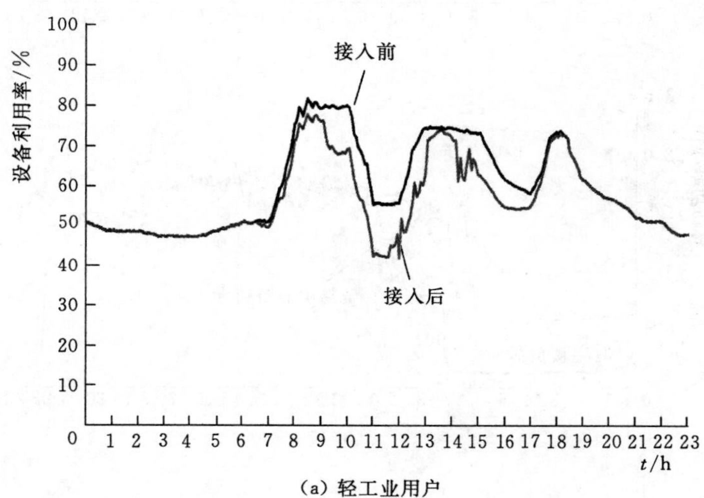

(a) 轻工业用户

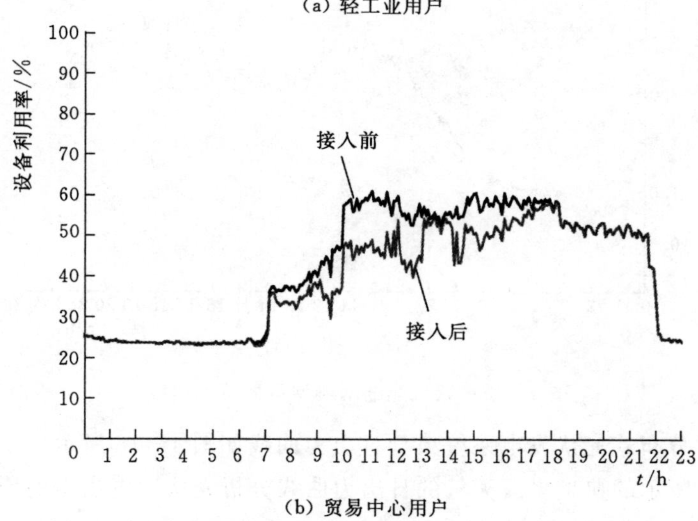

(b) 贸易中心用户

图 4-17（一）　配电线路利用率日曲线

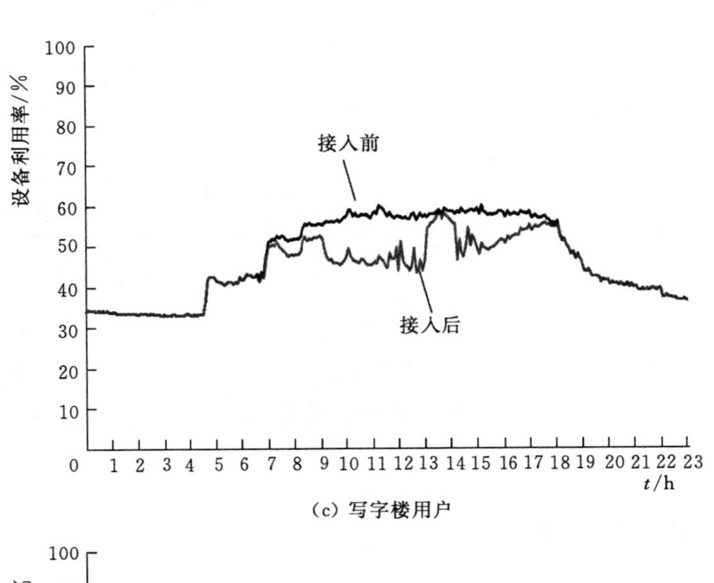

(c) 写字楼用户

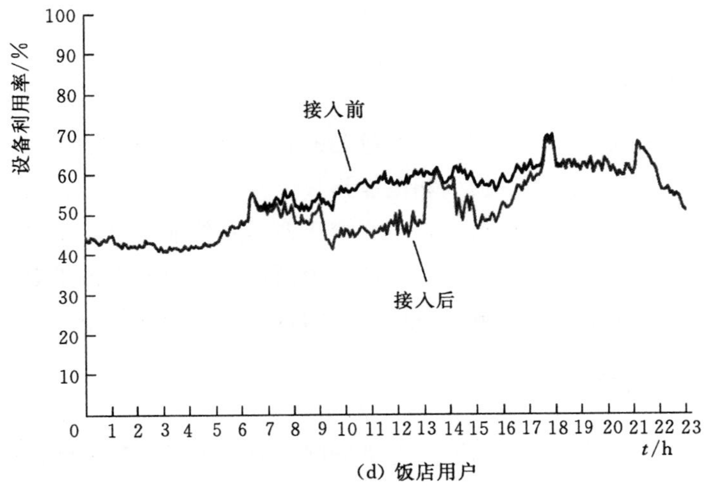

(d) 饭店用户

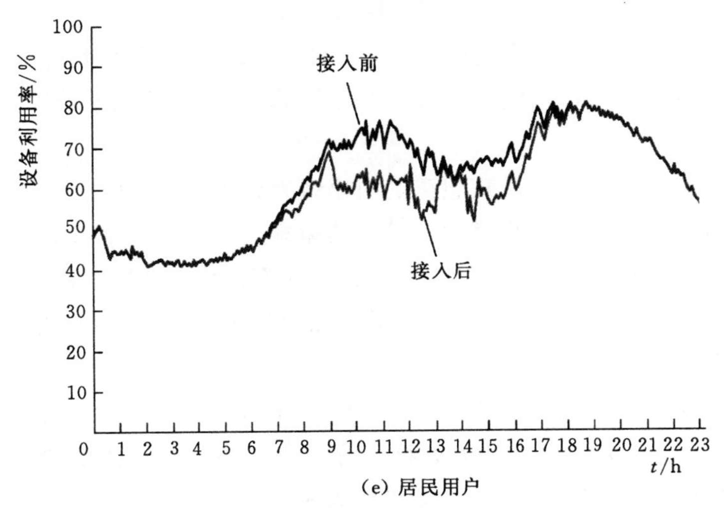

(e) 居民用户

图 4-17（二） 配电线路利用率日曲线

表 4－5　　配电线路平均利用率计算结果　　%

阶段	轻工业负荷	商业负荷			居民负荷
		贸易中心	写字楼	饭店	
光伏接入前	59.44	41.54	46.88	53.95	61.6
光伏接入后	56.18	38.46	43.76	50.84	58.39

从上述实例分析结果可知由于分布式光伏发电出力具有昼夜特性，仅在白天发电，夜间出力为零，因此仅对配电设备白天的利用率产生影响，对晚上的设备利用率无影响。由表 4－5 可知分布式光伏接入后减小了配电设备的平均利用率，但由于光伏出力的随机性、间歇性及昼夜性，对于某些类型负荷如写字楼、饭店及居民用户等（图 4－15），其设备最大利用率并没有降低。

4.4.2　对配电网网损的影响

4.4.2.1　线损率和网损率

供电企业通常用线损率来考核电力系统运行的经济性。在电能输送和分配过程中，通过输电线路传输而产生的功率损失和电能损失以及其他损失统称为线路损失，简称线损。电力网络中除输送电能的线路外，还有变压器等其他输变电设备也会产生电能的损耗，这些电能损耗（包括线损在内）的总和称为网损。线损电量占供电量的百分比称为线路损失率，简称线损率。网损电量占供电量的百分比称为网损率。

4.4.2.2　配电网的损耗分析模型

分布式电源接入配电网后，其中一个重要的方面就是将对配电网损耗产生影响。电网的损耗主要取决于系统的潮流，在配电网的负荷附近接入分布式电源后，整个配电网的负荷分布将发生变化，继而配电网的潮流也可能由原来的“单向”流动变为“双向”。从近期的一些研究来看，接入配电网的分布式电源产生的主要正面效果之一即为减少电网损耗。

以图 4－18（a）所示的简单理想配电网模型为分析对象，图 4－18（b）为接入分布式电源后的配电网模型。两个模型在输电线末端均含有相同的负荷，假设负荷以 Y 型接入系统且三相负荷平衡，负荷以某一固定的功率因数从系统中吸收有功功率和无功功率；输电线不长，可假设输电线上电压处处相同且输电线上电压在分布式电源接入前后变化不大而忽略。

如图 4－18 所示，负荷消耗有功功率为 P_L，无功功率为 Q_L，功率因数为 $\cos\theta$，假设线路总长为 l，在距离线路首端 k 处接入分布式电源，分布式电源输出有功功率为 P_{PV}，输出或吸收无功功率为 Q_{PV}，功率因数为 $\cos\varphi$。

系统相电压为 U，则未接入分布式电源前，流过系统的相电流为

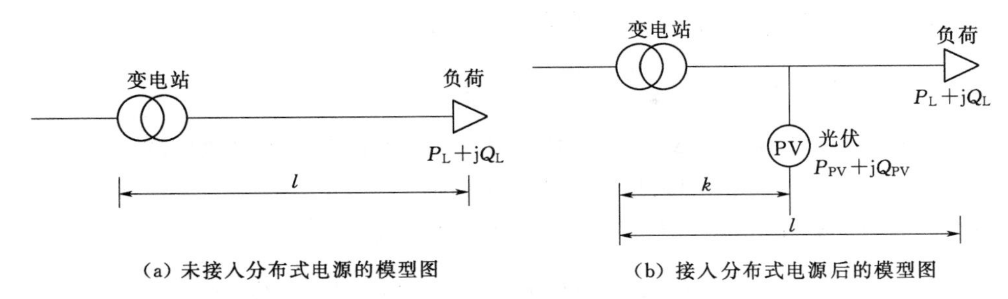

图 4-18 理想配电网模型图

$$I_L=\frac{P_L-jQ_L}{3U} \tag{4-8}$$

此时，系统损耗为

$$Loss_1=\frac{(rl+R_T)(P_L^2+Q_L^2)}{3U^2} \tag{4-9}$$

式中 r——线路的电阻率；

R_T——变压器的等效电阻。

4.4.2.3 分布式电源接入后配电网损耗分析模型

分布式电源接入后，输出电流为

$$I_{PV}=\frac{P_{PV}-jQ_{PV}}{3U} \tag{4-10}$$

此时，按分布式电源接入的位置可以将馈线上的功率损耗分为两个部分：第一部分是系统电源和分布式电源间的功率损耗 $Loss_A$，第二部分是分布式电源和负荷间的功率损耗 $Loss_B$。

对于第一部分，由图 4-18 可以得出

$$Loss_A=\frac{(rk+R_T)[(P_L-P_{PV})^2+(Q_L-Q_{PV})^2]}{3U^2} \tag{4-11}$$

对于第二部分，由于接入分布式电源前后负荷侧电流 I_L 不变化，所以引入分布式电源后的网损 $Loss_B$ 和未引入分布式电源前是一样的，即

$$Loss_B=\frac{r(l-k)(P_L^2+Q_L^2)}{3U^2} \tag{4-12}$$

引入分布式电源后原输电线及变压器上的网损总量为

$$Loss_2=\frac{rl\left[P_L^2+Q_L^2+(P_{PV}^2+Q_{PV}^2-2P_LP_{PV}-2Q_LQ_{PV})\frac{k}{l}\right]}{3U^2}+\frac{R_T(P_L^2+Q_L^2+P_{PV}^2+Q_{PV}^2-2P_LP_{PV}-2Q_LQ_{PV})}{3U^2} \tag{4-13}$$

因此，分布式电源接入后引起的网损变化量为

$$\Delta Loss=\frac{(rk+R_{\mathrm{T}})(2P_{\mathrm{L}}P_{\mathrm{PV}}+2Q_{\mathrm{L}}Q_{\mathrm{PV}}-P_{\mathrm{PV}}^{2}-Q_{\mathrm{PV}}^{2})}{3U^{2}} \tag{4-14}$$

由式（4-14）可知，当 $\Delta Loss>0$ 时，分布式电源的接入可以减少网损；反之，当 $\Delta Loss<0$ 时，分布式电源的引入增加了原系统网损。

当分布式电源输出功率，可以得到网损的变化率为

$$Lrate=\frac{(rk+R_{\mathrm{T}})(2P_{\mathrm{L}}P_{\mathrm{PV}}+2Q_{\mathrm{L}}Q_{\mathrm{PV}}-P_{\mathrm{PV}}^{2}-Q_{\mathrm{PV}}^{2})}{(rl+R_{\mathrm{T}})(P_{\mathrm{L}}^{2}+Q_{\mathrm{L}}^{2})} \tag{4-15}$$

若考虑到负荷的功率因数为超前功率因数时，负荷向系统发出无功；为滞后功率因数时，负荷从系统吸收无功。负荷的无功功率表示为

$$Q_{\mathrm{L}}=(-1)^{n_1}P_{\mathrm{L}}\tan\theta$$

其中，

$$n_1=\begin{cases}0 & \text{滞后,吸收无功}\\1 & \text{超前,发出无功}\end{cases} \tag{4-16}$$

一般负荷大多运行于滞后功率因数状态，即需要吸收无功功率。

分布式发电系统可以在超前功率因数、滞后功率因数和单位功率因数 3 种状态下运行。超前功率因数下运行时，分布式电源从系统吸收无功功率。滞后功率因数运行时，分布式电源向系统发出无功功率。因此分布式发电系统的无功功率表示为

$$Q_{\mathrm{PV}}=(-1)^{n_2}P_{\mathrm{PV}}\tan\varphi$$

其中，

$$n_2=\begin{cases}0 & \text{滞后,发出无功}\\1 & \text{超前,吸收无功}\end{cases} \tag{4-17}$$

当分布式电源输出无功功率时，网损变化率为

$$\begin{aligned}Lrate&=\frac{(rk+R_{\mathrm{T}})(2P_{\mathrm{L}}P_{\mathrm{PV}}+2P_{\mathrm{L}}\tan\theta P_{\mathrm{PV}}\tan\varphi-P_{\mathrm{PV}}^{2}-P_{\mathrm{PV}}^{2}\tan\varphi^{2})}{(rl+R_{\mathrm{T}})(P_{\mathrm{L}}^{2}+P_{\mathrm{L}}^{2}\tan\theta^{2})}\\&=\frac{(rk+R_{\mathrm{T}})}{(rl+R_{\mathrm{T}})}\cos\theta\frac{P_{\mathrm{PV}}}{P_{\mathrm{L}}}\left(2-\frac{P_{\mathrm{PV}}}{P_{\mathrm{L}}}\frac{1}{\cos\varphi^{2}}+2\tan\theta\tan\varphi\right)\end{aligned} \tag{4-18}$$

当分布式电源吸收无功功率时，网损变化率为

$$\begin{aligned}Lrate&=\frac{(rk+R_{\mathrm{T}})(2P_{\mathrm{L}}P_{\mathrm{PV}}-2P_{\mathrm{L}}\tan\theta P_{\mathrm{PV}}\tan\varphi-P_{\mathrm{PV}}^{2}-P_{\mathrm{PV}}^{2}\tan\varphi^{2})}{(rl+R_{\mathrm{T}})(P_{\mathrm{L}}^{2}+P_{\mathrm{L}}^{2}\tan\theta^{2})}\\&=\frac{(rk+R_{\mathrm{T}})}{(rl+R_{\mathrm{T}})}\cos\theta\frac{P_{\mathrm{PV}}}{P_{\mathrm{L}}}\left(2-\frac{P_{\mathrm{PV}}}{P_{\mathrm{L}}}\frac{1}{\cos\varphi^{2}}-2\tan\theta\tan\varphi\right)\end{aligned} \tag{4-19}$$

负荷接入系统不可避免地会产生网络损耗，对于系统一条支路上的损耗，其大小取决于流过该支路的电流和该支路的电阻，因此减少该支路的损耗可以通过减少该支路的电阻，也可以通过减少流经该支路的电流。如果在负荷侧引入分布式电源，就可以减少系统支路上的电流从而减少网损。

由式（4-18）和式（4-19）可以看出，相对于系统负荷的一般运行方式（$\cos\theta$），

系统损耗由于分布式电源引入会产生变化，主要受分布式电源的接入位置、运行方式（$\cos\varphi$）和相对负荷容量3个因素的影响。

4.4.2.4 含分布式电源的系统线路总损耗

针对多个分布式电源接入的情形，可得该系统的线路总损耗为

$$\Delta S_{\mathrm{L}m}=\frac{\left[\sum_{i=m}^{N}(P_{\mathrm{L}i}-P_{\mathrm{PV}i})\right]^2+\left(\sum_{i=m}^{N}Q_{\mathrm{L}i}\right)^2}{U_{m-1}^2}(R_m+\mathrm{j}X_m) \tag{4-20}$$

同理忽略无功功率的影响，则由式（4-20）可知，对于某一系统，当负荷保持不变时，其损耗大小与该点及其沿馈线辐射方向之后的分布式电源的注入总容量和总有功负荷之和相关。分布式电源的容量逐渐增大时，该线段的网损逐渐减小，当满足 $\sum_{i=m}^{N}P_{\mathrm{PV}i}=\sum_{i=m}^{N}P_i$ 时，损耗降至最小，此后随着建筑分布式电源容量的增大又逐步增大。仅当 $\sum_{i=m}^{N}P_{\mathrm{PV}i}>2\sum_{i=m}^{N}P_i$ 时，即分布式电源输出功率大于2倍负荷消耗的总有功时，系统总线损才会增加。

综上，分布式电源接入对网损变化的影响如下：

（1）在负荷侧适当引入分布式电源可以减少网损，影响程度主要受接入点及其沿馈线辐射方向之后分布式电源相对负荷的容量、分布式电源接入位置和运行方式（功率因数）3个因素的影响。

（2）一定供电范围内，分布式电源输出功率小于负荷两倍时，引入分布式电源会减少系统的有功损耗；与负荷值相等时，系统损耗达到最小值；当分布式电源输出功率大于负荷两倍时，引入分布式电源将会增加系统的损耗。

（3）相同容量的分布式电源接入位置越靠近负荷侧（配电系统末端），对减小配电网损耗的效果越好。

（4）分布式电源运行于吸收无功状态时，其减少系统损耗的效果较单位功率因数及发出无功状态运行方式下差；当分布式电源适当发出无功功率（功率因数高于负荷功率因数），对减少系统损耗的效果较单位功率因数好。

4.5 本章小结

本书第2章阐述了分布式电源对配电网潮流分布的影响，随着大量分布式电源接入电网，其对配电网中其他诸多方面的影响也日益显著。

在电能质量方面，分布式电源的间歇性和波动性会造成系统电压波动，并网点越靠近馈线末端电压波动越明显，分布式电源容量越大电压波动越大，分散接入可一定程度上减小系统电压波动；经由电力电子变流器并网的分布式电源会产生谐波，多个谐波源

叠加会导致电网谐波超标。

在继电保护方面，分布式电源接入后会改变配电网故障电流的大小和方向，进而使得保护发生误动和拒动；分布式电源容量和接入位置的不同对继电保护的影响程度也不同；重合闸动作要考虑网侧和分布式电源侧两侧保护的时间配合，以及两侧电源的同步，适当延长重合闸动作时间在一定程度上可以改善分布式电源接入对重合闸的影响。

在供电安全和可靠性方面，分布式电源接入后，因故障跳闸等偶然因素或突发事件形成非计划孤岛时，会造成发电、电网和用电设备损坏，同时也会导致停电检修存在安全隐患；不当的继电保护配置、接入位置、接入容量和接入方式都会降低配电网供电可靠性；此外，含分布式电源配电网的可靠性评估会更复杂，可靠性评价指标也有待改进完善。

在电网设备利用率及损耗方面，间歇性分布式电源接入后会降低配电网设备的平均利用率；为了保证供电可靠性，配电网设备、线路必须留足备用容量，因此，电网投资的经济性并不会得到改善；通过对分布式电源进行合理规划和布局，在适当的位置接入适当容量的分布式电源可有效减小配电网网损。

参 考 文 献

[1] 陈海炎，段献忠，陈金富．分布式发电对配网静态电压稳定性的影响［J］．电网技术，2006，30（19）：27-30.

[2] 王志群，朱守真，周双喜，等．分布式发电对配电网电压分布的影响［J］．电力系统自动化，2004，28（16）：56-60.

[3] 许晓艳，黄越辉，刘纯，等．分布式光伏发电对配电网电压的影响及电压越限的解决方案［J］．电网技术，2010，34（10）：140-146.

[4] 陈杰，宋吉江．光伏发电并网对配电网保护的影响及对策［J］．智能电网，2011，3（1）：57-61.

[5] 石振刚，赵书强，王晓蔚．并网光伏发电系统暂态特性研究［J］．电网与清洁能源，2012，28（1）：67-70.

[6] 严玉廷，卢勇，杜朝波．光伏发电技术特点及对配电网的影响［C］．中国电机工程学会年会，中国海口，2010.

[7] 许正梅，梁志瑞，苏海峰，等．分布式光伏电源对配电网电压的影响与改善［J］．电力科学与工程，2011，27（10）：1-5.

[8] 刘洪，杨卫红，王成山，等．配电网设备利用率评价标准与提升措施［J］．电网技术，2014，38（2）：419-423.

[9] 张瑞宁，石新春．独立光伏系统最大功率跟踪控制器的实现［J］．电源技术，2008，32（7）：468-471.

[10] 国家电网有限公司．Q/GDW 617—2011 光伏电站接入电网技术规定［S］．北京：中国电力出版社，2011.

[11] 中华人民共和国国家质量监督检验检疫总局，中国国家标准化管理委员会．GB/T 12326—2008　电能质量 电压波动和闪变［S］．北京：中国标准出版社，2008.

[12] 国家技术监督局. GB/T 14549—1993 电能质量公用电网谐波［S］. 北京：中国标准出版社，1993.

[13] 国家电网有限公司. Q/GDW 480—2010 分布式电源接入电网技术规定［S］. 北京：中国电力出版社，2011.

第5章　分布式电源功率预测与运行分析

分布式电源间歇性和波动性会引起电压波动，造成设备、线路电压越限。经由电力电子器件并网的分布式电源可能会引发电网谐波超标。

为保证分布式电源能够充分消纳，减小对电网的影响，需要从多维度对分布式电源并网进行分析评估。本章主要介绍分布式发电功率预测，并从分布式电源接入配电网的承载力、建设和运行风险及电能质量等方面开展分析评估，为支撑分布式电源运行管理提供科学依据。

5.1　分布式发电功率预测

分布式发电大多采用风力发电和光伏发电两种形式，其发电功率大小具有很强的随机性，为了提高配电网的可靠性和经济性，有必要对配电网中的分布式发电进行功率预测。目前国内外已经提出很多用于新能源发电功率预测的算法，常用的新能源发电功率预测的方法分两种：一种是不预测周围的环境因素而直接进行预测，例如人工神经网络模型、马尔可夫链模型、灰度模型和统计模型等，其中灰度预测模型适用于信息不完整、不确定的情况，其优点是可以用较少的数据对未知系统作出判断，可以简化新能源发电功率预测过程，但预测精度不高。另一种是通过相关因素的情况，间接预测输出功率，相关因素包括辐照强度、温度、风速等。

功率预测按时间可分为长期、中期、短期（0～72h）、超短期（0～4h）预测。其中，短期预测及超短期预测对于配电网的运行与控制更为重要。短期功率预测主要用于调度机构次日发电计划的制订及光伏发电站机组检修计划的安排，根据短期功率预测系统的工作原理，短期功率预测系统的时间参数要求为：每天8：00—14：00预测次日0：00—24：00的输出功率，时间分辨率为15min。超短期功率预测主要用于电力系统实时调度，解决电网调峰问题。根据超短期预测系统的工作原理，超短期预测系统的时间参数要求为从此刻起预测未来4h的输出功率，时间分辨率为15min。

现有的短期功率预测方法主要有统计方法和基于数值天气预测的方法，在实际应用中，大多功率预测系统都基于数值天气预测方法，统计方法作为辅助方法单独使用或者数值天气预测结合统计方法。对分布式发电功率进行48h以内的短期预测可以及时调整调度计划，减少系统的旋转备用量，降低系统的运行成本。然而，对新能源发电功率进行提前0～4h的超短期预测具有更重要的意义。

5.1.1 预测原理

按照预测方法的不同，可以分为物理预测方法、统计预测方法等。其中，统计预测方法又包括确定性预测和概率预测（不确定性预测）两种。确定性预测仅给出一个确定的预测值，但无法获得预测值的概率信息，不利于评估预测风险。不确定性预测指对预测值的概率分布及置信区间进行预测，有助于能量管理系统更好地把握数据的变化情况，合理地做出风险评估。

1. 物理预测方法

风功率物理预测方法是基于数值天气预报给出的空气密度、大气压力、风速、风向、温度等气象数据以及风电场周围的地理信息计算风电机组轮毂高度处的风速及风向信息，再根据风电场输出功率曲线计算风电场的出力；光伏功率物理预测方法是利用数值天气预报提供的地表太阳总辐射、温度等气象数据及光伏电站地理信息、光伏组件安装方式、安装面积、光伏组件参数、逆变器参数等信息，计算光伏组件倾斜面太阳总辐射，再根据辐射功率转换曲线和组件转化效率的温度修正系数，计算光伏发电功率。在预测整个地区的风电/光伏功率时，一种方法是先预测所有风电场/光伏电站功率输出，然后求和得到整个区域的风力/光伏发电量的预测值；另一种方法是只要预测几个风电场/光伏电站功率，然后通过一定的扩展算法计算整个区域内风电场/光伏电站总输出功率。

数值天气预报（numerical weather prediction，NWP）是指在一定的初值和边值条件下，通过数值方法求解描写天气演变过程的大气运动方程组，预测未来一定时段的大气运动状态和天气现象的方法。

2. 统计预测方法

统计预测方法不考虑发电机组所在区域的物理条件和光照、云层、风速、风向变化的物理过程，仅从历史数据中找出光照、风速、风向等气象条件与发电功率之间的关系，然后建立预测模型对分布式发电功率进行不同时段内的预测。统计方法需要的数据少，便于实现，但同时也因为数据不充分而降低了预测精度。统计方法可以利用数值气象预报数据，也可以不利用数值气象预报数据。不利用数值气象预报数据的统计预测模型可以在超前3～4h的超短期预测中取得满意的效果，但对于中长期预测，精度较低。利用数值气象预报数据的统计预测方法可以通过两种方法提高预测精度：一种方法是将数值气象预报数据和其他气象数据一起作为预测模型的输入样本，对预测模型进行训练；另一种方法是利用数值气象预报数据对初始的统计预测结果进行校正。目前大多数配电网由于没有气象部门提供的数值天气预报数据，因此根据历史气象数据对分布式发电进行短期功率预测是一种较好的选择。

利用统计预测方法既可以进行确定性预测，又可以进行不确定性预测。前者建立预测模型得到确定性预测值，后者按照一定的统计方法求出预测值的概率信息，对预测结

果包含的风险进行评估。只有将确定性预测和不确定性预测相结合，才能向配电网的调度管理系统提供更为全面的决策信息。

5.1.2　分布式发电网格化功率预测技术

随着分布式发电的迅猛发展，一些省份的配电网已经形成较大渗透率，其发电的波动性、随机性逐渐开始影响电网特别是区域配电网的稳定运行。高精度的区域分布式发电功率预测，可以提前预测分布式发电的出力波动，从而为调度计划部门提供有力的数据支撑。然而，相关研究表明，高精度的功率预测严重依赖于高分辨率、高精度的数值预报产品以及高密度的地面气象观测数据特别是辐照度、风速等观测数据。而分布式发电有着分布广、单位装机小等特点，特别是低压接入的分布式发电，某些区域甚至多达上千个接入点，为每个分布式发电定制高精度的数值预报产品和配置高精度的气象观测设备显然是不经济不现实的选择。同时，对于电网调度和计划部门，最关注的其实不是单个分布式发电的波动情况，而是其调度区域内所有分布式发电的整体发电波动情况。因此对于区域分布式发电的功率预测技术具有更大研究价值。

针对上述现实问题，一种可行的方法是首先将待预测的包含众多分布式发电的较大区域，综合考虑各种原则后，划分为若干地理网格（非均匀分布）；然后从这些网格中分别选择合适的一个或少量分布式发电作为样本电站，为其配置气象观测设备或选择附件已有的气象观测站，获取气象实测值，并定制高精度数值预报产品，实现对样本电站的高精度预报；然后再根据统计分析，计算各个样本分布式发电与全区域总功率之间的权重关系，获得从样本场站到网格内其他电站以及到网格内所有分布式发电总发电功率之间的映射关系模型，最终实现对其他非样本分布式发电的功率预测以及网格内分布式发电群总发电功率的预测。分布式发电网格化功率预测技术路线如图 5 - 1 所示。

图 5 - 1　分布式发电网格化功率预测技术路线

5.1.2.1　分布式发电群区域网格划分

对于我国地域辽阔的区域，在其所辖区域上各个子区域的自然气候条件差异很大，从而导致各子区域风光资源分布各有不同的特点。同时，由于电网结构、输电线路情况、用电负荷情况在地区间的差异，也使得各子区域风电场和光伏电站的建设情况各有不同，功率分布也不同。因此，在考虑该类地区分布式发电群网格划分的时候，既要考虑地理、地形、气候、地表状况等导致资源分布差异的自然因素，也要考虑网架结构、用电负荷、经济发展水平等人为因素，最后还需要综合考虑网格所包含的分布式发电布局和装机比等因素。

综合以上因素的不同影响，可以确立以下几点网格划分的原则。

1. 自然因素划分原则

（1）地形因素。分布式发电建设区域的地形一般分为平坦地形和复杂地形。平坦地形指地势高度起伏不大的区域，通常在4～6km半径范围内，特别是盛行风上风方向地形相对高度差小于50m，坡度小于3°。平坦地形包括高原台地和平原等。复杂地形可分为隆升地形和低凹地形，包括山地、丘陵等。

以上的地形因素都会对电源的建设选址发生影响，在划分网格时，需考虑不同地形因素下网格内分布式发电群功率输出的空间和时间差异性，尽量将出力特性较为相符的场站群划分为一个网格。

（2）地理与气象因素。

1）日出日没时间的空间差异。日照时间主要是由日出、日落时间决定的，对于经度分布较广的区域，如河西走廊地区西端敦煌5月底日出时间大约为6：20，日落时间大约为21：00；东端武威日出时间大约为5：53，日落时间大约为20：18。对于分布式发电群网格的划分，必须考虑日出日落时间的空间差异性。

2）常见天气过程。影响太阳光辐照度的主要是低空云量和日照时间。其中云分为高云、中云、低云。高云在对流层最高的区域，云底高度通常在5000m以上。因凝结量有限、云中的冰晶较小，因此透光性好。中云的云底高度为2500～5000m，低云云底高度则在2500m以下，这两种云多会产生降水，对光照影响最大。

2. 非自然因素划分原则

（1）网架结构。在进行子区域划分时，必须考虑到不同地区不同电压等级传输线路上的断面约束对分布式发电群出力的影响。

（2）负荷分布。对于全地区经济发展水平不平衡的区域，其将带来各辖区间用电负荷的分布不均，这同时也会对传输线路上的断面约束产生很大影响。分布式发电群所在网格通常考虑建在地区负荷中心，即工业园附近；北方地区冬季供暖对季节性负荷的需求也很强烈。

（3）气象观测站的分布。气象观测站是依据其微观选址原则来进行布点建设的。气象观测站的气象监测数据是分布式发电预测建模的关键数据。因此，我们在考虑电站群的网格划分时，必须考虑已有气象观测站的分布，尽量在网格所在地理位置中包含运行情况良好的气象观测站。

5.1.2.2 样本分布式发电遴选及样本分布式发电功率预测

1. 样本分布式发电选取

在网格中选取的代表分布式发电应以满足以下基本条件为优选：

（1）拥有较完整的逐15min的全站输出功率数据。并网满1年的，需要1年的数据，不满1年的电站需从开始并网正常发电以来的完整数据。

(2) 在分布式发电附近建设有正常运行的气象站，并且该气象站的气象数据具有代表性，可以用来代表该电源所在网格的气象资源特征。具备逐 15min 的气象站所观测的风速、风向、气压、温度、辐照度等气象数据。

(3) 与网格内分布式发电群的总输出功率具有很好的相关性（相关性系数>0.75）。

(4) 单个分布式发电自身的功率预测结果具有较高的精度（均方根误差 $RMSE<30\%$，且平均相对误差 $MRE<25\%$）。

分析每个分布式发电输出功率与片区分布式发电群输出功率的相关性系数矩阵，并分析每个分布式发电的预测精度，选取能满足以上 4 个条件的分布式发电作为代表分布式发电。

2. 样本分布式发电短期发电功率预测

对网格内样本分布式发电的短期发电功率预测可以参照目前现有的对单个新能源电站进行短期发电功率预测方法进行预测。现有的短期功率预测方法主要有统计方法和基于数值天气预报的方法，在实际应用中，大多功率预测系统都基于数值天气预报方法，统计方法作为辅助方法单独使用或者数值天气预报结合统计方法。

基于数值天气预报的分布式发电功率短期预报，其风/光电转换模型通过统计计算分布式电压的历史功率数据和当日自动监测站历史气象数据之间的关系式来建立。对于有对应气象站的样本分布式发电，我们可以通过气象站获得历史气象观测数据；而对于没有对应气象站的样本分布式发电，我们采用 SolarGIS 通过卫星反演生产的历史气象反演数据来代替历史气象观测数据，最终也可以获得风/光电转换模型的确定关系式。

3. 样本分布式发电超短期发电功率预测

对分布式发电功率进行提前 0～4h 的预报具有更重要的意义。首先，可以合理安排常规能源的发电量，保证电力供应与用户需求间的平衡，使电力系统稳定运行；而且遇到太阳能或风能在短时间内剧烈波动和跳变的情况，分布式发电超短期功率预报是解决分布式发电输出有功功率稳定性问题的关键技术之一，它可以为分布式发电有功功率控制提供电源出力能力参考，是分布式发电控制方制定合理调度计划的必要前提之一。

对于样本分布式发电的超短期功率预测，目前最常用的是采用基于临近校对算法的多模型超短期功率预测技术。该方法适用于对有气象站实时观测数据接入的样本分布式进行 0～4h 的超短期功率预测。

功率超短期预报与短期预报既有联系又有区别，由于预报时效的区别，短期预报的预报时效长，“趋势性”相对明显，超短期预报更注重短时间的变化，“随机性”更明显，但超短期的这种随机性基本还是在短期预报的“趋势性”基础上的，假设在短暂时间内，并无随机因素对发电产生影响，短期预报结果与超短期预报结果类似；当在一段短时间内，受到随机因素影响，则反映出出力情况是在短期预报的基础上发生“变化”。鉴于此，在功率短期趋势预报的基础上，进行临近校对，将最新发生的“突变”实时加入预报模型，实现超短期预报。在这里称用于功率超短期预报的基于天气型和数值天气

预报的功率预报结果为基准预报功率曲线，并在此基础上通过风/光电转换模型实现风速/辐射到功率的转换，将此结果称为分布式发电功率的基准曲线。

基准气象参数的确定在基于临近校对的功率超短期预报中至关重要，鉴于实际运行中天气型预报结果和数值天气预报结果在某段时间内某一模型表现出的精确度更好，并基于多模型思想，基准气象参数的确定将基于如下组合表决方法，算法的主要思想是：假设预报起始时刻为 t_0，预报前 t_{-M}时刻到 t_0 时刻的天气型模型功率预报值向量为 $\boldsymbol{P}_{WT}$，数值天气预报方法功率预报值向量为 $\boldsymbol{P}_{NWP}$，实测功率向量为 $\boldsymbol{P}_0$。计算 t_{-M}时刻到 t_0 时刻的 $\boldsymbol{P}_{WT}$和 $\boldsymbol{P}_{NWP}$与 $\boldsymbol{P}_0$ 的平均绝对误差 $\boldsymbol{E}_{WT}$和 $\boldsymbol{E}_{NWP}$。如果 $\boldsymbol{E}_{WT}<\boldsymbol{E}_{NWP}$，预报时间段 t_0 到 t_N，临近校对的基准曲线选用天气型模型功率预报曲线；如果 $\boldsymbol{E}_{NWP}<\boldsymbol{E}_{WT}$，预报时间段 t_0 到 t_N，临近校对的基准曲线选用数值方法功率预报曲线，基于此规则不断滚动表决，再不断临近校对实现分布式发电功率超短期预报。

基于分布式发电功率的基准曲线，实时根据最新的实测采样数据对模型进行修正和校对，实现对超短期功率的准确预报。由于是在基准曲线基础上进行校对，因此通过对实测功率与基准功率的“误差”进行自回归时间序列建模，实现对预报误差的预测，通过对基准功率曲线的校对实现分布式发电功率超短期预报。

特别的，对于分布式光伏发电系统，还有一种具有较高预测精度的超短期预测技术是基于 TSI 云图实时观测设备，自动对分布式光伏所在地全天空的云层进行实时观测和定时图像采集，通过前端计算机高效的图像处理计算，将对云层的识别结果数据进行参数化后，通过网络传输到后端高性能计算机进行在线实时运算，实现云对太阳光遮挡的预测，再结合云强迫分析模型和光电转换模型，对分布式光伏未来时刻的辐照度折损进行在线预测，最终可以预测未来 0～4h 内电站输出功率。

5.1.2.3 非样本电站及全区域分布式发电群总发电功率预测

1. 网格内分布式发电群功率预测模型

在计算获得样本电站预测功率的情况下，需要建立从样本电站输出功率到非样本电站以及网格内电站群总发电功率的“映射模型”，期望达到在已知样本场站预测功率的前提下准确预测出网格电站群总发电功率。

(1) 基于装机占比的加权配置模型（模型一）。映射模型的建立，首先要根据每个样本场站输出功率和网格总功率的历史数据，做回归分析，分别找到 i 组关系为

$$Y_i(t)=\lambda_i f[X_i(t)] \quad (i=1,2,\cdots,N) \tag{5-1}$$

式中 $X_i(t)$——样本场站在 t 时刻的输出功率；

$Y_i(t)$——t 时刻该电场相对应的网格总功率。

综合考虑散点图的分布和多项式拟合后的均方误差来判断拟合何种曲线为最优，来确定 $f[X_i(t)]$ 的表达式。本例中经计算和综合考虑确定的关系为一次和二次关系式。

在确定 $f[X_i(t)]$ 的表达式后，相当于用每一个场站 t 时刻的功率值即可确定一个网格功率值，考虑到样本场站装机容量大小各异，装机容量大的场站正常输出值对网格

功率的影响比较明显，所以用加权平均来求得最终的网格总功率。假设权重系数和区域功率的计算公式为

$$\lambda_i = \frac{cap_i}{\sum_{i=1}^{N} cap_i} \tag{5-2}$$

$$P(t) = \sum_{i=1}^{N} \lambda_i f[X_i(t)] \tag{5-3}$$

式中　$P(t)$——t 时刻区域的功率值；

cap_i——各个风电场的装机容量；

λ_i——权重系数。

（2）基于多元回归的相关性分析模型（模型二）。考虑到样本场站的总装机容量在区域总装机容量中的比例较大，可以采用多元线性回归模型建立样本场站输出功率与区域输出功率相关性模型。其公式为

$$P(t) = \beta_0 + \sum_{i=1}^{N} \beta_i X_i(t) \tag{5-4}$$

式中　β_0、β_i——回归系数。

（3）RBF 神经网络模型（模型三）。如果把这种映射关系当成个“黑盒”，采用人工神经网络去研究其内部的规律性。神经网络模型有很多种，两个常用的通用逼近器是多层感知器和 RBF 网络，多层感知器是对映射的全局逼近，而 RBF 使用局部指数衰减的非线性函数对输入输出进行局部逼近，这意味着要达到相同的精度，RBF 网络需要的参数要比多层感知器少。

上述三个模型，对于非样本电站发电功率与样本电站发电功率的映射关系同样适用。

2. 数据质量控制

分布式发电功率预测模型均基于分布式电源的实测气象与发电数据的统计模型。模型的可用性和精度取决于电站气象数据与发电数据的数据质量。本节中将以气象数据为例，对数据质量控制方法进行阐述。

数据质量控制可以分为：①对观测仪器的质量控制，如针对自动气象站所在的海拔、仪器安装等质量控制；②通过实施监测系统在线实时数据检查，包括观测值范围和极值检查、内部一致性检查、时间连续性检查；③非实时质量控制，主要是在实时质量控制之后，对和周边的总动气象站点进行空间连续性检查，可以使用统计分析和内存方法检验；④人工质量控制，即人工检查可能出现的可疑值。

质量控制方法主要有格式检查、缺测检查、极值检查、异常值检查、时间一致性检查、内部一致性检查、空间一致性检查、综合判断检查等。下面对几个主要检查进行介绍。

（1）极值检查。极值检查首先可以去掉明显异常的极值，如由于通信原因补缺的数据（如-99）；通过日出日落时间的判断将夜间的辐射值置 0。以太阳能辐射为例，可采

用以下极值检查方法：

1）利用总辐射总是大于等于直接辐射（在太阳高度角非常低的情况下，两者相等），来检验总辐射值和直接辐射值，去掉其中的异常值。

2）到达地面的辐射值总是小于等于此时的太阳辐射的最大值，这个最大值是太阳未经过大气层时的辐射值，它没有大气层的经过衰减，因此是此时的最大值。

（2）异常值检查。针对异常值的检查，为了克服上述通信设备以及测量设备的影响而造成的异常数据，针对有实测功率数据的站点，以太阳能辐射为例列举以下数据过滤原则：

1）去除当辐射大于定值而功率为零的值，这里的定值可由历史数据进行统计得到。如果大于这个辐射定值，功率仍然为零，说明此时该数据为异常数据，应剔除。

2）去除辐射等于零、功率不为零的值，这是由于通信设备导致或者是自动气象站的测量仪器引起的异常数据，也应过滤掉。

3）在小辐射范围内（据测光站历史数据决定值域）据光伏电站和测光站之间的线性关系，来进行异常值过滤。

（3）时间一致性检查。时间一致性检查是指检验与时间要素变化规律性是否相符的检查，有 5min 时变检查、1h 时变检查等方法。内部一致性检查主要是检验气象要素之间是否符合一定的规律，主要有同一时刻不同要素之间的一致性检查和同一时刻相同要素不同项目之间的一致性检查。

3. 案例分析

（1）异常值检验及数据过滤。针对某测光站数据，首先滤掉了系统误差造成的极值，并将夜间辐射数据置 0。测光站异常数据过滤如图 5－2 所示。

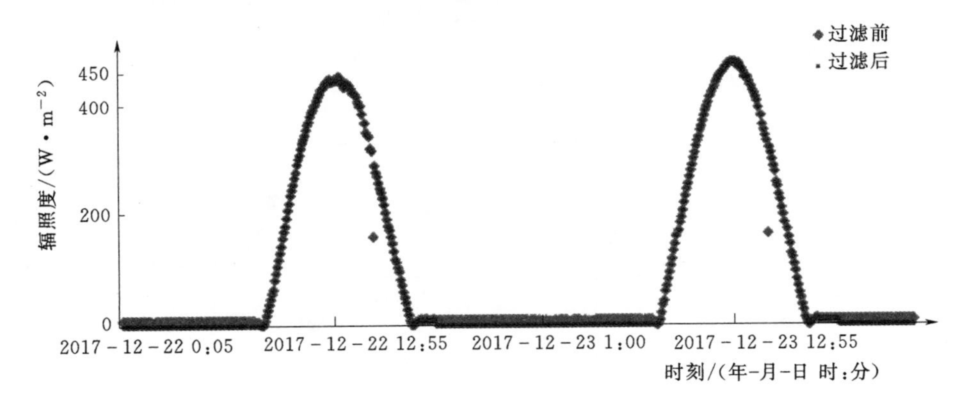

图 5－2 测光站异常数据过滤

对于离光伏电站较近的测光站数据，使用功率数据来校验辐射数据，首先选取晴天数据，然后进行功率辐射对比，在辐照度小于 $300W/m^2$ 的情况下，功率与辐射数据呈现了较强的线性关系，针对这种关系找出了其中的异常点，进行了过滤，辐射功率数据对比如图 5－3 所示。

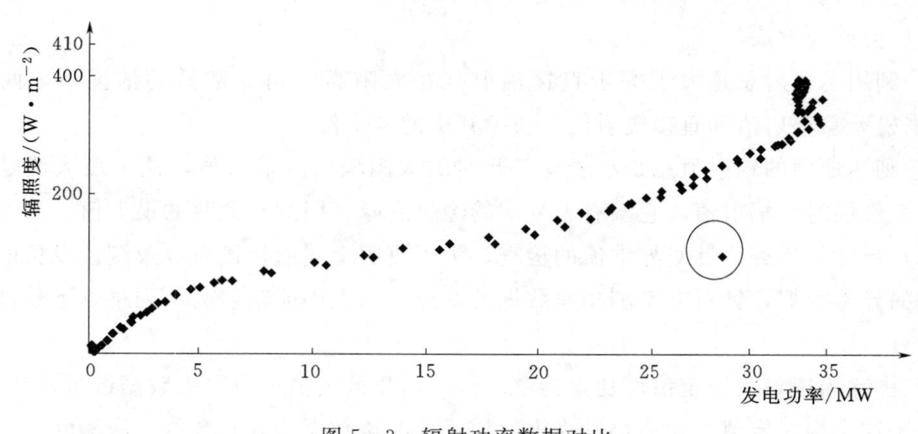

图 5－3　辐射功率数据对比

（2）数据插值。在资源评估的建模中，常需要一段连续时间内的数据，由于异常数据的存在，在进行数据过滤后，会造成数据缺失，这种缺失会对建模过程造成一定的影响，对于数据点缺失较少的点，可以采用线性插值等常规方法进行补数，但是如果针对数据量缺失较多的，用常规方法所作的插值可能不能很好地反映原来辐射的变化，可以采用临近气象站的数据进行相关性分析后，得到两个站之间的数据对应关系，从而进行相应的补数。

例如针对某测光站，在 2013 年 8 月 19 日这一天在 12：00 左右缺数较多，如用常规的插值方法，显然不能反映这种变化，由于该测光站离国电敦煌光伏测光站较近，可以采用国电敦煌光伏测光站的数据进行校正，插值数据对比如图 5－4 所示。

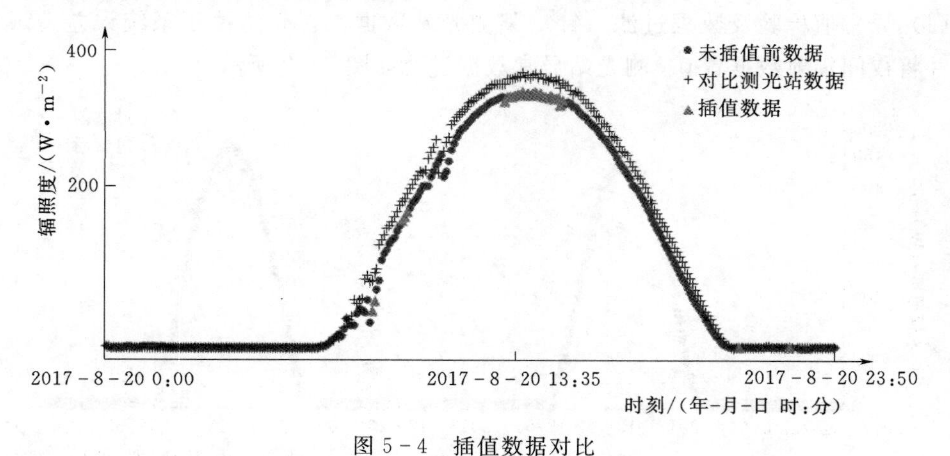

图 5－4　插值数据对比

5.2　接入分布式电源的配电网分析评估

5.2.1　分布式电源接入配电网承载力评估

近年来，分布式电源呈爆炸式增长。政府部门和相关公司已发布了《分布式电源并网技

术要求》(GB/T 33593—2017) 等系列标准，对分布式电源的接入要求进行了规定，目前尚无电网承载力评估相关标准。部分地区大量分布式电源无序并网，已导致当地电网出现反向重载、电压和短路电流越限等情况，影响电网安全稳定运行。如江苏淮安 10kV 刘老庄分布式光伏在高发时段并网点电压抬升至 11.2kV 以上导致光伏脱网、220kV 红湖变最大反向负载达 82%，浙江嘉兴海宁 220kV 安江站母线电压在 226～232kV 波动，呈现“局部向全局发展、配电网向主网延伸”的趋势，给电网运行带来了很大的影响。

为引导分布式电源有序并网，保障电网安全稳定运行，促进分布式电源健康有序发展，需要对分布式电源接入电网承载的能力进行全面分析评估。

分布式发电承载力评估，即针对同步电机、感应电机、变流器等接口形式的分布式电源承载力进行计算，以指导电网和发电企业、规划设计等部门评估计算 220kV 及以下电压等级电网（配电网）对分布式电源的承载力。本节内容主要包括电力系统在一定并网条件和安全稳定运行约束下可接入的分布式电源容量评估应遵循的基本要求和评估内容，以及电力系统在一定分布式电源并网条件和安全稳定运行约束下可接入的分布式电源容量。

5.2.1.1 基本要求

分布式电源接入电网承载力评估应以保障电网安全稳定运行和分布式电源全额消纳为前提，按照基于现状、适度超前、分层分区、分级管理的原则，为分布式电源和电网规划、建设、运行提供依据，科学引导分布式电源合理接入，促进分布式电源健康有序发展。

分布式电源接入电网承载力评估应与电网规划同步开展，并结合电网结构、用电负荷及电源变化适当调整，对于承载力较弱的区域应适当缩短评估周期，按照数据准备、计算分析、等级划分、措施建议的顺序依次开展。评估的对象包括 220kV 及以下各电压等级的变压器、线路、断路器、互感器等。计算数据来源于历史运行数据、运行设备参数和电网实测数据，还需要考虑地理位置、电网结构、运行方式、负荷类型、负荷水平、时间尺度等因素。

分布式电源接入电网承载力评估应基于现有电源和电网结构，包括继电保护和安全自动装置配置，考虑在建及已批复电源和电网项目，动态调整。考虑电网全接线方式和正常检修方式。对于满足 $N-1$ 原则的评估对象，也基于 $N-1$ 原则进行评估。评估内容应包括但不限于热稳定、短路电流、电压偏差和谐波等方面。

评估结果应包括评估等级和分布式电源可接入容量，在电压偏差、短路电流、谐波含量不超标的情况下，按照热稳定计算结果进行分级，同时综合考虑供电区域内各电压等级的评估等级，保障局部与总体相协调。对于电网动态稳定、暂态稳定敏感区域的承载力评估和电网接纳独立储能电站的承载力评估应开展专题研究。

5.2.1.2 评估内容

1. 热稳定评估

热稳定评估应遵循系统设备热稳定不越限的原则，充分考虑电网运行方式、主设备的限额、分布式电源的装机容量、负荷情况等因素。评估对象应包含 35～220kV 变压器和 10～110kV 线路。在有大量通过 220/380V 并网的分布式电源的区域，应对 10kV 配电变压器进行评估。

热稳定评估以反向负载率 λ 为评估量，λ 的计算公式为

$$\lambda=\frac{P_{D}-P_{Lmin}}{S_{e}}\times 100\% \tag{5-5}$$

式中　P_{D}——分布式电源装机容量；

S_{e}——变压器或线路限值；

P_{Lmin}——评估周期内最小等效用电负荷（负荷减去除分布式电源以外的其他电源出力）。法定节假日、产业政策调整等引起电网负荷波动的特殊时期的最小等效用电负荷可不考虑。

变压器的限值应取设备的额定容量，线路限值应取最高环境温度下的运行限额。

考虑热稳定裕度下电网的分布式电源可接入容量 P_{m} 的计算公式为

$$P_{m}=(1-\lambda)S_{e} \tag{5-6}$$

2. 短路电流评估

短路电流校核结果应以接入分布式电源后系统各节点短路电流不超过设备短路电流允许值为原则。校核公式为

$$I_{yd}=I_{m}-I_{xz} \tag{5-7}$$

式中　I_{xz}——系统母线短路电流，应根据在系统最大运行方式下，以《三相交流系统短路电流计算》（GB/T 15544—2017）、《配电网规划设计技术导则》（DL/T 5729—2016）为依据计算，包含在建和已批复电源；

I_{m}——评估设备允许的短路电流允许值，应选取与母线连接的所有设备和馈出线上相关设备的允许短路电流的最小值。

校核对象应包括分布式电源提供的短路电流有可能流经的所有设备。

3. 电压偏差校核

电压偏差校核应以无功功率就地平衡和分布式电源接入电网后电网电压不越限为原则，并充分考虑分布式电源的无功输出能力和电网自身的电压调节能力，计算电网可承载的分布式电源最大无功值。校核公式为

$$U_{H}<U_{HX}\quad 且\quad U_{L}>U_{LX} \tag{5-8}$$

式中　U_{H}——评估周期内母线最高运行电压；

U_{L}——评估周期内母线最低运行电压；

U_{HX}——当前母线运行电压上限；

U_{LX}——当前母线运行电压下限。

以《电能质量　供电电压偏差》（GB/T 12325—2008）给出的电压偏差限值与电压偏差计算方法为依据计算。

计算对象应包括35～220kV变电站的10～220kV电压等级母线。对于220/380V电压等级电网，可根据《电能质量 三相电压不平衡》（GB/T 15543—2008）开展三相不平衡专题评估。

4. 谐波校核

谐波电流校核应以系统中分布式电源接入电网节点谐波、间谐波不越限为原则。校核公式为

$$I_h > I_{xzh} \tag{5-9}$$

式中 I_h——第 h 次谐波电流允许值；

I_{xzh}——第 h 次谐波电流值。

计算对象应包括分布式电源提供的谐波电流有可能影响的所有节点。计算节点的谐波电流不应超过《电能质量 公用电网谐波》（GB/T 14549—1993）规定的允许值。计算节点的各次间谐波电压含有率不应超过《电能质量 公用电网间谐波》（GB/T 24337—2009）规定的允许值。

5. 承载力等级划分

电网承载力评估等级应根据计算分析结果，分层分区确定。评估等级由低到高可分为绿色、黄色、红色。确定评估等级时，应确保电网运行安全，若当前电网短路电流、电压偏差或谐波电流任一指标已超出限值，其相应的评估等级应为红色。确定评估等级时，应局部服从总体，下一级电网评估等级低于上一级电网时，评估等级应以上一级电网为准。

发生向220kV及以上电网反送电时，评估等级应为红色。评估结果应至少包括电网评估等级表、电网分区评估结果图和电网分区分布式电源可接入容量表等。

评估等级划分见表5-1。

表5-1 评估等级划分

评估等级	依据	含义	建议
绿色	反向负载率：$\lambda<0$；且相关区域未发生可再生能源弃限电；且短路电流、电压偏差、谐波电流校核通过	地区可再生能源可完全就地消纳，电网无反送潮流，电网承载力充裕	推荐分布式电源接入
黄色	反向负载率：$0\leqslant\lambda<80\%$；或相关区域可再生能源弃电率低于5%且高于0%；且短路电流、电压偏差、谐波电流校核通过	地区可再生能源存在弃电且弃电率不高于5%，电网反送潮流不超过设备限额的80%，电网承载力较好	暂缓新增分布式电源项目接入，对于确需接入的项目，应开展专项分析；对电网开展针对性的增容改造
红色	反向负载率：$\lambda\geqslant80\%$；或短路电流、电压偏差、谐波电流任一指标校核未通过；或相关区域可再生能源弃电率不低于5%	地区可再生能源弃电率高于5%，或电网反送潮流超过设备限额的80%，或电网运行安全存在风险，电网承载力不足	在电网承载力未得到有效改善前，暂停新增分布式电源项目接入，对于确需接入的项目，应开展充分的专题分析

注：如果接入分布式电源的区域均应校核继电保护和安全自动装置的控制策略，则开展相关涉网改造。

5.2.1.3　评估流程

承载力评估的主要顺序应为：

(1) 明确待评估区域电网范围、可能的运行方式以及可再生能源弃电率，画出待评估区域电网拓扑图。

(2) 明确待评估区域电网各种可能运行方式下分布式电源装机容量及计算周期内最小等效用电负荷，明确待评估区域电网各级主设备的容量。开展热稳定计算分析，确定待评估区域各接入点反向负载率及可接入分布式电源容量。

(3) 明确待评估区域各接入点短路电流。开展短路电流计算分析，校核待评估区域各接入点的短路电流。

(4) 明确待评估区域各接入点系统最小短路容量及接入分布式电源电压偏差容许最大值。开展电压偏差计算分析，校核待评估区域各接入点的电压偏差。

(5) 明确待评估区域各接入点的最小短路容量。开展谐波限值计算，明确间谐波限值，校核谐波及间谐波。

(6) 以上 (2)～(5) 应针对评估区域内各级电网开展计算，完成整个区域计算后，应考虑上级电网计算结果依次更新下级电网反向负载率、可接入分布式电源容量，并校核短路电流、电压偏差、谐波及间谐波和弃电率。

(7) 根据以上计算结果，根据承载力等级划分的原则，确定待评估区域电网分布式电源承载能力评估等级，画出待评估区域电网评估结果分析图，列出待评估区域可接入分布式电源的容量。待评估区域电网评估结果分析图如图 5-5 所示。

5.2.1.4　数据要求

1. 一般原则

分布式电源接入电网的承载力评估应以科学翔实的分布式电源并网数据、分布式电源并网性能数据、电网设备参数、电网安全运行边界数据等为基础开展评估。

评估数据应来源于历史运行数据、运行设备参数和电网实测数据，应根据地理位置、电网结构、运行方式、负荷类型、负荷水平、时间尺度等因素，并充分考虑电网和电源的建设规划数据，为分布式电源接入电网提出前瞻性的评估结果。

评估应针对具体评估对象（母线、变压器、线路、断路器等），对可能出现的运行方式计算分析，以检验电网对分布式电源的承载力是否满足热稳定、短路电流、电压偏差及谐波的运行要求。

评估计算场景应包括电网全接线方式和正常检修方式。对于满足 $N-1$ 原则的评估对象，也应基于 $N-1$ 原则评估。

评估计算边界条件应基于现有电源、电网结构、继电保护和安全自动装置配置，考虑在建及已批复电源和电网项目，动态调整。

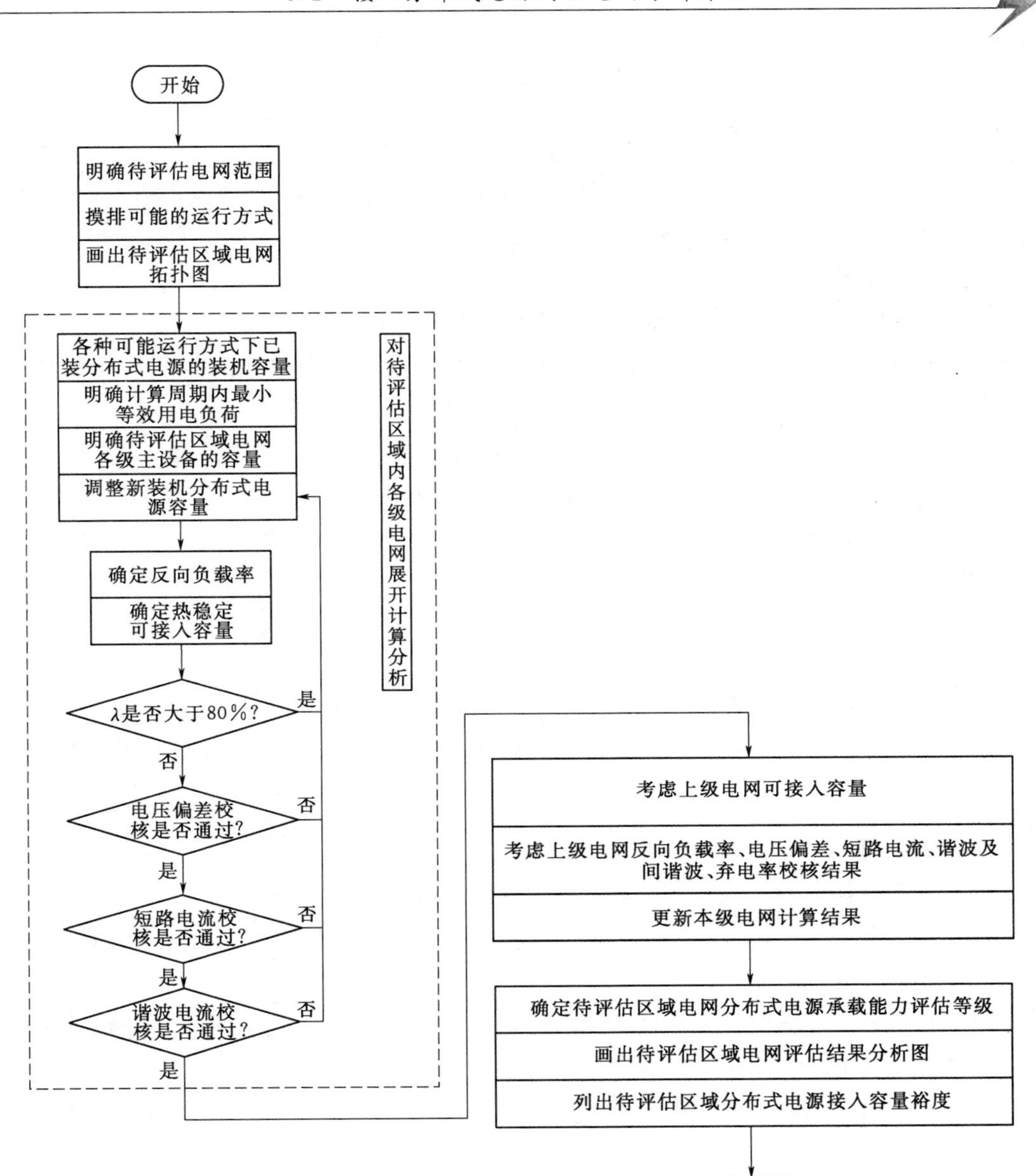

图 5-5　待评估区域电网评估结果分析图

2. 数据准备

(1) 电网数据。电网数据包括电网一次接线图，电网等值阻抗图，各级母线大、小方式短路容量表。

(2) 设备数据。设备数据包括：

1) 电网设备参数、运行限额、保护定值等。

2) 电源特性数据，其通用数据包括：电源名称、机组台数、机组类型（同步电机、异步电机或变流器）、发电机组额定功率、视在功率、机组装机容量、理论发电量、不同属性机组功率因数调节范围。

针对接受电网调度有功控制的分布式电源（包括发电储能一体化电站）有不同时期最大及最小技术出力（如水电丰水期、枯水期）、发电计划等。

针对不接受电网调度有功控制的分布式电源或随机性可再生能源发电有并网容量或等效最大出力。

（3）运行数据。运行数据包括：

1）运行方式数据。包括电网和电源各种可能运行方式数据。

2）电网运行数据。计算时段内各电源、负荷、联络线和内外网断面等负荷曲线、电压曲线。

3）负荷数据。包括各评估目标电网中负荷时间序列数据，负荷数据可基于历史负荷数据，结合计算时段负荷增长情况和社会经济发展情况综合预测得到。

4）公共连接点谐波电流实测值，公共连接点间谐波电压含有率。

5）可再生能源发电弃电率。

（4）边界条件。边界条件包括：

1）母线电压、节点电压偏差允许值。

2）内外网联络拓扑数据，联络线稳定运行限额。

3）并网通道继电保护及安全自动装置配置情况，确认继电保护灵敏度满足相关要求。

3. 数据处理

（1）计算电网运行大方式和小方式的电网阻抗参数。

（2）根据电网内电源装机的实际情况，将同一分区、同类型、同属性的电源机组归类整理和等值计算。

（3）在承载力评估时，可对外部网络简化处理，形成外网等值模型。外网等值模型不考虑外部电网的拓扑结构，但必须保留与内外部电网联络拓扑。

（4）网内各分区之间的交换功率限额数据，各分区之间的断面限额可为固定限值或者随时间变化的时间序列数据，各分区之间的多条线路应等值合并处理。

（5）等效用电负荷曲线为电网负荷曲线减去除分布式发电外的所有电源出力曲线，最小等效用电负荷应为计算周期内等效用电负荷曲线的最小值。

5.2.2　分布式电源接入配电网的风险评估

对于不含分布式电源的配电网，从配电网长期实际运行经验来看，传统的可靠性评估已能满足供电可靠性的需求，但随着具有间歇性、波动性和随机性的分布式电源的大量接入，多电源点供电和新能源出力的不确定性都增加了配电系统规划的复杂性。一方面，分布式电源接入会影响潮流分布和提高系统电压，增加电压越限风险、线路过载风险等静态安全风险；另一方面，分布式电源会导致孤岛、保护误动或拒动等动态安全风险。对配电网风险分析的必要性日渐凸显，在含分布式电源的配电网规划中需考虑运行

风险因素，以有效提高网络的可靠性。

与传统配电网风险评估不同，由于分布式电源为配电网带来的诸多影响和改变，使得风险评估在含分布式电源的配电网中的应用具有更多的技术要求和方法改进需求。在建立系统元件的概率模型时需要增加分布式电源的概率模型，在分析系统状态时要考虑分布式电源给负荷供电的情况，对复杂配电系统不能像简单的辐射状配电系统一样，采用简单的串并联系统原理实现风险指标计算。目前，在研究含分布式电源配电网风险评估的过程中主要有以下几个关键问题。

1. 分布式电源运行模型的建立

分布式电源的功率输出模型是进行含分布式电源配电网风险评估的必要基础，与传统风险评估模型不同，分布式电源的输出功率大多与气象因素存在直接关系，因而首先需要对气象概率模型进行建立。同时，分布式电源的随机性和波动性也是模型建立中需要重点关注的内容。

2. 含分布式电源的静态安全风险模型

在建立分布式电源运行模型的基础上，结合配电网运行风险模型，形成含分布式电源的系统状态集。在静态安全方面，分布式电源并网后存在电压越限和设备过载等风险。在配电网的静态安全风险模型中加入分布式电源可能导致电压越限和设备过载的运行状态，针对不同的配电网运行状态，评估含分布式电源的配电网静态安全风险。

3. 含分布式电源的动态安全风险模型

配电网发生故障后，由于分布式电源的存在可能出现孤岛运行或保护误动等情况。对于孤岛现象，也存在计划性孤岛和非计划性孤岛。

为提高配电网的供电可靠性，部分分布式电源的接入使得配电网在故障后会优先转换到孤岛运行方式，但大部分配电网不具备孤岛运行的条件。为了客观地评估含分布式电源配电网的实际运行情况，针对不同的配电网故障状态，需要对含分布式电源的配电网建立动态安全风险模型。

由于分布式电源在配电网中的接入，导致系统元件数量和系统规模的扩大，为停电风险评估在含分布式电源配电网中的实施带来困难，元件数量的增多、分布式电源输出功率的间歇性和随机性、保护策略调用使得配电网停电风险评估更为冗杂。

4. 含分布式电源的配电网运行风险评估指标体系

建立一个科学合理的评价指标体系是对含分布式电源配电网进行风险评估的前提，也是保证结果科学的关键。由于风险评估是对配电网遭受不同风险事件影响程度的评估，因此有别于传统的评价指标，如可靠性指标是表征系统特征属性的评价指标，风险评估指标体系应是建立在可容许界限上的表征风险事件严重程度的指标体系。同时，为了给运行风险程度提供一种更为显著的评判结果，在评估指标体系中结合分布式电源并网运行特点，加入分布式电源的随机潮流概率指标、单分布式电源故障风险指标，便于电力工作人员进行风险监测和风险管理。

5. 风险控制的必要性与风险评估反馈机制

当配电网风险程度经过评估后呈现出不理想状态时，若不采取降低停电风险措施，则在未来运行过程中停电损失可能超过预期的设定值，导致配电网运行经济性、安全性降低。需要建立评估反馈机制，根据分布式电源并网引起的运行风险，提出相应的应对措施，提高配电网的运行安全性。

5.3　电能质量分析与评估

5.3.1　电能质量分析

5.3.1.1　系统频率分析方法

（1）测量电网基波频率，每次取 1s、3s 或 10s 间隔内计到的整数周期与整数周期累计时间之比（和 1s、3s 或 10s 时钟重叠的单个周期应丢弃）。测量时间间隔不能重叠，每 1s、3s 或 10s 间隔应在 1s、3s 或 10s 时钟开始计时，频率偏差公式为

$$\text{频率偏差}=\text{频率测量值}-\text{系统标称频率} \tag{5-10}$$

（2）系统频率分析结果分别以趋势曲线及统计报表体现，其中统计报表应包括系统频率的最大正偏差、最大负偏差和平均偏差。

5.3.1.2　电压偏差分析方法

（1）计算电压偏差时，获得电压有效值的基本时间窗口应为 10 周波（200ms），并且每个时间窗口应该与紧邻的测量时间窗口接近而不重叠，连续分析并计算电压有效值的平均值，最终计算获得供电电压偏差值，计算公式为

$$\text{电压偏差}=\frac{\text{电压测量值}-\text{系统标称电压}}{\text{系统标称电压}}\times 100\% \tag{5-11}$$

（2）可以根据具体情况选择四个不同类型的时间长度计算供电电压偏差：3s、1min、10min、2h。时间长度推荐采用 1min 或 10min。

（3）电压偏差数据分析结果分别以趋势曲线及统计报表体现，其中统计报表应包括最大电压正偏差、最大电压负偏差、平均电压偏差。

5.3.1.3　电压不平衡度分析方法

（1）计算三相电压不平衡度时，数据分析的基本时间窗口应为 10 周波（200ms），对 3s 内计算的多个不平衡度取方均根值即得到一次三相电压不平衡度计算值，其公式为

$$\varepsilon=\sqrt{\frac{1}{m}\sum_{k=1}^{m}\varepsilon_k^2} \tag{5-12}$$

式中　ε_k——在 3s 内第 k 次测得的不平衡度；

m——在 3s 内均匀间隔取值次数，$m \geqslant 6$。

（2）三相电压不平衡度数据分析结果分别以趋势曲线及统计报表体现，其中统计报表应包括负序电压的最大值、最小值、平均值和 95%概率大值。

5.3.1.4　电压波动分析方法

（1）计算电压波动时，获得每个电压方均根值的基本时间窗口应为 1 个周波（20ms），数据分析的时间间隔应为 10ms。

（2）根据电压方均根值曲线上相邻两个极值电压之差与系统标称电压的比值，得到一次电压变动值 d，其公式为

$$d=\frac{\Delta U}{U_{\mathrm{N}}}\times 100\% \tag{5-13}$$

式中　ΔU——电压方均根值曲线上相邻两个极值电压之差；

U_{N}——系统标称电压。

（3）电压变动频度 r 的定义为：单位时间内电压变动的次数（电压由大到小或由小到大各算一次变动）。不同方向的若干次变动，如间隔时间小于 30ms，则算一次变动。

（4）电压波动的数据分析结果分别以趋势曲线及统计报表体现，其中统计报表应包括 A、B、C 三相的最大电压变动、最大电压下降，以及超过电压变动限值的次数。

5.3.1.5　电压闪变分析方法

（1）由 CPF 曲线获得短时间闪变值的公式为

$$P_{\mathrm{st}}=\sqrt{0.0314P_{0.1}+0.0525P_1+0.0657P_3+0.28P_{10}+0.08P_{50}} \tag{5-14}$$

式中　$P_{0.1}$、P_1、P_3、P_{10}、P_{50}——CPF 曲线上等于 0.1%、1%、3%、10%和 50%时间的 $S(t)$ 值。

（2）长时间闪变值 P_{st} 由测量时间段内包含的短时间闪变值 P_{st} 计算获得，其公式为

$$P_{\mathrm{st}}=\sqrt[3]{\frac{1}{12}\sum_{j=1}^{12}(P_{\mathrm{st}j})^3} \tag{5-15}$$

式中　$P_{\mathrm{st}j}$——2h 内第 j 个短时间闪变值。

（3）电压闪变数据分析结果分别以趋势曲线及统计报表体现，其中统计报表应包括长时闪变的最大值、最小值、平均值和 95%概率大值。

5.3.1.6　谐波分析方法

（1）计算谐波电压或谐波电流时，基本时间窗口应为 10 个周波（200ms），且时间窗口应与每一组根据电力系统 50Hz 频率对应的 10 个周期同步，谐波次数应分析到 100 次。

（2）谐波群有效值 $G_{\mathrm{g,n}}$ 计算。为评估谐波，将 DFT 的输出分群为两个相邻谐波之

间中间谱线的平方和，得到 n 阶谐波群的幅值 $G_{g,n}$，其公式为

$$G_{g,n}^2 = \frac{C_{k-5}^2}{2} + \sum_{i=-4}^{4} C_{k+i}^2 + \frac{C_{k+5}^2}{2} \tag{5-16}$$

式中　C——谱线有效值。

（3）群总谐波畸变率 $THDG$。其为谐波群的有效值和基波相关群的有效值比值的方和根，其计算公式为

$$THDG = \sqrt{\sum_{n=2}^{H}\left(\frac{G_{g,n}}{G_{g,1}}\right)^2} \tag{5-17}$$

（4）部分加权群谐波畸变率 $PWHD$。其为某一选定的较高次谐波群以谐波阶数 n 加权的有效值与基波相关群的有效值比值和方和根，其计算公式为

$$PWHD = \sqrt{\sum_{n=H_{\min}}^{H_{\max}} n\left(\frac{G_{g,n}}{G_{g,1}}\right)^2} \tag{5-18}$$

（5）谐波数据分析结果分别以趋势曲线及统计报表体现，其中统计报表应包括各次谐波电流的最大值、最小值、平均值和95%概率大值。

5.3.1.7　功率分析方法

1. 有功功率分析方法

（1）计算有功功率时，基本时间窗口应为1个周波（20ms），有功功率分析间隔为10ms。

（2）当有功功率负值正计时，三相负值正计总有功功率 P_P 计算公式为

$$P_P = P_{A,P} + P_{B,P} + P_{C,P} = \sum_{h=1}^{\infty} |P_{h,A}| + \sum_{h=1}^{\infty} |P_{h,B}| + \sum_{h=1}^{\infty} |P_{h,C}| \tag{5-19}$$

式中　$P_{h,A}$——A相 h 次谐波的有功功率，$P_{h,A} = U_{h,A} I_{h,A} \cos(\theta_{h,A} - \varphi_{h,A})$，当 $h=1$ 时表示A相基波有功功率。

（3）当有功功率负值负计时，三相负值负计总有功功率 P_M 计算公式为

$$P_M = P_{A,M} + P_{B,M} + P_{C,M} = \sum_{h=1}^{\infty} P_{h,A} + \sum_{h=1}^{\infty} P_{h,B} + \sum_{h=1}^{\infty} P_{h,C} \tag{5-20}$$

（4）三相总有功功率变化率计算公式为

$$\frac{dP}{dt} = \frac{[P_A(n+1) + P_B(n+1) + P_C(n+1)] - [P_A(n) + P_B(n) + P_C(n)]}{\Delta t} \tag{5-21}$$

式中　$P_A(n)$、$P_B(n)$、$P_C(n)$——n 时刻A、B、C三相的有功功率；

$P_A(n+1)$、$P_B(n+1)$、$P_C(n+1)$——$n+1$ 时刻A、B、C三相的有功功率；

Δt——n 时刻至 $n+1$ 时刻的时间间隔。

（5）有功功率分析结果分别以趋势曲线及统计报表体现，其中统计报表包括A、B、C三相有功功率、逆流功率和有功功率变化率的最大值、最小值和平均值；三相总有功功率、三相总逆流功率和三相总有功功率变化率的最大值、最小值和平均值。

2. 无功功率分析方法

(1) 计算无功功率时，基本时间窗口应为 1 个周波 (20ms)，无功功率分析间隔为 10ms。

(2) 当无功功率负值正计时，三相负值正计总无功功率 Q_P 计算公式为

$$Q_P = Q_{A,P} + Q_{B,P} + Q_{C,P} = \sqrt{S_A^2 - P_{A,P}^2} + \sqrt{S_B^2 - P_{B,P}^2} + \sqrt{S_C^2 - P_{C,P}^2} \tag{5-22}$$

式中 S_A——A 相视在功率，$S_A = U_A I_A$；

$P_{A,P}$——负值正计的 A 相有功功率。

(3) 当无功功率负值负计时，三相负值负计总无功功率 Q_M 计算公式为

$$Q_M = Q_{A,M} + Q_{B,M} + Q_{C,M} = \sqrt{S_A^2 - P_{A,M}^2} + \sqrt{S_B^2 - P_{B,M}^2} + \sqrt{S_C^2 - P_{C,M}^2} \tag{5-23}$$

式中 $P_{A,M}$——负值负计的 A 相有功功率。

(4) 无功功率分析结果分别以趋势曲线及统计报表体现，其中统计报表包括 A、B、C 三相无功功率的最大值、最小值和平均值；三相总无功功率的最大值、最小值和平均值等。

3. 视在功率分析方法

(1) 计算视在功率时，基本时间窗口应为 1 个周波 (20ms)，视在功率分析间隔为 10ms。

(2) A 相视在功率计算公式为

$$S_A = U_A I_A \tag{5-24}$$

$$I_A = \sqrt{\sum_{h=1}^{\infty} I_{A,h}^2}$$

$$U_A = \sqrt{\sum_{h=1}^{\infty} U_{A,h}^2}$$

式中 I_A——A 相电流有效值；

U_A——A 相电压有效值。

(3) 三相总视在功率计算公式为

$$S = \sqrt{P^2 + Q^2} \tag{5-25}$$

式中 P——三相总有功功率；

Q——三相总无功功率。

(4) 视在功率分析结果分别以趋势曲线及统计报表体现，其中统计报表包括 A、B、C 三相视在功率的最大值、最小值和平均值；三相总视在功率的最大值、最小值和平均值等。

4. 功率因数分析方法

(1) 计算功率因数时，基本时间窗口应为 1 个周波 (20ms)，功率因数分析间隔为 10ms。

(2) 负值正计时 A 相功率因数计算公式为

$$PF_{A,P}=\frac{P_{A,P}}{\sqrt{P_{A,P}^2+Q_{A,P}^2}} \tag{5-26}$$

(3) 负值负计时 A 相功率因数计算公式为

$$PF_{A,M}=\frac{P_{A,M}}{\sqrt{P_{A,M}^2+Q_{A,M}^2}} \tag{5-27}$$

(4) 负值正计时三相总功率因数计算公式为

$$PF_P=\frac{P_P}{\sqrt{P_P^2+Q_P^2}} \tag{5-28}$$

(5) 负值负计时三相总功率因数计算公式为

$$PF_M=\frac{P_M}{\sqrt{P_M^2+Q_M^2}} \tag{5-29}$$

(6) 功率因数分析结果分别以趋势曲线及统计报表体现，其中统计报表包括 A、B、C 三相功率因数的最大值、最小值和平均值；三相总功率因数的最大值、最小值和平均值等。

5.3.2　电能质量评估

5.3.2.1　电能质量限值计算

1. 电能质量考核点及限值计算内容

高密度、多接入点光伏并网系统电能质量考核点示意图如图 5-6 所示。分布式电源并网系统电能质量测试考核点主要包括如下两部分：

(1) 电力公司和用户的公共连接点（对应图 5-6 中的 *A* 点）的电能质量评估。

(2) 分布式电源并网系统接入点的电能质量评估（对应图 5-6 中的 *B* 点和 *C* 点）。

各考核点的限值计算内容如下：

(1) *A* 考核点。电力公司和用户的公共连接点，是电力公司和用户的双向考核点，主要考核供电公司的供电质量和电力用户的用电质量，各电能质量指标需满足电能质量国家标准。电力公司供电质量限值内容包括系统频率偏差 Δf_s、电压偏差 e_u、电压变动 d_u 和长时间电压闪变 P_{Lt}、三相电压不平衡度 ε_{u_2} 和 ε_{u_0}、谐波电压 THD_U、HRU_h；用户用电质量限值内容包括有功功率及冲击、无功功率及冲击、功率因数、用户引起的电压变动和电压闪变、注入系统的负序电流和谐波电流。

(2) *B* 考核点。用户内部中高压考核点，考核用户内部中压供电质量，供电质量限值内容同 *A* 考核点。谐波电压限值引用电磁兼容标准《电磁兼容　限值中、高压电力系统中畸变负荷发射限值的评估》(GB/Z 17625.4—2000)，其他供电电压指标限值同 *A* 考核点，或在不影响 *A* 考核点考核指标和中低压配电网与设备安全运行的前提下适

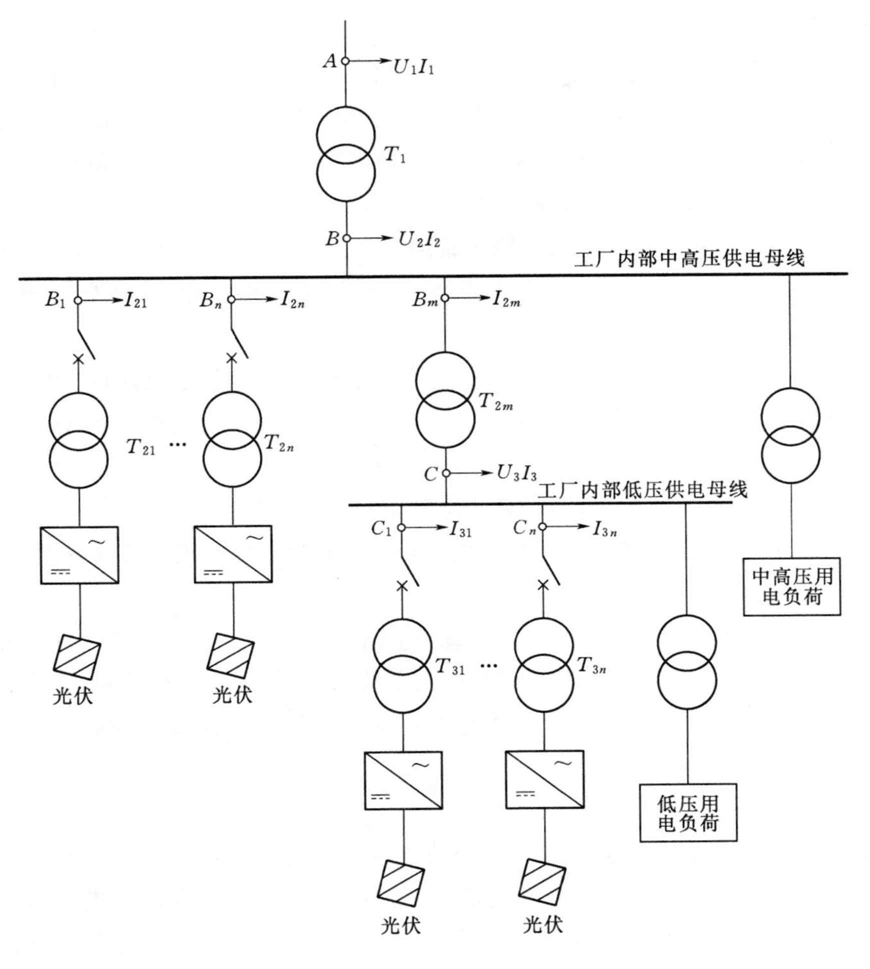

图 5-6　高密度、多接入点光伏并网系统电能质量考核点示意图

当放宽限值。

(3) $B_1 \sim B_n$ 考核点。中压分布式发电系统与工厂内部中压供电部门之间的双向考核点，主要考核工厂内部中压供电部门的供电质量和中压分布式发电系统的用电质量，中压供电质量限值内容同 B 考核点；中压分布式发电系统用电质量限值内容包括中压分布式发电系统引起的电压变动和电压闪变及注入系统的负序电流和谐波电流。

(4) C 考核点。用户内部低压考核点，考核用户内部低压供电质量。中压供电质量限值内容同 B 考核点。在不影响 B 考核点考核指标和低压配电网与设备安全运行的前提下可适当放宽限值。

(5) $C_1 \sim C_n$ 考核点。低压分布式发电系统与工厂内部的低压供电部门之间的双向考核点，主要考核工厂内部低压供电部门的供电质量和低压分布式发电系统的用电质量。低压供电质量限值和用电质量限值内容同 $B_1 \sim B_n$ 考核点。

2. 供电质量限值计算

（1）系统频率限值。电力系统正常运行条件下，电力用户与电力公司的公共连接点、电力用户工厂内部分布式发电系统接入点处的供电频率偏差应满足《电能质量 电力系统频率偏差》（GB/T 15945—2008）规定的限值要求：频率偏差限值为±0.2Hz，当系统容量较小时，偏差限值可以放宽到±0.5Hz。

（2）供电电压偏差限值。电力系统正常运行条件下，电力用户与电力公司的公共连接点、电力用户工厂内部分布式发电系统接入点处的供电电压偏差应满足 GB/T 12325—2008 规定的限值要求：

1）35kV 及以上供电电压正、负偏差绝对值之和不超过额定电压的 10%。需要注意的是，如供电电压上下偏差同号（均为下或负）时，按较大的偏差绝对值作为衡量依据。

2）20kV 及以下三相供电电压偏差为标称电压的±7%。

3）对供电点短路容量较小、供电距离较长以及对供电电压偏差有特殊要求的用户，由供、用电双方协商确定。

（3）三相电压不平衡度限值。电力系统正常运行条件下，电力用户和电力公司的公共连接点、电力用户工厂内部分布式发电系统接入点处的三相供电电压不平衡度应满足 GB/T 15543—2008 规定的限值要求：负序电压不平衡度不超过 2%，短时不得超过 4%。

（4）电压波动限值。

1）电力用户和电力公司公共连接点处的电压波动限值。电力系统正常运行条件下，电力用户和电力公司公共连接点处的全部负荷产生的电压波动限值应满足《电能质量 电压波动和闪变》（GB/T 12326—2008）规定的电压波动限值要求，电压波动限值见表 5-2。其中，LV、MV、HV 分别表示低压、中压、高压。

表 5-2　电压波动限值

电压波动频度 r/(次·h^{-1})	电压波动值 d/%	
	LV、MV	HV
$r \leqslant 1$	4	3
$1 < r \leqslant 10$	3*	2.5*
$10 < r \leqslant 100$	2	1.5
$100 < r \leqslant 1000$	1.25	1

注：对于随机性不规则的电压波动，如电弧炉负荷引起的电压波动，表中标有“*”的值为其限值。

2）分布式发电系统接入点处的电压变动限值。电力系统正常运行条件下，电力用户工厂内部分布式发电系统接入点处的电压变动 d 的限值，可计算为

$$d_{\mathrm{u,PV}}=\frac{S_{\mathrm{sc,PCC}}-S'_{\mathrm{sc,PV}}}{S'_{\mathrm{sc,PCC}}}d_{\mathrm{u,PCC}}=K_{\mathrm{d}}d_{\mathrm{u,PCC}} \tag{5-30}$$

式中　$S_{\mathrm{sc,PCC}}$——电力用户和电力公司公共连接点处的短路容量；

$S'_{sc,PCC}$——分布式发电并网系统接入点短路时 PCC 点流向分布式电站并网点的短路容量；

$S'_{sc,PV}$——PCC 点短路时分布式发电并网系统接入点流向 PCC 点的短路容量；

$d_{u,PCC}$——电力用户和电力公司公共连接点处的电压变动限值；

$d_{u,PV}$——分布式发电系统接入点处的电压变动限值。

K_d——电压变动限值折算系数。

考虑同一段母线上其他用电负荷的安全稳定运行，当计算出的分布式发电系统接入点处的电压变动限值 $d_{u,PV}>2d_{u,PCC}$ 时，则 $d_{u,PV}$ 的限值取公共连接点处电压变动限值 $d_{u,PCC}$ 的 2 倍。

(5) 电压闪变限值。

1) 电力用户和电力公司公共连接点处的电压闪变限值。在系统正常运行的较小方式下，电力用户和电力公司公共连接点处的电压长时间闪变值应满足 GB/T 12326—2008 规定的电压闪变限值要求，电压闪变限值见表 5-3。

表 5-3　　电压闪变限值

电压	≤110kV	>110kV
限值	1	0.8

对于单个波动负荷用户在电力系统公共连接点引起的长时电压闪变限值计算方法如下：

首先求出接于 PCC 点的全部负荷产生闪变的总限值 G，其公式为

$$G=\sqrt[3]{L_P^3-T^3L_H^3} \tag{5-31}$$

式中　L_P——PCC 点对应电压等级的长时间闪变值 P_{lt} 的限值；

L_H——上一电压等级的长时间闪变值 P_{lt} 的限值；

T——上一电压等级对下一电压等级的闪变传递函数，推荐为 0.8。不考虑超高压（EHV）系统对下一级电压系统的闪变传递。各电压等级的闪变限值见表 5-3。

然后计算单个电力用户引起的长时电压闪变限值 E_i，其公式为

$$E_i=G\sqrt[3]{\frac{S_i}{S_t}\frac{1}{F}} \tag{5-32}$$

式中　F——波动负荷的同时系数，其典型值 $F=0.2\sim0.3$（但必须满足$\frac{S_i}{F}\leqslant S_t$）；

S_i——单个电力用户协议用电容量，$S_i=P_i/\cos\varphi_i$；

S_t——PCC 点的总供电容量。

2) 分布式发电系统接入点的电压闪变限值。在系统正常运行的较小方式下，电力用户工厂内部分布式电源并网系统接入点处全部负荷产生的电压闪变限值 $P_{lt,PV,all}$，可

计算为

$$P_{\mathrm{lt,PV,all}}=\frac{S_{\mathrm{sc,PCC}}-S'_{\mathrm{sc,PV}}}{S'_{\mathrm{sc,PCC}}}P_{\mathrm{lt,PCC}}=K_{P_{\mathrm{lt}}}P_{\mathrm{lt,PCC}} \tag{5-33}$$

式中　$S_{\mathrm{sc,PCC}}$——电力用户和电力公司公共连接点处的短路容量；

$S'_{\mathrm{sc,PCC}}$——分布式电源并网系统接入点短路时 PCC 点流向分布式电站并网点的短路容量；

$S'_{\mathrm{sc,PV}}$——PCC 点短路时分布式电源并网系统接入点流向 PCC 点的短路容量；

$P_{\mathrm{lt,PCC}}$——在公共连接点处，由该电力用户单独引起的电压闪变限值；

$P_{\mathrm{lt,PV,all}}$——分布式发电系统接入点处全部负荷产生的电压闪变限值；

$K_{P_{\mathrm{lt}}}$——电压闪变传递系数。

考虑同一段母线上其他用电负荷的安全稳定运行，当计算出的分布式发电系统接入点处全部负荷产生的电压闪变限值 $P_{\mathrm{lt,PV,all}}>2P_{\mathrm{lt,PCC}}$时，则 $P_{\mathrm{lt,PV,all}}$的限值取公共连接点处电压闪变限值 $P_{\mathrm{lt,PCC}}$的 2 倍。

分布式电源并网系统单独在接入点处引起的长时电压闪变限值 $P_{\mathrm{lt,PV}}$可计算为

$$P_{\mathrm{lt,PV}}=P_{\mathrm{lt,PV,all}}\sqrt[3]{\frac{S_{\mathrm{PV}}}{S_{\mathrm{t}}}\frac{1}{F}} \tag{5-34}$$

式中　F——波动负荷的同时系数，其典型值 $F=0.2\sim0.3$（但必须满足$\frac{S_{\mathrm{PV}}}{F}\leqslant S_{\mathrm{t}}$）；

S_{PV}——分布式电源并网系统装机容量；

S_{t}——PCC 点总供电容量。

（6）谐波电压限值。

1）电力系统正常运行条件下，电力用户和电力公司公共连接点处的谐波电压应满足《电能质量 公用电网谐波》（GB/T 14549—1993）规定的谐波电压限值要求，公用电网谐波电压（相电压）限值见表5-4。

表 5-4　　公用电网谐波电压（相电压）限值

电网标称电压/kV	电压总谐波畸变率/%	各次谐波电压含有率/%	
		奇次	偶次
0.38	5.0	4.0	2.0
6	4.0	3.2	1.6
10			
35	3.0	2.4	1.2
66			
110	2.0	1.6	0.8

2）电力系统正常运行条件下，电力用户工厂内部中高压分布式发电系统接入点处的谐波电压应满足 GB/Z 17625.4—2000 规定的谐波电压规划水平指标值，MV、HV

和 EHV 谐波电压规划水平的指标值见表 5-5。

表 5-5　MV、HV 和 EHV 谐波电压规划水平的指标值（标称电压的百分数）

非 3 倍次数奇次谐波			3 倍次数奇次谐波			偶次谐波		
谐波次数	谐波电压/%		谐波次数	谐波电压/%		谐波次数	谐波电压/%	
	MV	HV-EHV		MV	HV-EHV		MV	HV-EHV
5	5	2	3	4	2	2	1.6	1.5
7	4	2	9	1.2	1	4	1	1
11	3	1.5	15	0.3	0.3	6	0.5	0.5
13	2.5	1.5	21	0.2	0.2	8	0.4	0.4
17	1.6	1	>21	0.2	0.2	10	0.4	0.4
19	1.2	1				12	0.2	0.2
23	1.2	0.7				>12	0.2	0.2
25	1.2	0.7						
>25	0.2+0.5×(25/h)	0.2+0.5×(25/h)						

3. 用电质量限值计算

（1）谐波电流限值。电力用户和电力公司公共连接点处的全部用户向该点注入的谐波电流分量（方均根值）应满足 GB/T 14549—1993 规定的谐波电流限值要求，注入公共连接点的谐波电流容许值见表5-6。

当公共连接点处的最小短路容量不同于基准短路容量时，表 5-6 中的谐波流量容许值公式为

$$I_h=\frac{S_{k1}}{S_{k2}}I_{hp} \tag{5-35}$$

式中　S_{k1}——公共连接点的最小短路容量，MVA；

S_{k2}——基准短路容量，MVA；

I_{hp}——第 h 次谐波电流容许值，A；

I_h——短路容量为 S_{k1} 时的第 h 次谐波电流容许值。

同一公共连接点的每一个用户向电网注入的谐波电流容许值按此用户在该点的协议容量与其公共连接点的供电设备容量之比进行分配，即同一公共连接点的每一个用户向电网注入的谐波电流容许值的计算公式为

$$I_{hi}=I_h(S_i/S_t)^{1/\alpha} \tag{5-36}$$

式中　I_h——第 h 次谐波电流允许值，A；

S_i——第 i 个用户的用电协议容量，MVA；

S_t——公共连接点的供电设备容量，MVA；

α——相位叠加系数，按表 5-7 取值。

表 5-6 注入公共连接点的谐波电流容许值

标准电压/kV	基准短路容量/MVA	谐波次数及谐波电流容许值/A																							
		2	3	4	5	6	7	8	9	10	11	12	13	14	15	16	17	18	19	20	21	22	23	24	25
0.38	10	78	62	39	62	26	44	19	21	16	28	13	24	11	12	9.7	18	8.6	16	7.8	8.9	7.1	14	6.5	12
6	100	43	34	21	34	14	24	11	11	8.5	16	7.1	13	6.1	6.8	5.3	10	5.8	9	4.3	4.9	3.9	7.4	3.6	6.8
10	100	26	20	13	20	8.5	15	6.4	6.8	5.1	9.3	4.3	7.9	3.7	4.1	3.2	6	2.8	5.4	2.6	2.9	2.3	4.5	2.1	4.1
35	250	15	12	7.7	12	5.1	8.8	3.8	4.1	3.1	5.6	2.6	5.8	2.2	2.5	1.9	3.6	1.7	3.2	1.5	1.8	1.4	2.7	1.3	2.5
66	500	16	13	8.1	13	5.4	9.3	4.1	4.3	3.3	5.9	2.7	5	2.3	2.6	2	3.8	1.8	3.4	1.6	1.9	1.5	2.8	1.4	2.6
110	750	12	9.6	6	9.6	4	6.8	3	3.2	2.4	4.3	2	3.7	1.7	1.9	1.5	2.8	1.3	2.5	1.2	1.4	1.1	2.1	1	1.9

表 5-7　　相位叠加系数

h	3	5	7	11	13	9|>13|偶次
α	1.1	1.2	1.4	1.8	19	2

表 5-7 中，9|>13|偶次为 9～13 的偶次谐波。

(2) 分布式电源并网系统接入中压系统时的谐波电流发射限值。分布式电源并网系统接入中压系统时，分布式电源并网系统向系统接入点注入的各次谐波电流分量（方均根值）应满足《IEEE Recommended Practies and Requirements for Harmonic Control in Electrical Power Systems》(IEEE 519—1993) 规定的谐波电流限值要求，IEEE 519 电流畸变限制值见表 5-8。

表 5-8　　IEEE 519 电流畸变限制值

I_{SC}/I_L	(I_h/I_L)/%——一般配电系统（120V～69kV）					TDD /%
	$h<11$	$11\leqslant h<17$	$17\leqslant h<23$	$23\leqslant h<35$	$h\geqslant 35$	
<20	4.0	2.0	1.5	0.6	0.3	5
20～50	7.0	3.5	2.5	1.0	0.5	8
50～100	10	4.5	4.0	1.5	0.7	12
100～1000	12	5.5	5.0	2.0	1.0	15
>1000	15	7.0	6.0	2.5	14	20

注：同一区间内的偶次谐波电流限值是奇次谐波电流限值的 25%。

(3) 分布式电源并网系统接入低压系统时的谐波电流发射限值。分布式发电系统接入低压系统时，分布式发电系统向系统接入点注入的各次谐波电流分量（方均根值）应满足 IEEE 519—1993 或《电磁兼容 限值 对额定电流大于 16A 的设备在低压供电系统中产生的谐波电流的限制》(GB/Z 17625.5—2003) 规定的谐波电流限值要求。在保证高压侧谐波电流满足谐波电流限值要求的前提下，可选择上述两个标准中限值较为宽松的标准进行评估。GB/Z 17625.5—2003 规定的谐波电流限值分 3 级，内容如下：

第 1 级：简化链接。

低压分布式发电系统发射到供电系统的谐波电流符合表 5-8 的限值规定，则可连接到短路比 $R_{SCe}\geqslant 33$ 的供电系统的任何点。

第 2 级：根据电网和设备参数的连接。

当低压分布式发电系统不符合表 5-9 中的谐波电流发射值，但若短路比 $R_{SCe}>33$，则允许低压分布式发电系统有较高的谐波电流发射值。第 2 级单相、相间及不平衡三相设备的谐波电流发射值见表 5-10。

第 3 级：根据用户协议功率的连接。

第 3 级平衡三相设备的谐波电流发射值见表 5-11。如果低压分布式发电系统不满足第 1 级和第 2 级的条件，或低压分布式发电系统的输入电流大于 75A，则低压供电部门可根据用户协议的有功功率，按表 5-11 中的谐波电流限值进行评估。

表 5－9　第 1 级简化连接设备的谐波电流发射值（$S_{equ} \leqslant S_{sc}/33$）

谐波次数 n	允许的谐波电流 $(I_n/I_1)/\%$	谐波次数 n	允许的谐波电流 $(I_n/I_1)/\%$
3	21.6	21	≤0.6
5	10.7	23	0.9
7	7.2	25	0.8
9	3.8	27	≤0.6
11	3.1	29	0.7
13	2	31	0.7
15	0.7	≥33	≤0.6
17	1.2		
19	1.1	偶次	≤8/n 或≤0.6

注：I_1＝基波电流额定值；I_n＝谐波电流分量。

表 5－10　第 2 级单相、相间及不平衡三相设备的谐波电流发射值

R_{SCe}最小值	谐波电流畸变率/%		各次谐波电流值 $(I_n/I_1)/\%$					
	THD	*PWHD*	I_3	I_5	I_7	I_9	I_{11}	I_{13}
66	25	25	23	11	8	6	5	4
120	29	29	25	12	10	7	6	5
175	33	33	29	14	11	8	7	6
250	39	39	34	18	12	10	8	7
350	46	46	40	24	15	12	9	8
450	51	51	40	30	20	14	12	10
600	57	57	40	30	20	14	12	10

注：1. 相关的偶次谐波分量不能超过 16/n%。
2. 允许相邻的 R_{SCe}各值之间采用线性插值。
3. 对于不平衡三相设备，这些值适合于每一相。

（4）负序电流限值。电力用户注入公共连接点的负序电流应满足

1）负序电流的 95％概率大值满足

$$I_{2,95\%} \leqslant \frac{1.3U_1}{100X_2}$$

2）负序电流的最大值满足

$$I_{2,\max} \leqslant \frac{2.6U_1}{100X_2}$$

式中　X_2——从公共连接点往系统侧看等效的负序阻抗。

（5）功率冲击限值的具体要求。

1）电力用户产生的有功冲击在公共连接点引起的系统频率变化不应超过±0.2Hz，根据冲击负荷性质和大小以及系统的条件也可适当变动，但应保证近区电力网、发电机组和用户的安全、稳定运行以及正常供电。

表 5-11　　第 3 级平衡三相设备的谐波电流发射值

R_{SCe}最小值	谐波电流畸变率/%		各次谐波电流值（I_n/I_1）/%			
	THD	*PWHD*	I_5	I_7	I_{11}	I_{13}
66	16	25	14	11	10	8
120	18	29	16	12	11	8
175	25	33	20	14	12	8
250	35	39	30	18	13	8
350	48	46	40	25	15	10
450	58	51	50	35	20	15
600	70	57	60	40	25	18

注：1. 相关的偶次谐波分量不能超过 $16/n$%。
2. 允许相邻的 R_{SCe}各值之间采用线性插值。

2）电力用户的功率冲击在公共连接点处引起的电压波动应满足限值要求。

3）分布式电源并网系统的功率冲击在分布式发电系统接入点处引起的电压波动应满足限值要求。

（6）功率因数限值的具体要求。分布式发电系统投运后，电力用户和电力公司公共连接点处的功率因数绝对值应不小于 0.9。

5.3.2.2 电能质量评估方法

1. 建立供配电系统运行参数基础资料

通过对测试数据的分析，建立较为完善的“供配电系统运行参数基础资料”，主要包括如下内容：

（1）工厂配电系统图。

（2）配电系统各段供电母线最大和最小短路容量。

（3）计算配电系统各节点处的电能质量限值。

（4）标准工况下，系统频率变化趋势及统计报表。

（5）标准工况下，各供电母线基波电压、电压偏差、三相电压不平衡度、电压变动与闪变、谐波电压等供电电压质量参数变化趋势及统计报表。

（6）标准工况下，主要供电线路基波电流、负序电流、有功功率、无功功率、视在功率、功率因数、谐波电流等用电参数变化趋势及统计报表。

2. 供电质量评估方法

（1）系统频率评估方法，具体如下：

1）根据电力用户与电力公司公共连接点处的系统频率统计报表，评估公共连接点处的系统频率偏差（最大正偏差和最大负偏差）是否满足公共连接点处对系统频率偏差的限值要求。

2）根据分布式发电系统接入点处的系统频率统计报表，评估分布式发电系统接入点处的系统频率偏差（最大正偏差和最大负偏差）是否满足分布式发电系统接入点处对系统频率偏差的限值要求。

（2）电压偏差评估方法，具体如下：

1）根据电力用户与电力公司公共连接点处的电压偏差统计报表，评估公共连接点处的电压偏差（最大正偏差和最大负偏差）是否满足公共连接点处对电压偏差的限值要求。

2）根据分布式发电系统接入点处的电压偏差统计报表，评估分布式发电系统接入点处的电压偏差（最大正偏差和最大负偏差）是否满足分布式发电系统接入点处对电压偏差的限值要求。

（3）电压不平衡度评估方法，具体如下：

1）根据电力用户与电力公司公共连接点处的三相电压不平衡度统计报表，评估公共连接点处的三相电压不平衡度的95%概率大值是否满足公共连接点处对三相电压不平衡度的限值要求。

2）根据分布式发电系统接入点处的三相电压不平衡度统计报表，评估分布式发电系统接入点处的三相电压不平衡度的95%概率大值是否满足分布式发电系统接入点处对三相电压不平衡度的限值要求。

（4）电压波动评估方法，具体如下：

1）根据电力用户与电力公司公共连接点处的电压波动统计报表，评估公共连接点处的最大电压变动和电压变动频度是否满足公共连接点处对电压波动限值要求。

2）根据分布式发电系统接入点处的电压波动统计报表，评估分布式发电系统接入点处的最大电压变动值和电压变动频度是否满足分布式电源系统接入点处对电压波动的限值要求。

（5）电压闪变评估方法，具体如下：

1）根据电力用户与电力公司公共连接点处的电压闪变统计报表，评估公共连接点处的长时电压闪变的95%概率大值是否满足公共连接点处对电压闪变限值要求。

2）根据分布式发电系统接入点处的电压闪变统计报表，评估分布式发电系统接入点处的长时电压闪变的95%概率大值是否满足分布式发电系统接入点处对电压闪变的限值要求。

（6）谐波电压评估方法，具体如下：

1）根据电力用户与电力公司公共连接点处的各次谐波电压统计报表，评估公共连接点处的各次谐波电压的95%概率大值是否满足公共连接点处对谐波电压的限值要求。

2）根据分布式发电系统接入点处的各次谐波电压统计报表，评估分布式发电系统接入点处的各次谐波电压的95%概率大值是否满足分布式发电系统接入点处对谐波电压的限值要求。

3. 用电质量评估方法

（1）谐波电流评估方法，具体如下：

1）根据电力用户与电力公司公共连接点处的各次谐波电流统计报表，评估电力用户注入公共连接点处的各次谐波电流的95%概率大值是否满足公共连接点处对谐波电流的限值要求。

2）根据分布式发电系统接入点处的各次谐波电流统计报表，评估分布式发电系统向接入点处的配电网中注入的各次谐波电流的95%概率大值是否满足分布式发电系统接入点处对谐波电流的限值要求。

（2）负序电流评估方法，具体如下：

1）根据电力用户与电力公司公共连接点处的负序电流统计报表，评估电力用户注入公共连接点处的负序电流的95%概率大值是否满足公共连接点处对负序电流的限值要求。

2）根据分布式发电系统接入点处的负序电流统计报表，评估分布式发电系统向接入点处的配电网中注入的负序电流的95%概率大值是否满足分布式发电系统接入点处对负序电流的限值要求。

（3）功率冲击评估方法，具体如下：

1）根据电力用户与电力公司公共连接点处的功率统计报表，计算电力用户产生的最大有功冲击和最大无功冲击；根据分布式发电系统接入点处的功率统计报表，计算分布式电源并网系统产生的最大有功冲击和最大无功冲击。

2）根据计算的最大有功冲击，计算分布式电源并网系统有功波动引起的系统频率波动，其计算公式为

$$\Delta f=f_N\frac{\Delta P}{S_G}\frac{1}{K_{Gf}+K_{Lf}} \tag{5-37}$$

式中 f_N——系统的额定频率，取 $f_N=50$Hz；

S_G——发电机的总负荷功率，取 $S_G=2000$MVA；

K_{Gf}——发电机的单位调节功率，一般情况下取 $K_{Gf}=20$；

K_{Lf}——负荷的单位调节功率，一般情况下取 $K_{Lf}=1.5$。

3）根据计算的最大有功冲击和无功冲击，计算由功率冲击引起的电压波动，计算公式为

$$d=\frac{R_L\Delta P_i+X_L\Delta Q_i}{U_N^2}\times 100\% \tag{5-38}$$

式中 R_L、X_L——电网阻抗的电阻、电抗分量。

在高压电网中，一般 $X_L \ll R_L$，则

$$d\approx\frac{\Delta Q_i}{S_{sc}}\times 100\% \tag{5-39}$$

式中 S_{sc}——考察点（一般为PCC）在正常较小方式下的短路容量。

（4）功率因数评估方法，具体如下：

根据电力用户与电力公司公共连接点处的功率统计报表，评估电力用户在公共连接点处的平均功率因数是否满足限值要求。

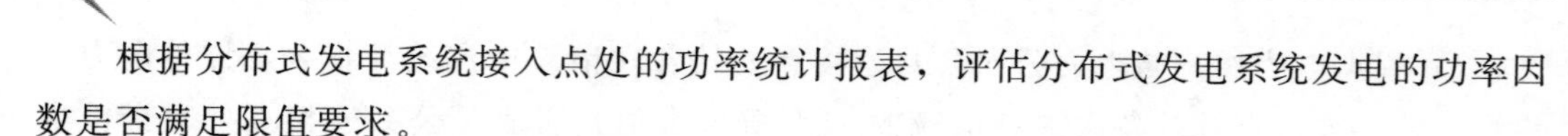

根据分布式发电系统接入点处的功率统计报表，评估分布式发电系统发电的功率因数是否满足限值要求。

综上所述，分布式电源的电能质量中谐波、电压偏差、电压波动和闪变、电压不平衡度、直流分量等需满足国家标准。具体表现为：在谐波方面，分布式电源的公共连接点的谐波注入电流应满足 GB/T 14549—1993 的要求，不应超过表 5-6 中规定的允许值，分布式电源接入后，所接入公共连接点的间谐波应满足 GB/T 24337—2009 的要求；在电压偏差方面，35kV 电压等级的供电电压正负偏差绝对值之和不超过标称电压的 10%，20kV 及以下三相供电电压偏差为标称电压的±7%，220V 单向供电电压偏差为标称电压的+7%、−10%；在电压波动和闪变方面，分布式电源的公共连接点的间谐波应满足 GB/T 12326—2008 的规定，分布式电源单独引起公共连接点处的电压变动限值与电压变动频度、电压等级有关，见表5-2；在电压不平衡度方面，电网正常运行状态下负序电压不平衡度不超过 2%，短时不得超过 4%，接入公共连接点的每个用户引起该点负序电压不平衡度允许值一般为 1.3%，短时不超过 2.6%；在直流分量方面，变流器类型分布式电源接入后，向公共连接点注入的直流分量不应超过其交流额定值的 0.5%。

通过 10(6)～35kV 电压等级并网的分布式电源应在公共连接点装设 A 级电能质量在线监测装置，每 10min 保存一次电能质量指标统计值，监测历史数据应至少保存 1 年，为电能质量评价提供基础数据支撑。当出现数据缺失、数据突变、数据未更新、数据出现逻辑问题等异常现象时，能够及时预警。此外，在数据正常情况下，公共连接点的电能质量不能满足相关标准要求时，也需产生报警信息。

5.4　本章小结

本章较为详细地介绍了分布式发电的功率预测。基于分布式发电调度管理需求和功率预测原理，以分布式光伏发电为例，采用分布式发电网格化功率预测技术，通过分布式光伏的网格划分、样本选取和总出力预测，实现分布式发电的集中网格化功率预测。分布式发电网格化功率预测技术，一方面，可以有效解决分布式发电数据采集难度较大的问题；另一方面，可减少同一片区多点接入的预测成本。

分布式电源的运行分析主要从分布式电源接入配电网承载力评估和风险评估两个方面开展，其中分布式电源接入配电网承载力评估从热稳定、短路电流、电压、谐波等方面做了较为详细的阐述，为电网运行提供理论依据和科学支撑；风险评估是在建立分布式电源风险评估模型的基础上，建立含分布式电源的配电网稳态风险和动态风险模型，以便科学评估分布式发电在配电网中的运行风险。

为掌握接入大量分布式发电在配电网中运行的电能质量状况，提出相应的运行管理方案，开展了对配电网电能质量的分析评估；基于电能质量监测数据分析，依据电压波动、谐波电流等电能质量指标，阐述了含分布式电源的配电网电能质量综合评估方法。

第6章　分布式电源并网运行管理与市场化交易

分布式电源的快速发展对其并网、运行等相关管理提出了更高的要求。与传统的大容量电源、直接并入高电压等级电网不同，分布式电源容量比较小，并接入低电压等级电网，靠近用户侧，且分布式电源形式多种多样，各种类型电源都有自身的运行特性，这将改变传统配电网的运行特性和单一方向的供电模式，对配电网的运行和管理带来显著的影响。从配电网角度出发，应减少分布式电源对配电网的影响，制定完善的分布式电源并网标准体系来规范和管理分布式电源发电；从分布式电源自身出发，希望随时随地自由接入或退出电网，即能即插即用。

为促进分布式电源健康发展，需要加强电网调度运行控制管理，从并网服务、调度运行管理、专业管理及分布式发电市场化交易管理等方面进行分类管控，保障电网和分布式发电的安全稳定和经济运行。

一般情况下，10(6)kV 及以上电压等级的分布式电源由所属地区电力调度控制中心（以下简称“地调”）及以下调度管辖，220/380V 电压等级的分布式电源由所属地区营销部门管辖。除特殊说明以外，本章内容主要介绍 10(6)kV 及以上电压等级的分布式电源并网运行管理。

6.1　分布式电源并网服务与管理

6.1.1　国外典型分布式电源并网管理模式

6.1.1.1　德国模式

德国为鼓励和引导以分布式光伏为主的分布式电源发展，在分布式发电成本和系统占比的不同阶段实行了不同的政策，总体上经历了从鼓励全额上网到鼓励自发自用以及现在鼓励用户安装储能的变化。2000 年第一部可再生能源法规定，分布式电源所发电力强制上网、电网企业全额收购。2004 年，根据光伏发电的特点，将光伏发电全额收购调整为优先接入和优先消纳，并对没有收购的光伏发电量给予补偿。2009 年，随着光伏发电规模的扩大，为减少余电上网、降低配电网改造费用的投入，提高电力系统整体的经济性，德国首次提出鼓励自用的补贴政策，对于容量小于 500kW 项目，鼓励光伏用户自发自用，并给予自用电量补贴高于上网电价补贴。2013 年，德国光伏发电成本已低于用户居民生活用电价格，德国出台用户侧安装储能的激励政策，鼓励用户本地消纳分布式光伏发电。受益于此，德国户用储能市场在近两年得到了快速发展，截至2015 年年底，德国已安装了 1 万余套户用光储系统。2016 年 3 月，德国延长户用光储系统补贴，并只允许用户将光伏峰值功率的 50%倒送电网。

在并网管理方面，德国模式以严格的并网标准、强行经济约束为特征，对分布式电源的并网管理进行了规范，主要包括：

（1）实行严格的并网检测认证，确保分布式电源建设质量和安全运行。德国先后制定发布了《中压配电网并网技术标准》（1～60kV）、《低压配电网并网技术标准》（1kV及以下），分别提出接入中、低压配电网的分布式电源并网技术标准。技术标准非常明确和严格，各项指标均有详细规定，如孤岛保护、短路电流等技术要求，针对不同装机容量的光伏系统提出了详细的调度方式规定，明确了详细的并网调试程序和内容。同时强制要求光伏发电所采用的逆变器必须满足认证标准。对已投产但不符合新认证要求的项目，限期进行整改，否则将停止该项目的并网运行。

（2）采取分类管理思路，制定简洁便捷的管理要求，优化项目管理流程。德国对分布式光伏发电项目采用分类管理，将项目分为小于 5kW、5～50kW、50kW～5MW 三类。不同分类的项目管理流程和要求不同，容量越小，流程越简单，手续越简化。对于小于 5kW 的居民用户光伏发电项目，项目业主不需要地方政府进行环评、审批等手续，只需要办理简单的法人注册流程，就可以直接向电网企业提出项目申请，降低了项目费用，加快了项目建成投产。欧洲光伏咨询机构 PV LEGAL 进行的行业调查显示，对于小型居民用户光伏发电系统，平均的处理流程在 7 周左右。项目并网投产后，经过电网企业和政府部门核定，即可享受可再生能源基金的电价补贴。

（3）强化分布式电源并网的经济性约束，着眼于保证电力系统整体经济性。德国《可再生能源法》（2012 年版）规定电网企业要以“经济的方式”满足光伏发电系统并网要求。德国联邦法院将“经济的方式”定义为：如果配套电网改造投资超过了分布式电源项目本体投资额的 25%，则认为是不经济的，电网企业可拒绝该项目的并网申请，要求重新制订接入系统方案。

（4）根据电网运行需求及时动态修编技术标准。2009 年以来德国低压并网光伏发电规模已达 12GW，导致德国电网频率经常达到 50.1Hz，甚至有时会接近 50.2Hz；按当时技术标准的要求，低压并网分布式电源在系统频率高于 50.2Hz 时将集体脱网，这将严重威胁系统稳定运行；为降低光伏高比例并网情况下系统稳定控制风险，2011 年德国修订了原有分布式电源低压并网标准，增加低压并网分布式电源具有下垂控制功能的要求，从标准制定层面为分布式电源的并网安全运行提供支撑。

6.1.1.2　美国模式

在分布式电源并网管理方面，美国模式以渗透率为抓手、以整体成本引导为特征，对分布式电源实施差异化动态化管理，并将接纳空间等信息对外实时发布，优化电源布局，主要内容包括：

(1) 实行差异化的分布式电源并网管理流程。以科学合理、可操作、强制性、适时修订的渗透率量化指标为抓手，简化并网管理流程，有效避免争议，推动分布式电源健康有序发展。

常规情况下，美国电源并网需要开展复杂严格的接入系统技术审查，一般须经过4～8个月时间。为加快分布式电源并网，美国采取了将渗透率作为判断标准的“简单处理”方式。基于渗透率不宜超过30%的研究成果，在考虑50%安全裕度的情况下，美国《小型电源并网管理办法》(2006版)明确规定，分布式电源渗透率低于15%时，可快速对接入方案进行审查，内容仅包括电能质量、短路电流等几个方面，审查过程不超过30个工作日，无须再对电源、电网和负荷等多方面因素进行详细分析。

(2) 随着分布式电源规模不断扩大和管理经验日趋丰富，美国相应修订了《小型电源并网管理办法》。新修订的《小型电源并网管理办法》针对不同技术类型的分布式电源，实行“更加精细的差异化管理”：考虑到光伏发电与负荷特性匹配度较好，对电网影响较小，拟将分布式光伏发电并网实行快速技术审查的条件，进一步放宽为总的分布式电源渗透率在50%以内；非分布式光伏发电电源并网实行快速技术审查的条件，调整为同时满足非分布式光伏发电电源渗透率在15%以下和总的渗透率在50%以下两个要求。

(3) 采用经济成本引导方式，实现并网成本整体最优，部分电力公司动态发布分布式电源剩余接纳空间，引导优化接入。美国要求分布式电源项目业主承担全部并网成本，包括接网成本和电网改造成本，可引导项目业主从整体最优出发，合理确定并网方式。美国许多州的电力公司，如圣地亚哥、萨克拉门托等，滚动开展准许渗透率计算，定期公布各中低压变电站剩余接纳空间，超出接纳空间的项目业主需要承担较大的电网改造成本。以此来引导项目业主优先在剩余接纳空间较大的地区投资建设分布式电源项目，实现分布式电源与电网协调发展。

(4) 明确严格的并网技术标准，确保公共电网安全稳定。美国注重并网技术标准对分布式电源发展的引导规范作用，制定了完善的分布式电源并网系列技术标准。美国电气与电子工程师学会(IEEE)于2003年提出了最有影响力的IEEE 1547标准。该标准借鉴了IEEE和IEC的诸多标准，诸如IEEE 929、IEEE 519、IEEE 1453，IEC EMC-series6 1000和ANSI C37系列保护标准等。IEEE 1547标准是第一个关于光伏发电、小型风电、燃料电池和储能装置等分布式电源并网运行的系列标准。IEEE 1547标准给出了分布式电源性能、运行、测试等方面的技术要求，以及分布式电源控制、通信、维修等方面的安全要求，将进一步扩展到产品质量、互用性、设计、工程、安装及认证等要求。

6.1.1.3 日本模式

在分布式电源并网管理方面，日本模式以严格规范、细致严谨为特征，对分布式电源实施有明确流程和时间要求的规范化并网运行管理。

日本电力系统利用协会（Electric Power System Council of Japan，ESCJ）负责制定全国所有电力公司的电网发展、规划和运行的规则，发布了并网流程方面的规定。日本光伏发电项目需要经过以下程序：①项目必须得到经济贸易产业省的审批，使用满足特定技术要求的合格技术，包括当地发电设备检测与维修的能力、项目向电力公司供电的计量、发电设施的安装与运行成本必须记录等；②项目开发商与当地电力公司签订购电协议；③电力公司审查后实施并网。

根据规定，电力公司需要在 3 个月内审查并网申请，并向申请者回复并网的可行性、并网工程建设的初步方案、建设成本的概算、需要开发商承担的大致费用和大概时间、开发商需要采取的策略、对发电设备运行的限制条件、对并网发电机组的计划要求（电压、频率、无功支撑等）等内容。

通过对德国、美国及日本典型国家分布式电源并网管理模式调研可知，简化并网流程、严格技术规范是实现高渗透率并网的前提；对不同容量的分布式电源进行分类或差异化管理是实现高渗透率接入后电网管理的有效手段；运行管理逐渐由粗放转为精细是实现高渗透率接入后电网安全的前提。

6.1.2　我国分布式电源并网管理政策法规

目前我国已出台多项政策及文件支持和促进分布式电源的健康发展，如国家电网 2012 年 10 月首次发布《关于印发分布式光伏发电并网方面相关意见和规定的通知》（国家电网办〔2012〕1560 号），从并网服务、并网管理及分布式光伏接入配电网等方面明确并网全过程管理的职责分工，优化并网流程，简化并网手续，提高服务效率，从政策角度为分布式光伏并网提供了依据；2013 年，提出将 10kV 及以上并网的分布式光伏发电纳入电网企业调度管辖范围，并签订并网调度协议，开展接入方案审查、并网调试验收、涉网保护配置、信息采集等相关业务。

2013 年 2 月，国家电网发布《关于做好分布式电源并网服务工作的意见》（国家电网办〔2013〕1781 号），服务范围扩大至含太阳能、天然气、生物质能、风能、地热能、海洋能、资源综合利用发电等类型的分布式电源。随后又发布《国家电网公司分布式电源项目并网服务管理规范》（国家电网营销〔2013〕436 号），分别从国网总部、省、地、县分级明确受理辖区内分布式电源项目并网过程中发展部、运检部、调控中心、经研所、营销部（客户服务中心）等部门管理职责和规范，开展受理申请与现场勘查、接入方案制定与审查、并网工程设计与建设、计量与计费等并网服务管理工作。

2013 年 8 月，南方电网有限公司印发《关于进一步支持光伏等新能源发展的指导意见》（南方电网计〔2013〕84 号），按照简化并网流程、提高服务效率、促进高效利用的原则，对新能源项目并网实行分级管理。对于分布式项目，由电网企业设立绿色通道，由各营业窗口统一受理并网申请，一个窗口对外提供并网服务；对建于用户内部场所、以 220/380V 电压等级接入电网、满足相关技术标准的分布式项目，进一步简化管理，不再签署并网调度协议，在购售电合同中明确调度运行相关内容。

2013 年 11 月，国家能源局印发《分布式光伏发电项目管理暂行办法》（国能新能〔2013〕433 号），规范分布式发电项目规模管理、项目备案、建设条件、电网接入与运行、计量与结算等。南方电网有限公司印发《分布式光伏发电服务指南（暂行）》（南方电网计〔2013〕119 号），分别从并网申请、接入系统方案制定与审查、工程设计与建设、并网验收、并网运行、电费结算等多方面对不同电压等级的分布式光伏并网进行服务。

2014 年 9 月，国家能源局印发《关于进一步落实分布式光伏发电有关政策的通知》（国能新能〔2014〕406 号），指出要建立简便高效规范的项目备案管理工作机制、完善分布式光伏发电接网和并网运行服务、加强配套电网技术和管理体系建设、完善产业体系和公共服务等内容。国家电网发布《关于分布式电源并网服务管理规则的通知》（国家电网营销〔2014〕174 号），在市、县（区）电网企业设立分布式光伏发电“一站式”并网服务窗口，明确办理并网手续的申请条件、工作流程、办理时限，并进行公布。电网企业应按规定的并网点及时完成应承担的接网工程，在符合电网运行安全技术要求的前提下，尽可能在用户侧以较低电压等级接入，允许内部多点接入配电系统，避免安装不必要的升压设备。电能计量表应可明确区分项目总发电量、“自发自用”电量（包括合同能源服务方式中光伏企业向电力用户的供电量）和上网电量，并具备传送项目运行信息的功能。

2016 年 12 月，内蒙古电力公司按照《内蒙古自治区发展和改革委员会转发国家能源局关于印发分布式光伏发电项目管理暂行办法的通知》（内发改能源字〔2013〕2656 号）、《蒙西电网分布式发电项目并网管理办法（试行）》（内电发展〔2013〕167 号）等有关规定印发《分布式发电项目并网服务管理细则（试行）》，在内蒙古地区全面试行开展分布式光伏发电项目并网服务管理。

此外，国家电网还积极制定了分布式电源相关标准，如《小型户用光伏发电系统并网技术规定》（Q/GDW 1867—2012）、《分布式电源接入配电网设计规范》（Q/GDW 11147—2013）、《分布式电源接入电网技术规定》（Q/GDW 1480—2015）、《分布式电源接入配电网测试技术规范》（Q/GDW 10666—2016）等，全方位构建了分布式电源在并网服务、管理模式、技术标准、工作流程等方面规范化服务体系，积极推动分布式电源健康可持续发展。

综上所述，我国在分布式电源并网服务方面，主要内容包括提供快捷、便利的并网服务；加强流程管控、提升服务效率；强化配网建设，及时改造，确保分布式电源无障碍接入；积极制定相关标准，规范服务体系；建立机制，及时拨付补助资金，按期结算等。

6.1.3 分布式电源并网基本要求

1. 基本原则

分布式电源接入配电网的过程中，电网企业应积极为分布式电源项目接入电网提供便利条件，为接入配套电网工程建设开辟绿色通道。分布式电源接入系统工程由项目业主投资建设，由其接入引起的公共电网改造部分由电网企业投资建设（包括随公共电网线路架设的通信光缆及相应公共电网变电站通信设备改造等，西部地区接入系统工程仍执行国家现行规定）。

分布式电源发电量可以选择全部自用、自发自用、余电上网和全额上网等方式，由用户自行决定，用户不足电量由电网提供；上、下网电量分开结算，电价执行国家相关政策；电网企业免费提供关口计量表和发电量计量用电能表。分布式光伏发电、分散式风电项目目前暂不收取系统备用费；分布式光伏发电系统自用电量不收取随电价征收的各类基金和附加。其他分布式电源系统备用费、基金和附加执行国家有关政策。电网企业为列入国家可再生能源补助目录的分布式电源项目提供补助电量计量和补助资金结算服务。电网企业收到财政部拨付补助资金后，根据项目补助电量和国家规定的电价补贴标准，按照电费结算周期支付给项目业主。

2. 基本要求

(1) 分布式电源接入电网前，其运营管理方与电网运营管理部门应按照统一调度、分级管理和平等互利、协商一致的原则签订合同。

(2) 以分布式电源接入配电网后能有效传输电力并且确保电网的安全稳定运行作为并网点的确定原则。

(3) 当公共连接点处并入一个以上的分布式电源时，应总体考虑它们的影响。

(4) 分布式电源接入系统方案应明确用户进线开关、并网点位置，并对接入分布式电源的配电线路载流量、变压器容量、开关短路电流遮断能力进行校核。

(5) 分布式电源可以专线或 T 线方式接入系统。

(6) 分布式电源并网电压等级可根据各电网点接入容量进行初步选择，推荐如下：接入容量在 8kW 及以下时，采用 220V 电压等级单向接入方式；接入容量在 8～400kW 时，采用 380V 电压等级三相接入方式；接入容量在 0.4～6MW 时，采用 10kV 电压等级三相接入方式；接入容量在 5～30MW 以上时，采用 35kV 电压等级三相接入方式。最终并网电压等级应根据电网条件，通过技术经济比选论证确定。若高低两级电压均具备接入条件，优先采用低电压等级接入。

3. 并网标准和规范

(1) 有功功率控制和无功功率/电压调节。分布式电源接入配电网一方面影响电网的电压、频率和短路电流水平；另一方面分布式电源根据保护设置对电网的电压和频率运行水平做出响应。分布式电源电压和频率响应特性能够支持系统电压和频率稳定，同时避免损坏连接的设备。

在有功功率控制方面，主要要求通过 10(6)～35kV 电压等级并网的分布式电源应具有有功功率调节能力，并能根据电网频率值、电力调度机构指令等信号调节电源的有功功率输出，确保分布式电源最大输出功率及功率变化率不超过电力调度机构的给定值，以确保电网故障或特殊运行方式时电力系统的稳定。对 380V 电压等级并网的分布

式电源暂不做要求。

在无功功率/电压调节方面，分布式电源参与电网电压调节的方式包括调节电源的无功功率、调节无功补偿设备投入量以及调整电源变压器的变比，保证并网点处功率因数在某范围区间内。

通过380V电压等级并网的分布式电源，在并网点处功率因数应满足以下要求：同步电机类型和变流器类型的分布式电源应具备保证并网点功率因数在－0.95～0.95范围内可调节的能力；异步电机类型的分布式电源应具备保证并网点功率因数在－0.98～0.98范围内可调节的能力。

通过10(6)～35kV电压等级并网的分布式电源，在并网点处功率因数应满足以下要求：同步电机类型分布式电源接入配电网应保证功率因数在－0.95～0.95范围内连续可调，并参与并网点的电压调节；异步电机类型分布式电源应具备保证并网点处功率因数在－0.98～0.98范围内自动调节的能力，有特殊要求时，可做适当调整以稳定电压水平；变流器类型分布式电源应保证功率因数应能在－0.98～0.98范围内连续可调，有特殊要求时，可做适当调整以稳定电压水平。在其无功功率输出范围内，应具备根据并网点电压水平调节无功功率输出、参与电网电压调节的能力，其调节方式和参考电压、电压调差率等参数应可由电力调度机构设定。

(2) 运行适应性。通过10(6) kV电压等级直接接入公共电网，以及通过35kV电压等级并网的分布式电源，宜具备一定的低电压穿越能力：当并网点考核电压在图6-1中电压轮廓线及以上的区域内，分布式电源不脱网运行；否则，允许分布式电源切出。一般情况下，故障时考核的电压类型为：三相短路和两相短路考核并网点线电压，单向接地短路故障考核并网点相电压。

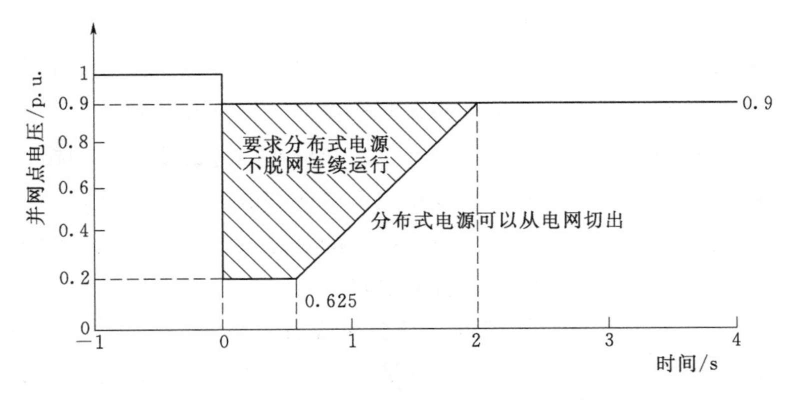

图6-1 分布式电源低电压穿越要求

分布式电源并网点频率在49.5～50.2Hz时，应能正常运行。通过10(6) kV电压等级直接接入公共电网以及通过35kV电压等级并网的分布式电源，宜具备一定的耐受系统频率异常的能力，应能够符合表6-1所示的电网频率范围及要求。

分布式电源并网点稳态电压在标称电压的85%～110%时应能正常运行。通过220/380V电压等级并网的分布式电源以及通过10(6) kV电压等级接入用户侧的分布式电

表6-1　分布式电源的频率范围及要求

频率范围/Hz	要　求
$f<48$	变流器类型分布式电源根据变流器允许运行的最低频率或电网调度机构要求而定；同步发电机类型、异步发电机类型分布式电源每次运行时间不宜少于60s，有特殊要求时，可在满足电网安全稳定运行的前提下做适当调整
$48\leqslant f<49.5$	每次低于49.5Hz时要求至少能运行10min
$49.5\leqslant f\leqslant 50.2$	连续运行
$50.2<f\leqslant 50.5$	频率高于50.2Hz时，分布式电源应具备降低有功功率输出的能力，实际运行可由电网调度机构决定；此时不允许处于停运状态的分布式电源并入电网
$f>50.5$	立刻终止向电网线路送电，且不允许处于停运状态的分布式电源并网

源，当并网点电压U发生异常时，应按表6-2所示方式运行；三相系统中的任一相电压发生异常，也应按此方式运行。

表6-2　电压异常响应要求

并网点电压	要　求
$U<50\%U_N$	分布式电源应在0.2s内断开与电网的连接
$50\%U_N\leqslant U<85\%U_N$	分布式电源应在2s内断开与电网的连接
$85\%U_N\leqslant U\leqslant 110\%U_N$	连续运行
$110\%U_N<U<135\%U_N$	分布式电源应在2s内断开与电网的连接
$U\geqslant 135\%U_N$	分布式电源应在0.2s内断开与电网的连接

注：U_N为分布式电源并网点的额定电压。

3. 安全与保护功能

分布式电源接入低压电网，直接靠近用户侧，人身和设备安全非常重要。因此，分布式电源的并网设备或分布式电源安装附近应有明显的安全标识，如"警告""双电源"等提示性文字和符号，提醒公众注意安全，防止触电事故发生；此外，分布式电源必须在并网点设置易于操作、可闭锁、具有明显断开点的并网断开装置，使得电力设施检修维护人员能目测到开关的位置，确保人身安全。当分布式电源变压器的接地方式与电网的接地方式不配合，就会引起电网侧和分布式电源侧的故障传递问题及分布式电源的三次谐波传递到系统侧的问题，此时，分布式电源的接地方式应和电网侧的接地方式保持一致，并应满足人身设备安全和保护配合的要求。

在保护方面，分布式电源的保护也应符合可靠性、选择性、灵敏性和速动性的要求。分布式电源应配置继电保护和安全自动装置，保护功能主要针对电网安全运行对电源保护设置的要求确定，包括低压和过压、低频和过频、过流、短路和缺相、防孤岛和恢复并网保护。分布式电源不能反向影响电网的安全，电源保护装置的设置必须与电网侧线路保护设置相配合，以达到安全保护的效果。

(1) 电压保护。通过220/380V电压等级并网的分布式电源以及通过10(6) kV电压等级接入用户侧的分布式电源，当并网点处电压超出对应电压范围时，应在相应的时间内停止向电网线路送电，见表6-3。

表 6-3 电压保护动作时间要求

并网点电压	要求
$U<50\%U_N$	最大分闸时间不超过 0.2s
$50\%U_N \leqslant U<85\%U_N$	最大分闸时间不超过 2.0s
$85\%U_N \leqslant U \leqslant 110\%U_N$	连续运行
$110\%U_N<U<135\%U_N$	最大分闸时间不超过 2.0s
$U \geqslant 135\%U_N$	最大分闸时间不超过 0.2s

注：U_N 为分布式电源并网点的电网额定电压；最大分闸时间是指异常状态发生到电源停止向电网送电时间。

通过 10(6) kV 电压等级直接接入公共电网以及通过 35kV 电压等级并网的分布式电源，应满足低电压穿越的要求。

(2) 线路保护。通过 10(6)～35kV 电压等级并网的分布式电源，并网线路可采用两段式电流保护，必要时加装方向元件。当依靠动作电流整定值和时限配合不能满足可靠性和选择性要求时，建议采用距离保护或光纤电流差动保护。

(3) 防孤岛保护。防孤岛保护是针对电网失压后分布式电源可能继续运行且向电网线路送电的情况提出的。孤岛运行一方面危及电网线路维护人员和用户的生命安全，干扰电网的正常合闸；另一方面孤岛运行电网中的电压和频率不受控制，将对配电设备和用户设备造成损坏。对于同步电机、异步电机类型分布式电源，其运行特性已经使其不可能在孤岛情况下运行，无需再专门设置防孤岛保护，电网失压后的切除时间只需要与线路保护相配合即可保证系统安全稳定运行；而变流器类型分布式电源，受其运行控制特性影响，孤岛后有可能继续向电网线路送电，必须设置专门的防孤岛保护，以防止孤岛运行的出现，保证检修人员的人身安全和设备的运行安全，其防孤岛保护需要与电网侧线路保护相配合。变流器的防孤岛控制有主动式和被动式两种，主动防孤岛保护方式主要有频率偏离、有功功率变动、无功功率变动、电流脉冲注入引起阻抗变动等判断准则；被动防孤岛保护方式主要有电压相位跳动、3 次电压谐波变动、频率变化率等判断准则。分布式电源应具备快速监测孤岛且立即断开与电网连接的能力，防孤岛保护动作时间不大于 2s，其防孤岛保护应与配电网侧线路重合闸和安全自动装置动作相配合。

(4) 自动重合闸。通过 10(6)～35kV 电压等级并网的分布式电源采用专线方式接入时，专线线路可不设或停用重合闸；接有通过 10(6)～35kV 电压等级并网的分布式电源的公共电网线路，投入自动重合闸时，宜增加重合闸检无压功能，若不具备则应校核重合闸时间与分布式电源并、离网控制时间是否匹配［重合闸时间宜整定为 $(2+\Delta t)$s，Δt 为保护配合级差时间］。

(5) 恢复并网。系统发生扰动脱网后，在电网电压和频率恢复到正常运行范围之前分布式电源不允许并网。在电网电压和频率恢复正常后，通过 380V 电压等级并网的分布式电源需要经过一定延时时间后才能重新并网，延时值应大于 20s，并网延时由电力调度机构给定；通过 10(6)～35kV 电压等级并网的分布式电源，恢复并网应经过电力调度机构的允许。

4. 启动对电网的影响

分布式电源启动时应考虑当前电网频率、电压偏差状态和本地测量的信号，当并网点电网侧的频率或电压偏差超出规定的范围时，分布式电源不宜启动；同步发电机类型的分布式电源应配置自动同期装置，启动时，分布式电源与电网电压、频率和相位偏差应在一定范围内；分布式电源启动时不应引起公共连接点电能质量超过规定的范围；通过 10(6)～35kV 电压等级并网的分布式电源启停时应执行电力调度机构的指令。

6.1.4　分布式电源并网服务流程

分布式电源接入配电网，如果在调度管辖范围内，电网企业应为分布式电源项目业主提供接入申请受理、接入系统方案制订和咨询等并网服务，与分布式电源项目业主（或电力用户）签署购售电合同、并网调度协议和调度方面的合同。分布式电源项目主体工程和接入系统工程竣工后，电网企业组织并网验收及并网调试，并完成关口计量和发电量计量装置安装服务。对于营销管辖范围内的分布式电源，可进行参考。

（1）接入系统前期。由分布式电源项目业主完成接入系统设计，提交评审申请及接入电网意见函申请，电网企业组织开展分布式电源接入系统方案审定，主要审定内容包括分布式电源接入系统方案和相关参数配置、反馈评审并印发审核意见、审核并出具接入电网意见函。

接入系统方案内容包括分布式电源项目建设规模（本期、终期）、开工时间、投产时间、系统一次和二次方案及主设备参数、产权分界点设置、计量关口点设置、关口电能计量方案等，具体方案可参考《分布式电源接入系统典型设计》。其中，系统一次包括：①并网点和并网电压等级（对于多个并网点项目，项目并网电压等级以其中的最高电压为准）；②接入容量和接入方式；③电气主接线图；④防雷接地要求；⑤无功配置方案；⑥互联接口设备参数等。系统二次包括：①继电保护；②自动化配置要求以及监控；③通信系统要求。

（2）并网工程建设。分布式电源项目业主提供项目建设进度计划，电网企业根据项目工程建设进度，及时开展并网工作。在工程建设中，由电网企业负责公共电网改造工程建设，包括随公共电网线路架设的通信光缆及相应公共电网变电站通信设备改造等。

（3）并网调度协议和购售电合同签署。完成项目和并网工程建设后，分布式电源项目业主可提出并网申请，电网企业确认申请后签署并网调度协议和购售电合同，并报调度机构和交易中心等部门备案。

（4）并网验收和调试。并网验收及并网调试申请受理后，电网企业负责安装关口计量和发电量计量装置。电能计量装置安装合同与协议签署后，电网企业应组织相关部门开展项目并网验收及并网调试，出具并网验收意见，调试通过后并网运行。其中，验收项目应包括检验线路（电缆）情况、并网开关情况、继电保护情况、配电装置情况、检验变压器、电容器、避雷器情况、其他电气试验结果、作业人员资格情况、计量装置情况、自动化系统情况、计量点位置情况。

（5）并网运行。完成项目建设、合同签署、并网检测等流程后，分布式电源可正常并网运行，在并网运行时，分布式电源的运行应服从电力调度机构的统一调度，并提供分布式电源运行监控等相关信息。

（6）并网检测。检测是保证分布式电源主要设备和分布式电源建设质量的主要手段。分布式电源接入配电网的检测点为电源并网点。通过220/380V电压等级并网的分布式电源，应在并网前向电网企业提供由具备相应资质的单位或部门出具的设备检测报告；通过10(6)～35kV电压等级并网的分布式电源，应在并网运行后6个月内向电网企业提供运行特性检测报告。检测内容涵盖有功功率控制和无功/电压调节、电能质量、运行适应性、安全与保护功能、电源起停对电网的影响以及调度运行机构要求的其他并网检测项目。

电网企业在并网申请受理、项目备案、接入系统方案制订、接入系统工程设计审查、电能表安装、合同和协议签署、并网验收和并网调试、补助电量计量和补助资金结算服务中，不收取任何服务费用；由用户出资建设的分布式电源项目及其接入系统工程，其设计单位、施工单位及设备材料供应单位可由用户自主选择。

6.1.5　分布式电源计量与结算

电网企业负责电力用户全部电量的计量和电费收缴，将交易部分电量扣除“过网费”后支付给分布式发电项目单位。目前，电力系统中仪器仪表已经进入自动化和智能化的时代。自动化和智能化特性不仅要求这些仪器仪表，如电能表与传统电表一样具有计量功能，而且还要具有测量、保护、控制、通信等多种功能，以反映电气元件运行状态和控制调节的信息。因此，分布式电源首次接入配电网前，应明确上网电量和下网电量计量点，计量装置能够对电能进行双向计量。计量点设置除应考虑产权分界点外，还应考虑分布式电源出口与用户自用电线路处。电能计量点设置原则应遵循以下规定：

（1）分布式电源采用专线接入公共电网的，电能计量点设在产权分界点。

（2）分布式电源采用T接方式接入公用线路的，电能计量点设在分布式电源出线侧。

（3）分布式电源接入企业（用户）内部电网的，电能计量点设在并网点。

（4）其他情况按照合同执行。

若电能计量装置未安装在产权分界点，应明确线路与变压器损耗的有功与无功电量承担方，还应考虑分布式电源出口与用户自用电线路处。此外，电能计量装置应对双向有功功率和四象限无功功率进行计量，对事件进行记录。用于结算和考核的分布式电源计量装置，应安装采集设备，接入用电信息采集系统，实现用电信息的远程自动采集。

在新电力市场环境下，分布式电源结算系统应充分考虑未来发展的需求，结合我国的国情和网情，借鉴国内外先进的经验和技术，充分利用已有的管理模式和技术资源，统筹规划。应支持与交易系统、计量系统、调度系统等进行数据集成，同时也支持与其他市场进行数据交换与业务衔接。能够面向发电企业、电力用户、售电公司、需求侧响应主体以及电网公司，支持中长期分时曲线、日前交易、实时交易等全周期结算，覆盖电能结算、辅助服务结算、容量结算以及输配电费、服务费、信用金等业务，并且需要满足性能、人机等非功能性要求。因此，分布式电源计量与计算设计内容至少包括计费关口点设置、电能表计配置、计量装置精度、传输信息及通道要求等。

6.2　分布式电源运行服务与管理

6.2.1　国外典型分布式电源调度运行管理模式

6.2.1.1　德国模式

德国模式建立了从法律到技术导则的运行管理规范体系，必要情况下对分布式电源出力实施控制，并促进开展虚拟电厂和需求侧响应，丰富电力公司策略与灵活性，主要内容包括：

(1) 建立了从法律到技术导则的运行管理规范体系，保障运行管理要求的严格实施；通过强制为主、引导为辅的手段，不断加强分布式光伏发电的运行管理。德国对分布式电源运行管理的要求主要体现在《可再生能源法》和具体的中低压电网技术导则里。《可再生能源法》多是总体性要求，具体要求则是中低压电网技术导则进行明确。根据《可再生能源法》(2012 年版)，2012 年 1 月 1 日后投产的小于 100kW 的项目也被纳入监控范围。对不同装机容量的分布式发电机组，采用差异化的运行管理要求。对已投产的分布式发电项目设置过渡期，限时安装测量和监控装置，成本由项目业主承担。同时对电网企业进行出力控制的条件也进行了明确。

(2) 允许电网企业在分布式发电对电网运行产生重大影响或存在安全运行风险时，对光伏发电实施出力控制，并明确出力控制的条件和要求。德国明确了在出现以下几种情况时可实施光伏发电出力控制，包括系统安全运行存在危险、电网过载、出现稳态或动态稳定性问题，存在电力孤岛风险、系统频率过高、设备维修等情况。对于可以预知的出力控制情况，电网企业需至少提前 1 天告知发电企业拟采取的出力控制的预期实施时间、范围及持续时间，并在出力控制措施实施后及时说明出力控制的实际实施时间、范围、持续时间和原因。如果全年采取出力控制的时间不超过 15h，则仅需每年告知一次，要求在下一年 1 月 31 日前完成。

(3) 促进开展虚拟电厂和需求侧的广泛使用。德国的虚拟电厂已经发展了十多年，虚拟电厂是集合不同类型的中小型分布式发电和储能，结合需求侧管理，实行统一的调度和智能控制以在技术和商业两个纬度都可模仿传统大型发电厂的特征功能，从而成为参与电网运行和电力市场的功能单位，是售电公司的重要组成部分和核心成本单元；在可再生能源接入比例达到一定程度后，虚拟电厂再融入可关断负荷就可以极大地丰富售电公司的策略与灵活性，成为建设能源互联网的最关键基础。

6.2.1.2 美国模式

美国模式以渗透率为抓手，对分布式电源实施差异化动态化管理，并开展创新性模式建立支撑平台，主要内容包括：

（1）实行差异化的运行管理要求，发展初期简化要求，高渗透率时强化运行监控要求。加利福尼亚州是美国光伏发电的领头羊，其分布式光伏发电运行管理具有代表性。加州对分布式光伏发电实行分类运行管理：用户侧项目，一般容量为1kW～1MW；接入配电网的公用电站项目，一般容量为1～20MW；接入输电网的公共电站项目，一般容量为20MW以上。与其他大型发电机组类似，对上述第二类、第三类光伏发电系统要求具备保护方案，例如在电网故障时退出运行，其中，对第三类光伏电站要求实时监控，但不对发电机组进行直接控制。目前对于第一类电站缺乏监测和控制手段，出于安全考虑，这些电站在发生系统电压或频率扰动时，要自动断开与电网的连接。

（2）开展创新性模式建立支撑平台，提高运行管理效率。近年来在联邦政府和各州政府多元化的政策支持下，美国光伏发电应用市场开始启动。中小型工商业和家庭用户虽构成了分布式光伏系统的主要用户群体，但光伏系统高昂的初期成本对其形成了初始投资门槛，并且非经营性的家庭固定资产并不具备享受加速折旧税收优惠的条件。在此背景下，以SolarCity为代表的美国光伏电站开发商（服务商）以创新性的长期电力购买协议/租赁商业模式为机构投资者和中小型终端用户建立了衔接平台，开启了美国分布式光伏应用市场的迅猛发展。

6.2.1.3 日本模式

日本相关法律要求九大电力公司收购可再生能源项目发电量，但也规定了可在特定条件下对可再生能源实行出力控制。日本可再生能源上网电价管理法案不只是简单地规定上网电价，还包括与电量收购相关的各项管理规范，其中规定了在下述条件下电力公司可以拒绝收购：在系统供大于求，电力公司已经采取了必要措施时，可对可再生能源实施出力控制，但要求每年对光伏出力控制不能超过30天。

通过对德国、美国及日本典型国家分布式电源调度运行管理模式调研可知，建立完善的运行管理规范体系是保障分布式电源调度运行管理的重要抓手；出于安全考虑，必要情况下，可能会对分布式电源进行出力控制，甚至断开与电网的连接；促进开展虚拟电厂和需求侧等新形式的广泛使用，是分布式电源调度运行管理的有效措施；对不同容量的分布式电源进行分类或差异化运行管理是分布式电源调度运行管理的重要内容。

6.2.2 我国分布式电源调度运行管理政策法规

2011年，国家电网印发《关于〈分布式电源接入配电网测试技术规范〉等标准的通知》（国家电网科〔2011〕1623号），11月起实施《分布式电源接入配电网运行控制规范》（Q/GDW 667—2011），规定了10kV及以下电压等级并网的分布式电源在接入

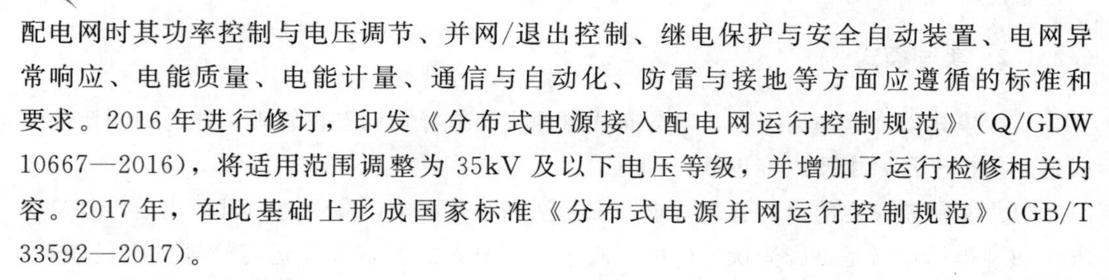

配电网时其功率控制与电压调节、并网/退出控制、继电保护与安全自动装置、电网异常响应、电能质量、电能计量、通信与自动化、防雷与接地等方面应遵循的标准和要求。2016 年进行修订，印发《分布式电源接入配电网运行控制规范》（Q/GDW 10667—2016），将适用范围调整为 35kV 及以下电压等级，并增加了运行检修相关内容。2017 年，在此基础上形成国家标准《分布式电源并网运行控制规范》（GB/T 33592—2017）。

2014 年，国家电网制定了分布式电源在调度运行层面的企业标准，即《分布式电源调度运行管理规范》（Q/GDW 11271—2014），规定了并网运行分布式电源的调度管理要求，明确了分布式电源在并网与调试管理、分布式电源运行管理、分布式电源检修管理、继电保护与安全自动化装置、通信运行与调度自动化等多方面的管理规范。

2015 年，国家电网调控中心印发《国调中心关于印发分布式电源调度管理相关文件的通知》，编制了《分布式电源调度管理工作规定（试行）》和《分布式电源并网调度服务手册示范文本》，进一步细化调控中心在分布式电源调度管理方面的相关工作。

总体而言，现有运行管理的要求主要是从减少业主投资成本、支持分布式电源发展的角度出发，要求相对较低。需要借鉴国外经验，建立全面的运行监测和控制管理体系，确定强制性、差异化的运行管理要求，建立分布式电源调度支持系统等。

6.2.3　分布式电源运行要求

1. 分布式电源运行管理基本要求

分布式电源主要接入地市级配电网范围内，当分布式光伏、风电、海洋能等发电项目总装机容量超过当地年最大负荷的 1%时，应开展短期和超短期发电功率预测，同时对其有功功率输出进行监测。在省级电网层面，分布式电源功率预测主要用于电力电量平衡，在地市级电网层面，分布式电源功率预测主要用于母线负荷预测。分布式电源运行维护方应服从电网企业的统一调度，遵守调度纪律，严格执行电网制定的有关规程和规定。

2. 分布式电源正常运行方式的运行要求

通过 10（6）～35kV 电压等级并网的分布式电源应具备有功功率调节能力，并能根据电网频率值、电网调度机构指令等信号调节电源的有功功率输出，确保分布式电源最大输出功率及功率变化率不超过电网调度机构的给定值，以确保电网故障或特殊运行方式时电力系统的稳定。在无功功率及电压层面，应纳入地区电网无功电压平衡，配电网应根据分布式电源类型和实际电网运行方式确定电压调节方式。接入配电网但不向公用电网输送电量的分布式电源，应加装逆功率保护；当公共连接点电流方向发生变化时，逆功率保护应在 2s 内将分布式电源与配电网断开。

3. 分布式电源事故或紧急控制的运行要求

分布式电源应在保障电网安全的前提下，按照电网指令参与电力系统运行控制。在

电力系统事故或紧急情况下，为保障电力系统安全，电网企业有权限制分布式电源出力或暂时解列分布式电源。10（6）～35kV接入的分布式电源应按配电网指令控制其有功功率；220/380V接入的分布式电源应具备自适应控制功能，当并网点电压、频率越限或发生孤岛时，应能自动脱离电网。

分布式电源因电网发生扰动脱网后，在电网电压和频率恢复到正常运行范围之前不允许重新并网。在电网电压和频率恢复正常后，通过220/380V接入的分布式电源需要经过一定延时时间后才能重新并网，延时值应大于20s，并网延时时间由地市供电公司在接入系统审查时给定，避免同一区域分布式电源同时并网；通过10（6）～35kV接入的分布式电源恢复并网应经过配电网的允许。

6.2.4 分布式电源日常管理

为客观、形象地描述分布式电源日常运行管理，可选用部分技术指标加以描述，含义如下：

（1）“日最大/最小发电出力”是指分布式电源当日发电功率最大值和最小值。

（2）“自发自用，余电上网”是指分布式发电系统所发电量主要由发电用户自己使用、多余电量馈入电网的一种模式。

（3）“上网电量”是指分布式电源通过电能计量点向公共电网输送的电量。

（4）“产权分界点”是指分布式电源电气设备与公共电网的资产分界点。

（5）“出力波动偏差”是指分布式电源某时刻 T 时的发电出力与 $T-1$ 时的发电出力之差。

（6）“同时率”，也称“容发比”，主要是分布式电源发电出力与装机容量的比值。

1. 时间维度管理

时间维度管理是指从不同的时间分辨率出发，对分布式电源运行特性进行分析，包括而不限于分布式电源调度运行日分析与管理、周（旬）分析与管理、月（季）分析与管理、年度分析与管理等，以及和分布式电源运行相关的其他信息。

（1）日分析与管理。以天为单位，分析分布式电源发电情况，如分布式电源日最大/最小发电出力及对应的时刻、分布式电源15min或1h出力波动偏差、分布式电源发电出力占本台区（或母线或变压器）负荷比值的最大值及对应的时刻、分布式电源预测发电出力与实际发电出力对比分析、分布式电源日发电量、分布式电源自发自用电量、分布式电源上网电量；在分布式电源比重较大的地区，如浙江嘉兴、安徽金寨等地，需要分析分布式电源最大同时率及同时率概率分布情况等。

（2）周（旬）分析与管理。以周（旬）为单位，分析分布式电源发电情况，如分布式电源最大发电出力、分布式电源发电出力占本地区负荷比例的最大值、分布式电源周发电量、分布式电源周自发自用电量、分布式电源周上网电量、分布式电源发电量占本地区发电量比例等，以及上述指标对应的同比情况、环比情况等，对分布式电源渗透率较高的地区需要重点、全面地分析。

（3）月（季）分析与管理。以月（季）为单位，分析分布式电源资源情况，包括本地区的气象信息分析，重点关注辐照量、风速、风向、气温、气压、温度等建模输入信息，对本地区的光、风、水等资源的自然属性进行量化评估，分析发电有效利用小时数与资源的关联性；分布式电源发电情况，包括分布式电源月最大/最小发电出力及对应的时刻、分布式电源发电出力占本地区负荷比值的最大值及对应的时刻、分布式电源月发电量、分布式电源自发自用电量、分布式电源上网电量、分布式电源的月度利用小时数、分布式电源最大同时率及同时率概率分布情况分析，以及上述指标对应的同比情况、环比情况等。对于季度而言，重点关注迎峰度夏、迎峰度冬以及春节、国庆节假日等特殊方式下分布式电源的运行分析。

（4）年度分析与管理。以年为单位，分析分布式电源年度整体运行情况，包括各分布式电源新增装机情况、累计装机情况、与规划容量进展情况、分布式电源接入电网承载力评估、分布式电源年度发电量、年度自发自用电量及上网电量、年利用小时数、资源情况及与历史对比分析；分布式电源最大同时率及同时率概率分布情况分析。特殊情况分析，如极端天气事件（如光伏板积雪、风机叶片覆冰等）导致分布式电源发电量受损、功率预测产生较大偏差情况分析等。

2. 空间维度管理

空间维度管理主要从不同地理位置、不同电源类型、不同电压等级和不同统计口径等角度着手，对分布式电源重点地区及主要电压等级进行不同维度的运行分析管理。

（1）不同地理位置分析与管理。以地（县）为单位进行分析，可以从规划和运行两个层面分析不同地区分布式电源接入容量及接入位置情况，包括不同地区分布式电源已接入或规划接入分布式电源容量、不同台区分布式电源接入容量及负荷情况、分布式电源就地消纳及倒送电情况，以及分布式电源分布与风、光、水等资源特点关联性等。

（2）不同电源类型分析与管理。分别以分布式光伏、分散式风电、微型燃气轮机、小水电、分布式储能等为单位，分析不同类型分布式电源在不同区域的分布特性和差异性，计算不同类型分布式电源对用电负荷的贡献率，分析不同类型分布式电源相互间配合关系及其在微电网、虚拟同步机等方面的应用。

（3）不同电压等级分析与管理。分布式电源可以通过 220/380V、10（6）kV、20kV、35kV 等电压等级并网，对于分散式风电，更是可以通过 110kV 并网。一般情况下，电压等级越低，接入单机容量越小，接入数量越多，在管理原则及方式等方面差异越明显。不同电压等级要求的接入方式也不同，供电可靠性、电能质量、通信方式及继电保护等方面也有较大的差异，不同类型的分布式电源接入不同电压等级的规律也会有所不同。因此，电压等级是一个电网调度运行管理中的一项重要参考。

6.2.5　分布式电源运维与检修管理

分布式电源具有数量多、分散广、运行环境多样、设备可靠性相对不高等特点，导致其运维难度增大，未有相对成熟的运维体系和管理机制。目前，分布式电源中分布式

光伏占比接近50%，并仍在快速增长中，分布式光伏发展已初具规模，对电站运维管理需求日益强烈，重点对分布式光伏发电运维管理进行介绍，其他类型分布式电源可同等进行参考。

6.2.5.1　运维要求与内容

分布式光伏发电系统（含户用光伏）的运维是指项目从完成并网验收，到并网发电正常运行后的电气、监控、产品、上网电量分析等，保障发电系统的安全、经济、高效运行。

1. 一般要求

（1）首先应保证系统本身安全，确保系统不会对人员造成危害，并使系统维持最大的发电能力。

（2）系统中的主要部件应始终运行在产品标准规定的范围之内，达不到要求的部件应及时维修或更换。

（3）系统的主要部件周围不得堆积易燃易爆物品，设备本身及周围环境通风散热应良好，设备上的灰尘和污物应及时清理。

（4）系统的主要部件上的各种警示标识应保持完整，各个接线端子应牢固可靠，设备的接线孔处应采取有效措施防止蛇、鼠等小动物进入设备内部。

（5）系统的主要部件在运行时，温度、声音、气味等不应出现异常情况，指示灯应正常工作并保持清洁。

（6）系统中作为显示和交易的计量设备和器具必须符合计量法的要求，并定期校准。

（7）系统运维人员应具备与自身职责相应的专业技能。在工作之前必须做好安全准备，断开所有应断开开关，确保电容、电感放电完全，必要时应穿绝缘鞋，带低压绝缘手套，使用绝缘工具，工作完毕后应排除系统可能存在的事故隐患。

（8）系统运维的全部过程需要进行详细的记录，对于所有记录必须妥善保管，并对每次故障记录进行分析。

2. 运维内容

分布式光伏发电系统（含户用光伏）运维的主要内容涵盖了光伏组件及支架、直流汇流箱、直流配电柜、逆变器、接地与防雷系统、数据通信系统、气象站，以及光伏系统与基础、光伏玻璃幕墙结合部分等。

（1）光伏组件及支架。光伏组件表面应保持洁净无尘，当发电量下降5%甚至更多时，检查是否因表面积尘引起，若因积尘引起，应进行组件清洗；光伏组件应定期检查，若发现下列问题，如光伏组件存在玻璃破碎、背板灼焦、明显的颜色变化，光伏组件中存在与组件边缘或任何电路之间形成连通通道的气泡，光伏组件接线盒变形、扭曲、开裂或烧毁，接线端子无法良好连接，应立即调整或更换光伏组件；光伏组件上的

带电警告标识不得丢失；对于使用金属边框的光伏组件，边框和支架应结合良好，两者之间接触电阻应不大于4Ω，且边框必须牢固接地。

（2）直流汇流箱。直流汇流箱运维应符合以下规定：直流汇流箱不得存在变形、锈蚀、漏水、积灰现象，箱体外表面的安全警示标识应完整无破损，箱体上的防水锁启闭应灵活；直流汇流箱内各个接线端子不应出现松动、锈蚀现象；直流汇流箱内的高压直流熔丝的规格应符合设计规定；直流输出母线的正极对地、负极对地的绝缘电阻应大于2MΩ；直流输出母线端配备的直流断路器，其分断功能应灵活、可靠；直流汇流箱内防雷器应有效。

（3）直流配电柜。直流配电柜运维应符合以下规定：直流配电柜不得存在变形、锈蚀、漏水、积灰现象，箱体外表面的安全警示标识应完整无破损，箱体上的防水锁开启应灵活；直流配电柜内各个接线端子不应出现松动、锈蚀现象；直流输出母线的正极对地、负极对地的绝缘电阻应大于2MΩ；直流配电柜的直流输入接口与汇流箱的连接应稳定可靠；直流配电柜的直流输出与并网主机直流输入处的连接应稳定可靠；直流配电柜内的直流断路器动作应灵活，性能应稳定可靠；直流母线输出侧配置的防雷器应有效。

（4）逆变器。逆变器运维应符合下列规定：逆变器结构和电气连接应保持完整，不应存在锈蚀、积灰等现象，散热环境应良好，逆变器运行时不应有较大振动和异常噪声；逆变器上的警示标识应完整无破损；逆变器中模块、电抗器、变压器的散热器风扇根据温度自行启动和停止的功能应正常，散热风扇运行时不应有较大振动及异常噪声，如有异常情况应断电检查；定期将交流输出侧（网侧）断路器断开一次，逆变器应立即停止向电网馈电；逆变器中直流母线电容温度过高或超过使用年限时应及时更换。

（5）接地与防雷系统。光伏接地系统与建筑结构钢筋的连接应可靠；光伏组件、支架、电缆金属铠装与屋面金属接地网格的连接应可靠；光伏方阵与防雷系统共用接地线的接地电阻应符合相关规定；光伏方阵的监视、控制系统、功率调节设备接地线与防雷系统之间的过电压保护装置功能应有效，其接地电阻应符合相关规定；光伏方阵防雷保护器应有效，并在雷雨季节到来之前、雷雨过后及时检查。

（6）数据通信系统。监控及数据传输系统的设备应保持外观完好，螺栓和密封件应齐全，操作键接触良好，显示读数清晰；对于无人值守的数据传输系统，系统的终端显示器每天至少检查1次有无故障报警，如果有故障报警，应该及时通知相关专业公司进行维修；每年至少对数据传输系统中输入数据的传感器灵敏度进行校验1次，同时对系统的A/D变换器的精度进行检验；数据传输系统中的主要部件，凡是超过使用年限的，均应该及时更换。

（7）气象站。气象站直接辐照计表面洁净无尘、无遮挡，辐照计与太阳直射光垂直无偏差；气象站全辐照计表面洁净无尘、无遮挡；气象站风速计灵活，运行正常，无卡顿、延迟现象；气象站温度传感器工作正常，包装无破损，与其他物体无直接接触。

(8) 光伏系统与基础、光伏玻璃幕墙结合部分。光伏系统应与建筑主体结构连接牢固，在台风、暴雨等恶劣的自然天气过后应普查光伏方阵的方位角及倾角，使其符合设计要求；光伏方阵整体不应有变形、错位、松动；用于固定光伏方阵的植筋或后置螺栓不应松动；采取预制基座安装的光伏方阵，预制基座应放置平稳、整齐，位置不得移动；光伏方阵的主要受力构件、连接构件和连接螺栓不应损坏、松动，焊缝不应开焊，金属材料的防锈涂膜应完整，不应有剥落、锈蚀现象；光伏方阵的支承结构之间不应存在其他设施；光伏系统区域内严禁增设对光伏系统运行及安全可能产生影响的设施。

6.2.5.2 运维中存在的问题

传统的以人工巡检为主要特征的运维管理目前已经逐渐被各种集团集中式运维系统作为支撑，辅以人工现场处理与巡查的模式所取代，现有运维系统的功能也逐渐丰富，人机交互呈现的方法也包括 Web、APP 等多种形式。但现有系统也逐渐呈现出一定的问题，主要体现在以下方面：

(1) 大规模数据接入与存储带来的挑战。目前市场上多数运维系统针对的运维规模一般在兆瓦级，很少涉及千瓦级，而分布式发电在容量上主要以千瓦级为主，缺乏相应的运维管理和支撑系统。此外，分布式电源分布广且分散，数据采集和接入困难，给运维管理带来很大的挑战。在数据存储方面，每兆瓦光伏电站 25 年运行期存储的数据将达到十几到数十太字节级别，并且数据的采集要求还在增加，随着“十三五”期间分布式发电投资规模越来越大，相应的数据存储容量将达到数百太字节以上，目前多数光伏运维系统面临的大量数据接入、存储和分析的问题，且在今后将越来越突出。

(2) 运维系统功能有待提升。光伏电站运维系统以提升光伏电站效率并平衡成本为主要目的，其所涉及的主要功能包括运行监控、生产管理和统计分析等。目前，运维功能在具体确定与实施的过程中难以准确地反映光伏电站运维的具体需求，需针对分布式光伏电站和集中式光伏电站进行具体问题详细分析，做到有的放矢。

(3) 光伏数据传输可靠性低。光伏电站运维系统采集数据量较大，根据统计，平均每兆瓦的数据量将达 400～600 个，如何按照特定的传输周期采集传输数据，如何数据建模，如何做到服务端稳定，不同的系统拥有不同的处理方法，但传输效果与传输稳定性均有待提升。

6.2.5.3 运维管理措施

在新电力市场环境下，急需形成完善的分布式发电运维管理体系，实现对分布式光伏发电运行状态、故障信息、电能质量等信息的一体化有效监测，增加针对分布式光伏发电的运维管理手段。针对大量分布式光伏分散接入配电网带来的运行、管理、维护分散等难题，采用分区域的分布式光伏发电运维管理方式更为高效合理，在每个区域建立区域分布式光伏发电运维管理系统，主要涵盖了数据采集、数据库、支撑平台、功能应用等基础功能，系统框架示意图如图 6-2 所示。

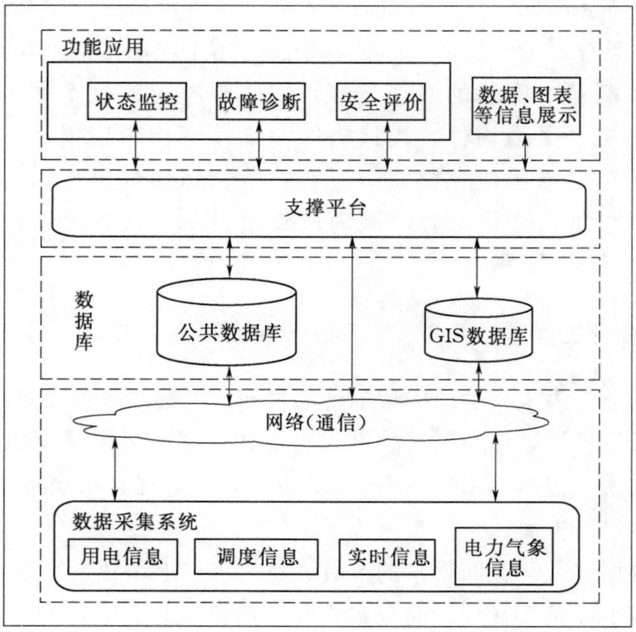

图 6-2　区域分布式光伏发电运维管理系统框架示意图

1. 数据采集

数据采集模块主要为实现与电网其他业务系统的数据交互和相互支撑提供数据接口，接口一方面实现与营销、调度、运行系统等电网企业部门和气象监测系统等电网外部系统的数据互通，方便扩展运维管理系统的数据来源；另一方面通过功能应用模块实现对营销、调度、运行系统的支撑作用，如利用功率预测提高调度运行系统对光伏电站的调控能力。数据采集模块应具备对分布式电源公共连接点、并网点的模拟量（包括电流、电压、有功功率、无功功率、频率等）、状态量（包括开关状态、事故跳闸信号、保护动作信号、异常信号等信息）及其他数据的采集。

2. 数据库

数据库模块主要汇集数据采集模块获取的各类数据信息，包括区域内分布式光伏电站的实时信息、电量信息、故障信息、电力气象信息等，建立区域分布式光伏电站的公共数据库（包括历史数据库和实时数据库），为支撑平台和功能应用模块中的各类功能实现提供数据支撑。

地理信息系统（geographic information system，GIS）是结合地理学、地图学、遥感和计算机等多学科的交叉学科，对地球上存在的现象和发生的事件进行成图和分析，把地图这种独特的视觉化效果和地理分析功能与一般的数据库集成在一起。运维系统将分布式电源上送的位置信息（由 GPS 或北斗定位设备的经纬度信息、海拔信息等）与 GIS 进行融合，可对设备在现实地理场景进行展示，实现设备在地理空间的快速精确定

位和设备真实环境定位的即插即用。

3. 支撑平台

支撑平台模块为运维管理系统提供资源管理平台，包括内、外网数据共享平台，软件构建、模型及数据服务平台等，基于支撑平台针对数据库汇总的各类数据进行综合分类管理和信号过滤，并按照不同分类采用不同时间尺度归纳整理，完成数据的高效存储和交叉检索。

4. 功能应用

功能应用模块主要实现区域分布式光伏状态监控、故障诊断、安全评价三大功能模块，并以数据、图表等形式展示。在状态监控方面，开展区域分布式光伏并网运行和发电数据监测，建立配电网与分布式光伏全景网络，解决两者之间信息不对称问题，通过该功能掌握区域分布式光伏整体运行状况；在故障诊断与预警方面，结合配电网模型，识别包括孤岛、逆功率、电压和电流异常、功率因数异常等故障信息，分析故障条件下分布式光伏与配电网的相互影响，为电网对分布式光伏的管理提供指导信息；在安全评价方面，查找、分析、预测分布式发电在并网过程中可能出现的不安全因素，从不同指标方面进行评估，供用户参考评价。

6.2.5.4 分布式电源检修管理

2017 年，国家电网修订发布通过的 Q/GDW 10667—2016 中增加了分布式电源运维检修相关要求。此外，还制订了《含分布式发电系统的配电网检修管理规程》，明确了中低压分布式电源接入配电网后检修方式安排。

通过 10（6）～35kV 接入配电网的分布式电源，系统侧设备消缺、检修优先采用不停电作业方式；若采用停电作业方式，系统侧设备停电检修工作结束后，分布式电源应按次序逐一并网。有分布式电源接入的配电网，高压配电线路、设备上停电工作时，应断开相关分布式电源的并网开关，且在工作区域两侧接地。有分布式电源接入的低压配电网，宜采取不停电作业方式。电网输电线路的检修改造应综合考虑电网运行和分布式电源发电规律及特点，尽可能安排在分布式电源发电出力小的季节和时段实施，减少分布式电源的电能损失。电网运营管理部门停电检修，应明确告知分布式电源用户停送电时间。由电网运营管理部门操作的设备，应告知分布式电源用户。电网企业调度机构在分布式电源检修管理层面主要遵循以下制度：

（1）严格执行现场勘察制度。由于配电网存在光伏系统等分布式电源，形成双电源或多电源，配电网检修施工现场环境更加复杂，安全风险加大，工作票签发人应组织进行现场勘察。勘察清楚需要停电的范围、保留的带电部位，包括光伏系统等分布式电源设备情况、作业现场的条件、环境及其他危险点、编制预控措施；对危险性、复杂性和困难程度较大的作业项目，应编制组织措施、技术措施、安全措施。

（2）严格执行工作票制度。使用电力线路第一种工作票的，在“安全措施”栏中，应将光伏系统等分布式电源接入电网的断路器（隔离开关）拉开，并在合适的位置挂接地线。

（3）严格执行工作许可制度。配电线路停电检修，工作许可人应在线路可能受电的各方面（含并网光伏系统等分布式电源）都拉闸停电，并挂好操作接地线后，方能发出许可工作的命令。

（4）严格执行工作监护制度。光伏系统等分布式电源并入电网后，配电线路工作应属于《国家电网有限公司电力安全工作规程》规定的“有触电危险、施工复杂容易发生事故的工作”，工作票签发人或工作负责人应增设专责监护人和确定被监护的人员。

停电检修应组织现场勘查，详细掌握停电线路下分布式电源的数量、容量、位置、电压等级、接线方式等。电气设备倒闸操作和运维检修，应严格执行《国家电网有限公司电力安全工作规程》等安全措施要求。在有分布式电源接入的高压配电线路、设备上停电工作时，应断开分布式电源并网点的断路器、隔离开关或熔断器，并在电网侧接地；在有分布式电源接入的低压配电网上停电工作时，至少采取接地、绝缘遮蔽、在断开点加锁、悬挂标识牌等措施之一防止反送电。具体操作如下：

（1）停电。接有光伏系统的配电网，进行配电线路停电作业前，应断开光伏系统与电网连接的断路器和隔离开关；停电设备应有明显的断开点，若无法观察到停电设备的断开点，应有能够反映设备运行状态的电气和机械等指示；可直接在地面操作的断路器、隔离开关的操动机构上应加锁，不能直接在地面操作的断路器、隔离开关应悬挂标示牌。

（2）验电。在停电线路工作地段装接地线前，应先验电，验明线路确无电压。验电时，应使用相应电压等级、合格的接触式验电器。

（3）装设接地线。线路经验明确无电压后，应立即装设接地线并三相短路。各工作班、工作地段和有可能送电到停电线路工作地段的分支线（包括用户）都要验电、装设工作接地线。工作接地线应全部列入工作票，工作负责人应确认所有工作接地线均已挂设完成方可宣布开工。

（4）悬挂标示牌和装设遮栏（围栏）。在一经合闸即可送电到工作地点的断路器、隔离开关及跌落式熔断器的操作处，均应悬挂“禁止合闸，线路有人工作!”或“禁止合闸，有人工作!”的标示牌。

6.3　含分布式电源的调度专业管理

6.3.1　调度专业概述

目前，10（6）kV 及以上电压等级的分布式电源接入配电网后，一般由地区调度（地县一体化）进行统一管理。分布式电源特别是以光伏和风电为代表的不可控电源易

受气象、环境等因素的影响，具有随机性、波动性、可预测性差的特点，导致分布式电源的输出功率不稳定，增加调度难度。因此，有必要对传统调度管理业务进行补充和调整，以满足含分布式电源的电力系统调度运行要求。在传统的电力系统调度专业管理方面，地区级电网主要从调度计划专业（简称“计划”）、运行方式专业（简称“运方”）、调度控制专业（简称“调控”）、继电保护专业（简称“保护”）、调度自动化专业（简称“自动化”）、水电及新能源专业（简称“水新”）等出发，主要职责总体可以划分为：

（1）负责本地区所辖电网的设备监控、计划安排、运行方式、调度控制、继电保护、安全自动装置、电力通信、调度自动化以及新增的水电及新能源等专业管理工作，负责管辖范围内并网电厂（用户变）的调度管理。

（2）负责地区电网负荷预测工作，编制并执行所辖地区电网供电计划和地方电厂发电计划；加强和提升规模不断扩大的风电、光伏等不确定电源的发电功率预测。

（3）负责所辖地区电网直调及许可设备的停电检修及投运调度管理，协助上级调度直调及许可设备的停电检修及投运调度管理。

（4）执行上级调度下达的电网运行方式，编制和执行所辖电网运行方式，包括年、月、周、日以及节日、特殊时期运行方式，参与所辖电网规划、设计、建设、工程项目审查等工作。

（5）负责组织签订调度管辖范围内发电厂及用户的并网调度协议。

（6）负责所辖电网的运行、操作和事故处理，参与事故分析，负责监控范围内设备的集中监视、信息处置和远方操作。

（7）编制事故处理预案和调度管辖范围内继电保护、安全自动装置、电力通信、调度自动化等二次系统的反事故技术措施，负责所辖地区电网电力监控系统安全防护方案的实施。

（8）负责所辖地区电网安全稳定管理和网源协调管理，组织开展地区电网运行风险预警评估，督促并落实运行方式预控措施，负责地区电网无功电压运行管理。

（9）根据用户特点和电网安全运行的需要，编制下一年度本电网（网区）的事故及超计划用电限电序位表，编制本电网负荷侧备用方案。

（10）每年按时向上级调度报送所辖电网主接线图、地理接线图、年度运行方式、继电保护整定方案、应急预案、保电方案和黑启动方案等。

分布式电源接入后，上述专业管理与传统电源一样同等适用于分布式电源。此外，分布式电源接入配电网，电网企业除了积极提供并网与运行服务外，还应增加以下专业管理：一是需要进行本地区风光等分布式电源发电功率预测；二是负责所辖地区电网分布式电源许可设备的停电检修及投运调度管理；三是负责组织签订调度管辖范围内新增的分布式光伏、分散式风电等分布式电源并网调度协议；四是开展分布式电源接入配电网的承载力评估、可靠性评估、风险评估以及继电保护等专题研究；五是为分布式电源管理提供技术支持平台；六是维护基础台账信息，监管电力、电量等运行信息等。

将上述专业管理按照并网前期管理、检修管理、调度运行及自动化系统运维工作等进行细化，见表 6-4。此外，随着分布式发电市场化，还将增加电力电量平衡、电源和偏差电量调整、交易结算系统建设、供电能力评估等方面的专业管理。

表 6-4　　分布式电源并网调度运行各专业分工

并网前期管理	接入评审	初步设计审查	并网工程施工图审查	自动化接入调试	信息验收	现场验收	保护及安自定值
参与专业	水新、运方、保护、自动化	运方、保护、自动化	运方、保护、自动化	自动化	调控、自动化	水新、运方、保护、自动化、调控	保护、运方
并网前期管理	调度协议	设备命名	人员培训	启动方案	启动（涉网）		
参与专业	水新、运方、调控	水新、运方、调控	水新、运方、保护、自动化、调控	水新、运方、保护、调控	运方、保护、调控		
检修管理	计划编制	检修申请单	方式单	调度任务票	调度操作票	下令开工	竣工
参与专业	计划	运方、调控	运方、保护	调控	调控	调控	调控
调度运行	日常监控	无功电压调节	报表统计运行分析	功率预测	故障处理分析	接入站保护管理	接入站安自管理
参与专业	调控	运方、调控、自动化	水新、运方、调控	水新、运方、调控	调控、保护、自动化	保护、调控	运方、保护、调控
自动化系统运维	数据网、二次安防	SCADA 系统	AVC 系统	功率预测系统	安全防护风险评估系统		
参与专业	自动化	自动化	运方、调控、自动化	自动化、运方	自动化		

6.3.2　含分布式电源的调度计划专业管理

调度计划专业包括发输电计划、设备停电计划和用电负荷及风光等新能源的功率预测。调度计划制定须统筹考虑电网安全裕度、电力电量平衡和清洁能源消纳。需要对用电负荷进行日前超期预测，并在日内进行滚动更新，同时对风电、光伏等不确定电源进行功率预测，纳入日前发电计划。分布式电源的接入对调度计划的制订、设备检修停电计划的制订、全网电力电量平衡、全网调峰资源的平衡等调度计划都会产生一定的影响。含分布式电源的调度计划专业主要职责包括但不限于以下方面：

（1）制订年度（月度、周）调度计划，主要包括主要发、输、变电设备检修计划表，各电厂发电量调度计划表，各电厂可调出力、计划出力表，主要新设备投产计划表等。

（2）制订日前调度计划，主要包括本地区预计负荷曲线及全日用电量，电厂有功出力曲线、机组运行、检修、备用及开停机时间，水电及新能源日调度计划，电力交换曲线和全日交换电量，已批准的设备检修停役申请单等，在节日或特殊保电期编制节日或特殊保电期调度计划。

（3）进行本地区负荷预测，包括年、月、周、日、超短期负荷预测及母线负荷预

测，并在调度侧对风光等分布式电源进行功率预测，与并网变电站所在的母线进行负荷等值。

（4）编制日前电能平衡计划，包括日负荷预计曲线、母线负荷预测曲线和本地区非统调电厂出力计划曲线，将集中式新能源及分布式电源纳入日前发电计划，统筹电力电量平衡，优化配置调峰资源。

（5）日前计划安全校核，负责本地区电网日前发电计划和检修计划的量化安全校核，将修正后的日发电计划下达本地区电厂。

（6）负责电网运行风险预警发布并落实职责范围内的预控措施。

分布式电源接入后，在计划专业管理方面主要增加对本地区风光等分布式电源发电功率预测，与并网变电站所在的母线进行负荷等值，将等值负荷作为预测负荷进行电力平衡。在分布式电源发电功率占负荷较大的地区，需要将分布式电源同常规机组一样纳入日前电力电量平衡。在停电计划管理方面，涉及有分布式电源接入的配电网检修处缺等工作，优先安排带电作业计划、采取不停电作业方式。

6.3.3　含分布式电源的调度运行方式专业管理

调度运行方式主要包括辖区内电网运行方式编制、检修停电计划校核、电网潮流计算、无功电压管理、安全自动装置专业管理；对电网的安全稳定运行进行分析并制定控制策略，开展电网风险评估工作，拟定电网安全控制措施；参与电网事故分析，参与新、改、扩建和大修、技改设备启动投运工作等。传统运行方式的主要职责包括以下方面：

（1）负责辖区内电网运行方式专业管理工作，指导电力系统的建设、生产和运行，运行方式是电网规划的重要依据。

（2）运行方式计算分析数据管理，包括发电机组、变压器、输电线路、负荷、无功补偿等计算分析所需的模型及参数管理。

（3）电网正常及计划检修方式下的潮流分布情况、稳定水平情况和短路容量水平，评估电网运行风险，制订运行限额及相应控制要求；组织编写潮流控制预案，年度度夏形势分析报告、重大保供电、节假日运行分析报告。

（4）负责所辖地区电网的安全稳定分析，编制运行方式、稳定限额和安全稳定措施等，配合上级调度完成重大方式专题安全校核，并将稳定计算报告和安全稳定控制措施落实情况报上级调度备案。

（5）根据用户提供的有关资料，对新建或扩建设备进行设备命名及编号，并与相应用户签订调度协议。

（6）根据系统电压情况及时通知调整有关变电站主变分接开关位置，以保证系统电压质量。

（7）统计每月最大负荷及年最大负荷资料，做好负荷特性数据统计、上报工作；根据负荷预测情况对电网的远景规划和发展设计及新建、扩建、改建工程的设计提出意见。

(8) 开展电网风险管理，负责编制并发布月度电网运行方式风险评估表和周电网运行风险预警通知单，做好年度和月度风险报备工作；开展运行方式专业安全性评价工作，提出调整电网运行方式降低输变电线损的措施计划。

(9) 开展风险预警分析，包括停电方式或特殊运行方式下设备 $N-1$ 故障（包括发电机、线路、变压器、母线等设备，含同杆并架线路同时故障）后的系统稳定情况，说明主要风险点；进行风险分析时，应考虑设备 $N-1$ 故障后不能恢复运行的情况。

(10) 根据系统运行情况，为供电可靠率计算提供原始数据，为电网薄弱环节分析提供对策及建议。

(11) 电网无功功率平衡和优化，编制电压曲线，收集电压监测点电压数据，做好电压合格率的计算和上报，重点加强对分布式电源的电压监测。

分布式电源的接入对运行方式的编制、检修停电计划校核、潮流计算、配电网网损计算、系统稳定性评估等运行方式业务都会产生一定的影响，运行方式专业需要重点加强对分布式电源集中地区的电网潮流、运行电压等内容进行局部安全校核，优化运行方式、制定控制策略。分布式电源接入后，运方专业增加负责组织签订调度管辖范围内新增分布式电源并网调度协议；分析分布式电源接入后对配电网电压的影响；开展分布式电源接入配电网的承载力评估、可靠性评估和风险评估等专题计算和分析。

6.3.4　含分布式电源的调度控制专业管理

调度控制专业主要是指调度运行管理，包括电网实时监控管理、在线安全分析管理、监控运行分析管理等内容，由各级调控机构组成。

各级调控机构负责所辖电网的实时运行监控，按调管范围开展电网运行监视、调度倒闸操作、频率调整与联络线功率控制、电压调整与无功控制、异常及事故处理等工作。开展电网实时监控工作如需多个调控机构协调配合时，由所涉及的最高一级调控机构统一指挥、统筹开展。设备监控管理包括设备实时监控管理、变电站集中监控许可管理、变电站设备监控信息及输变电设备状态在线监测信息管理、集中监控缺陷管理及监控运行分析评价管理等内容。

各级调控机构对变电站设备监控信息及输变电设备状态在线监测信息进行审核，按照监控范围组织开展变电站设备监控信息接入及相关传动试验，负责在线监测告警信息的接入及验收管理；运维检修部门负责变电站设备状态归口管理、输变电设备状态在线监测系统建设和运维管理以及站端设备监控信息维护和消缺；信息通信部门负责信息通道的维护和消缺；技术支撑单位负责设备状态在线监测主站系统运维，开展数据分析与设备异常诊断分析。

各级调控机构负责监控运行分析管理，按照监控范围跟踪及统计缺陷处理情况，掌握输变电设备运行状况，定期组织召开监控运行分析例会，分析评价监控运行情况；运维检修部门负责输变电设备运维检修管理和缺陷管理。

在没有分布式电源的情况下，馈线潮流方向是单向的，在分布式电源并网后，电网的潮流模型发生变化，同时分布式电源的可控性较差，加上预测精度有限，导致电网潮流难以预测。在调度员进行调度倒闸操作时对合环、开环电流的估算造成影响，原有的计算方式可能会造成计算不准确，威胁电网设备安全和运行人员人身安全。

同时，由于分布式电源的存在，可能造成电网局部地区形成孤岛，在调度员对停电地区进行送电操作时，需要对停电地区的孤岛进行预判断，避免人身安全威胁以及由孤岛与主网间的电压差和相位差等带来的设备安全隐患。

分布式电源接入对设备集中监控工作会带来一定的影响：一方面，大量分布式电源的接入的同时会带来大量涉网设备的集中监控需求，增大调度员在设备状态在线监测方面的难度和工作量；另一方面，分布式电源的接入会使电网故障形式更为复杂，难以准确判断，导致对设备和网络的故障判断不准确，延长故障恢复时间。

6.3.5　含分布式电源的继电保护专业管理

继电保护专业主要负责调管范围内继电保护设备的保护整定、运行管理、装置管理、技术监督和专业培训，协调厂网间的继电保护工作，通过对设备的调试、整定值计算、反措、定检、缺陷处理等环节，确保保护装置正常健全地运行，为辖区电网安全、稳定、可靠运行提供保障。含分布式电源的继电保护专业职责主要包括但不限于以下内容：

（1）负责调管范围内继电保护及安全自动装置的整定计算及管理工作，协调厂、网间相关继电保护电气设备的整定配合工作。

（2）参与继电保护动作行为分析，负责本地区电网继电保护及安全自动装置统计评价工作，并按要求定期上报计划、分析等报表。

（3）开展分布式电源接入后的重点局部地区及典型案例继电保护整定计算专题研究。

（4）负责收集、整理继电保护运行资料和电气设备的有关参数。

（5）负责编制或修订继电保护年度整定方案。

（6）负责制订继电保护运行管理规定，组织制订或修编年度继电保护运行说明。

（7）负责辖区电网继电保护专业的安全性评价工作。

分布式电源接入后，其保护也应符合可靠性、选择性、灵敏性和速动性的要求。分布式电源应配置继电保护和安全自动装置，保护功能主要针对电网安全运行对电源提出保护设置要求，包括低压和过压、低频和过频、过流、短路和缺相、防孤岛和恢复并网保护等。分布式电源不能反向影响电网的安全，电源保护装置的设置必须与电网侧线路保护设置相配合，以达到安全保护的效果。

6.3.6　含分布式电源的调度自动化专业管理

调度自动化专业主要负责辖区电网调度自动化系统的运行管理、专业管理和设备管理；负责主站系统运行维护；做好各类计量、信息自动化系统的开发和维护工作；为电力生产、调度运行监视、控制及计算分析提供安全、可靠、可用的基础数据、技术支持和应用服务。含分布式电源的调度自动化专业职责主要包括但不限于以下内容：

（1）负责直调范围内调度自动化系统的运行管理、技术管理，负责本级调度自动化主站系统的建设、技术改造和运行维护，负责调管范围内调度自动化系统安全运行及电力监控系统安全防护工作。

（2）调度自动化信息管理。满足调度自动化传输的发用电计划、检修计划、设备参数、调度生产日报数据等非实时信息的格式和传输方式要求，实现网内各调度机构之间实时信息共享；集中监控变电站调度自动化信息应严格按照信息规范要求采集，数据采集范围应涵盖变电站内一次设备、二次设备及辅助设备，满足电网运行和变电站无人值班集中监控的需求。

（3）调度自动化运行管理。调度侧和厂站侧自动化设备运行维护实行 24h 值班制度；及时修改数据库、画面、报表等，确保调度自动化系统反映的电网情况为当前实际状态；机组在正常运行方式下均应参与电网一次调频；各级调度机构和厂站运维单位应针对自动化系统和设备可能出现的故障，制订相应的应急处置预案和处置流程。

（4）调度自动化检修管理。包括计划检修、临时检修和故障抢修。计划检修是指纳入年度计划和月度计划的检修工作；临时检修是指须及时处理的重大设备隐患、故障善后工作等；故障抢修是指由于设备健康或其他原因须立即进行抢修恢复的工作。

（5）调度自动化缺陷管理。运行中的调度自动化系统和设备出现异常情况均列为缺陷，根据威胁安全的程度，分为紧急缺陷、重要缺陷和一般缺陷。

（6）电力监控系统安全防护管理。坚持“安全分区、网络专用、横向隔离、纵向认证”的原则；电力监控系统原则上划分为生产控制大区和管理信息大区，生产控制大区可以分为控制区（安全区Ⅰ）和非控制区（安全区Ⅱ），管理信息大区内部在不影响生产控制大区安全的前提下，可以根据各企业不同安全要求划分安全区；配电网调度自动化系统、电力负荷控制管理系统等系统中采用无线数据采集方式的前置机及终端应当置于安全接入区。

（7）通信通道运行要求。保证自动化通道（包括电力调度数据网络、专线通道等）的传输质量和可靠运行；通信网建设应充分考虑电网备用调度对通信网的业务需求，保证在电网主调通信系统故障或异常时，通信网仍能保证各调度对象至备用调度的通信畅通。

分布式电源接入后，在自动化调度专业管理方面，主要是为分布式电源管理提供技术支持平台和措施，主要包括分布式电源数据采集系统、通信系统、信息监控系统、网络安全防护，以及供调度运行人员参考的分析与展示系统等。

6.3.7　含分布式电源的水电及新能源专业管理

水电及新能源专业（以下简称“水新专业”）指水库调度和新能源调度相关业务，一般在水电和并网新能源达到相当规模的地区才会设置此专业。除管辖大规模的集中式风电、光伏及大型水电站外，目前分布式电源中很多涉及风、光、水等清洁能源，因

此，分布式电源的并网管理、基础信息管理、调度运行分析等均涉及水新专业，水新专业的主要工作职责总体可以划分为以下方面：

（1）监控、指导、考核直调水电厂和直调新能源场站相关调度及自动化系统运行管理。

（2）运行管理本地区的水电、新能源调度应用模块，保障系统稳定、可靠运行，满足水电及新能源调度运行业务的需要。

（3）开展本地区风光资源监测与评估，分析基于资源信息的理论功率计算，分别从调度侧和场站侧开展风电、光伏发电功率短期、超短期预测，并对资源评估结果、功率预测结果和系统数据报送情况进行评价。

（4）向上级调度机构传送重点水电厂、新能源场站的调度相关信息；考核下级调度机构水电、新能源调度应用模块的运行情况，定期发布运行通报。

（5）组织处理影响本地区水电、新能源调度应用模块正常运行的数据通信故障。

水新专业作为可再生能源的主要管理专业，分布式电源的管理成为水新专业重要内容之一。分布式电源接入后，应积极管理调度范围内的分布式电源，维护基础台账信息，监管电力、电量等运行信息，对分布式电源接入、检测、调试、验收以及运行等多方位、全过程加强管控，积极配合其他专业开展相关工作。

6.4　分布式发电市场化交易管理

6.4.1　分布式发电市场化交易背景

随着《中共中央、国务院关于进一步深化电力体制改革的若干意见》（中发〔2015〕9号）的颁布，新一轮电力市场改革正在有序开展。为加快推进分布式能源的发展，国家发展和改革委员会、国家能源局印发《关于开展分布式发电市场化交易试点的通知》（发改能源〔2017〕1901号），将在部分地区开展试点工作，在电力电量平衡和偏差电量调整、交易结算系统建设、供电能力评估等方面对地县调度机构提出了新要求。分布式发电交易试点政策的实施将进一步刺激分布式光伏的快速发展，给配电网运行带来更大的影响，同时将对电网公司经营产生影响。

开展分布式发电与配网内就近电力用户进行交易时，电网企业应承担分布式发电的电力传输并配合有关电力交易机构组织分布式发电市场化交易。分布式发电项目根据各类分布式发电特点和相关政策，既可与电力用户进行电力直接交易，也可委托电网企业代售电，还可采用电网按标杆电价收购模式。

6.4.2　分布式发电市场化交易规则

6.4.2.1　分布式发电交易规模

《关于开展分布式发电市场化交易试点的通知》（发改能源〔2017〕1901号）中对

参与分布式发电市场化交易的项目的规模做了如下限制：

(1) 接网电压等级在 35kV 及以下的项目容量不超过 20MW（有自身电力消费的，扣除当年用电最大负荷后不超过 20MW）。

(2) 单体项目容量超过 20MW 但不高于 50MW，接网电压等级不超过 110kV 且在该电压等级范围内就近消纳。

按照配电网的技术体系，一般最高的电压等级是 110kV，分布式电源馈入配电网的功率不能向 110kV 以上传送。110kV 以上的电压等级是 220kV，如果向 220kV 侧反送功率，应对其按集中式电源管理。

6.4.2.2　分布式发电交易模式

分布式发电市场化交易机制主要包括：分布式发电项目单位（含个人）与配电网内就近电力用户进行电力交易；电网企业（含社会资本投资增量配电网的企业）承担分布式发电的电力输送并配合有关电力交易机构组织分布式发电市场化交易，按政府核定的标准收取“过网费”。考虑各地区推进电力市场化交易的阶段性差别，可采取以下其中之一或多种模式：

1. 直接交易模式

这是分布式发电参与市场的主要模式，分布式发电项目与电力用户进行电力直接交易，向电网企业支付“过网费”。交易范围首先就近实现，原则上应限制在接入点上一级变压器供电范围内。分布式发电项目自行选择符合交易条件的电力用户，并以电网企业作为输电服务方签订三方供用电合同，约定交易期限、交易电量、结算方式、结算电价、所执行的“过网费”标准以及违约责任等。

2. 委托电网企业代售电交易模式

分布式发电项目单位委托电网企业代售电，电网企业对代售电量按综合售电价格（即对所有用户按照售电收入、售电量平均后的电价），扣除“过网费”（含网损）后将其余售电收入转付给分布式发电项目单位。双方约定转供电的合作期限、交易电量、“过网费”标准、结算方式等。该模式主要是考虑有些分布式电源很小［如家庭（个人）屋顶光伏发电（3～20kW)］，或有些项目虽然容量较大，但自己没有能力或不愿花费精力寻找直接交易对象等原因，希望电网公司代理售电。

3. 电网收购交易模式

不参与市场交易的分布式发电项目，电网企业按国家核定的各类发电的标杆上网电价全额收购上网电量，但国家对电网企业的度电补贴要扣减配电网区域最高电压等级用户对应的输配电价。该模式实际上是将电网企业作为分布式电源的购电方，主要考虑该地区已经存在的分布式电源，现在已执行电网企业全额收购，也不一定非要改为前两种，而且在试点完成、全面实行分布式发电市场交易后，如果有的地方依然选择电网企业统一收购分布式发电项目电量的模式，也将允许。还有特殊情况，直接交易的分布式

发电项目失去了与其交易的用户或在就近范围不存在符合条件的交易对象，而所在区域又没有电网代售电模式，则分布式发电项目发电量仍应由电网企业收购。这也是一个兜底方式。对分布式发电项目单位而言，这与现在电网企业按标杆上网电价收购没任何区别；但对电网企业而言，国家在补贴政策上要扣除未承担输电业务的上一电压等级的输电价格，其结果是减少了国家的补贴支出。

根据国家发展和改革委员会发布的《关于2018年光伏发电项目价格政策的通知》（发改价格规〔2017〕2196号），2018年1月1日以后投运的、采用“自发自用、余量上网”模式的分布式光伏发电项目，全电量度电补贴标准降低0.05元，即补贴标准调整为0.37元/(kW·h)（含税）。根据国家发展和改革委员会、财政部、国家能源局联合发布的《关于2018年光伏发电有关事项的通知》（发改能源〔2018〕823号），2018年6月1日起新投运的、采用“自发自用、余电上网”模式的分布式光伏发电项目，全电量度电补贴标准降低0.05元，即补贴标准调整为0.32元/(kW·h)（含税）。采用“全额上网”模式的分布式光伏发电项目按所在资源区光伏电站价格执行。分布式光伏发电项目自用电量免收随电价征收的各类政府性基金及附加、系统备用容量费和其他相关并网服务费。

纳入分布式发电市场化交易试点的可再生能源发电项目建成后自动纳入可再生能源发展基金补贴范围，按照全部发电量给予单位电能补贴。光伏发电、风电度电补贴标准适度降低：单体项目容量不超过20MW的，单位电能补贴需求降低比例不得低于10%；单体项目容量超过20MW但不高于50MW的，单位电能补贴需求降低比例不得低于20%。单位电能补贴均指项目并网投运时国家已公布的标准，单位电能补贴标准降低是针对启动分布式市场化交易试点后建成投运的项目。享受国家度电补贴的电量由电网企业负责计量，补贴资金由电网企业转付，省级及以下地方政府可制定额外的补贴政策。不同发电/交易模式下的结算电价和单位电能补贴见表6-5。

表6-5　不同发电/交易模式下的结算电价和单位电能补贴

发电模式		电网（企业）结算电价部分	单位电能补贴电价部分
自发自用、余电上网		自发自用电价企业约定电价（如工商业电价8.5折），余电上网电价按当地煤电标杆电价	2018年1月1日前投运的，0.42元/(kW·h)；2018年1月1日—5月31日投运的，0.37元/(kW·h)；2018年6月1日后投运的，0.32元/(kW·h)
全额上网		当地脱硫燃煤标杆电价	当地光伏标杆电价－当地脱硫燃煤标杆电价
市场化交易	直接交易	直接交易电价－“过网费”	适度降低10%～20%
	委托电网企业代售电	综合售电价格－“过网费”	适度降低10%～20%
	电网收购	当地脱硫煤标杆电价	适度降低的当地的度电补贴－配电网区域最高电压等级输配电价

6.4.2.3 分布式发电交易“过网费”制定

1. “过网费”标准确定原则

“过网费”是指电网企业为回收电网网架投资和运行维护费用，并获得合理的资产回报而收取的费用，其核算在遵循国家核定输配电价基础上，应考虑分布式发电市场化交易双方所占用的电网资产、电压等级和电气距离。分布式发电“过网费”标准按接入电压等级和输电及电力消纳范围分级确定。

分布式发电市场化交易项目中，“过网费”由所在省（自治区、直辖市）价格主管部门依据国家输配电价改革有关规定制定，并报国家发展和改革委员会备案。“过网费”核定前，暂按电力用户接入电压等级对应的省级电网公共网络输配电价（含政策性交叉补贴）扣减分布式发电市场化交易所涉最高电压等级的输配电价。

2. 消纳范围认定及“过网费”标准适用准则

分布式发电项目应尽可能与电网连接点同一供电范围内的电力用户进行电力交易，当分布式发电项目总装机容量小于供电范围上年度平均用电负荷时，即可认定该项目的电量在本电压等级范围消纳，执行本级电压等级内的“过网费”标准，超过时执行上一级电压等级的“过网费”标准（即扣减部分为比分布式发电交易所涉最高电压等级更高一级的输配电价），依次类推。此时该分布式电源对电网运行的影响已扩大到上一级电压等级范围，已按接入上一级电压等级配电网对待，理应承担上一级电压等级的“过网费”。分布式发电项目接入电网电压等级越低且消纳范围越近，则“过网费”越少。

“过网费”等于电力用户接入电压等级对应的输配电价减去分布式发电市场化交易所涉最高电压等级输配电价。例如，某电力用户以 10kV 电压等级接入电网，一个 5MW 分布式发电项目接入该 10kV 线路所在变电站的高压侧（35kV），则“过网费”等于 10kV 输配电价减去 35kV 输配电价；若一个 30MW 分布式发电项目接入 35kV 侧，但功率已超过该电压等级供电范围平均用电负荷，则“过网费”等于 10kV 输配电价减去 110kV 输配电价。

6.4.2.4 分布式发电市场化交易准入机制

分布式发电市场准入主体主要包括发电单位、电力用户、电网企业。在直接交易模式中，发电单位也参与售电。参与电力交易的分布式发电单位，其分布式发电项目需要在试点区域内接入电网，且各项手续齐全，按照自愿原则参与电力交易。

符合准入条件的分布式发电项目，需向能源主管部门备案并经电网公司（省电力交易中心）进行技术审核，在分布式发电交易平台登记后进行交易。

电网企业可接受发电项目委托，对电力进行代售。接受委托的电网经营范围包含售电、配售或电力供应等业务。

参与电力交易的电力用户应为符合国家产业政策导向、环保标准和市场准入条件的，用电量且负荷稳定的企业或其他机构。电力用户不得是失信被执行人，且在电网结算方面不得有不良记录。

6.4.3 分布式发电市场化交易对电网运行管理带来的挑战

分布式发电市场化交易中电网企业需提供以下服务：

(1) 电网企业对分布式发电的电力输送和电力交易提供公共服务，只向分布式发电项目单位收取政府核定的“过网费”。

(2) 依托电力交易中心或市（县）级电力调度机构或社会资本投资增量配电网的调度运营机构建设分布式发电市场化交易平台。

(3) 电网企业及电力调度机构负责电力电量平衡和偏差电量调整，确保电力用户可靠用电以及分布式发电项目电量充分利用。

(4) 电网企业负责交易电量的计量和电费收缴，交易平台负责按月对分布式发电项目的交易电量进行结算。

分布式发电及市场化交易改变了电网现有的运营方式。电网企业作为电力生产、输送和使用的公共平台，需要提供分布式电源并网运行、输电以及保障电力用户可靠用电的技术支持，提供发用电计量、电费收缴等服务。

因此，分布式发电市场化交易将对电网的调控管理带来以下挑战：

(1) 分布式发电市场化后，将会极大地刺激分布式电源出现大幅度增长，对配电网接纳分布式电源能力及评估管理带来了巨大挑战。

(2) 分布式电源的大幅增长将大幅增加电网企业地县调度业务的范围及深度，如何开展交易平台建设，有力支撑电量平衡、电量偏差调整、交易结算等业务开展成为电网企业调控管理的困难和挑战。

(3) 在专业队伍方面，我国电力市场方面人才相对匮乏，在分布式发电市场化交易层面更是捉襟见肘。新一轮的电力市场化改革、新兴形式呈现的分布式发展，都将给电网企业的调控管理带来较大挑战。

(4) 在基础理论研究层面，分布式发电市场化对配电网电力平衡管理及技术支撑建设提出更高要求，如何建立配电网安全校核机制，开展分布式光伏功率预测、有源配电网优化控制等基础研究将对市场化的开展和电网企业的管理带来深层次的影响和挑战。

为此，电网企业应积极开展相关工作，积极主动应对上述挑战。当然，这将会增加电网企业的运营成本，特别是分布式发电交易不支付未使用的上一级电压等级的输电价格，与全部由电网企业供电相比，这部分电量对应电网企业的售电（或输配电价）收入就会减少。分布式发电市场化交易改革给电网企业增加的成本是多因素共同作用下的一个综合结果，如何计算这一成本增加量，需要在交易试点中监测评估并逐步厘清，最终计入核定区域输配电价的总成本予以回收。

6.5　本章小结

分布式电源接入电网时对并网运行管理提出了新的要求。针对分布式电源建设快、投入小的特点，需要建立简捷而有效的并网管理流程。分布式电源接入配电网会带来诸多影响，要求建立完善的并网技术标准，加强分布式电源的运行管理，确保电网和分布式电源的安全稳定和经济运行。

本章首先介绍了国外典型的分布式发电并网、调度运行和管理。结合国内分布式电源并网服务、并网管理及接入配电网等全过程管理的职责分工，从政策上为分布式电源并网提供依据。在调度运行管理方面，归纳分布式电源在正常、事故或紧急控制运行方式下的基本管理要求；此外，还分别从时间、空间等多个维度进一步规范分布式电源调度日常运行管理；考虑到分布式电源规模的扩张，以及其分散广、运行环境恶劣、设备可靠性不高、运行管理工作量大等特点，详细介绍了分布式电源运维管理。在专业管理层面，不可控的分布式电源因其易受气象环境等因素的影响及输出功率的随机性、波动性、可预测性差等特点，调度困难。因此需对传统调度管理业务进行补充或调整。在分布式发电市场化交易管理方面，国外相对成熟，国内仍在起步阶段，分布式发电市场化程度不高，管理模式有待补充和创新。与此同时，分布式发电市场化交易对电网企业调控管理也带来了严峻的挑战。

综上所述，相对于传统电网，分布式电源作为正在蓬勃发展的新兴事物，其高速发展大大增加了电网并网管理难度。迄今为止还缺乏系统化的分布式电源发电并网管理相关规程、规定及相关系列标准，业务管理尚处于探索实践和不断完善阶段。随着分布式电源的大量接入，亟需加强发电业务管理，为相关从业人员提供分布式发电建设及运行管理支撑。

参考文献

［1］ 中华人民共和国国家质量监督检验检疫总局，中国国家标准化管理委员会．GB/T 33592—2017 分布式电源并网运行控制规范［S］．北京：中国标准出版社，2017.

［2］ 中华人民共和国国家质量监督检验检疫总局，中国国家标准化管理委员会．GB/T 33593—2017 分布式电源并网技术要求［S］．北京：中国标准出版社，2017.

［3］ 国家能源局．NB/T 33010—2014 分布式电源接入电网运行控制规范［S］．北京：中国标准出版社，2014.

［4］ 国家能源局．NB/T 32015—2013 分布式电源接入配电网技术规定［S］．北京：中国标准出版社，2013.

［5］ 国家电网公司．Q/GDW 1480—2015 分布式电源接入电网技术规定［S］．北京：中国电力出版社，2015.

［6］ 国家电网公司．Q/GDW 11271—2014 分布式电源调度运行管理规范［S］．北京：中国电力出版社，2014.

［7］ 蒋丽萍，李琼慧，黄碧斌，等. 中国分布式电源与微电网发展前景及实现路径［M］. 北京：中国电力出版社，2017.

［8］ 李瑞生. 分布式电源并网运行与控制［M］. 北京：中国电力出版社，2017.

［9］ 赵波. 大规模分布式光伏电源接入配电网运行与控制［M］. 北京：科学出版社，2017.

［10］ 国网浙江省电力有限公司嘉兴供电公司. 分布式光伏发电技术及并网管理［M］. 北京：中国电力出版社，2018.

第7章　分布式电源并网数据采集与监测

分布式电源并网数据采集与监测涉及分布式电源并网运行管理数据需求、数据采集规约、统一信息模型、数据通信、调度信息接入、安全防护和并网监测等诸多方面，是分布式电源的生产管理与运行分析提供技术支撑，也是分布式电源有效利用和保障配电网安全、可靠运行的重要基础。

7.1　分布式电源并网运行管理数据需求

分布式电源运行管理需要具备以下功能：

（1）分布式电源运行监控，支持对分布式电源的全局监视和实时就地控制，以及主要运行数据存储。

（2）实现模型和数据的统一管理和按需使用，为分布式电源并网运行管理的分析决策提供完备的数据模型和准确的实时数据。

（3）创建对分布式电源的监控、运维、评估、优化、报表等为一体的管理平台，对分布式电源并网运行数据进行集中采集和统一管理；通过对分布式电源并网运行数据的分析评估，提出优化运行策略，整体提升分布式电源并网运行效率。

（4）构建通信方案，支持本地、异地无差别监视控制。

7.1.1　运行数据采集

7.1.1.1　采集数据范围

1. 并网数据采集

从分布式电源并网运行的角度，主要采集分布式电源的并网点数据，采集的数据包括但不限于以下内容：

（1）分布式电源并网点的有功功率、无功功率、电压、电流、功率因数。

（2）分布式电源并网点的正向有功、反向有功、正向无功、反向无功电量值、分费率示数等。

（3）升压变压器高、低压侧的有功功率、无功功率、电压、电流、功率因数。

（4）汇集线路的有功功率、无功功率、电压、电流、功率因数。

（5）各电能表的事件记录。

（6）分布式电源各类开关位置信号及关键故障告警信号。

对于10（6）～35kV接入的分布式电源，一般需要实时采集分布式电源站并网运行信息和分布式电源本体运行信息，主要包括并网设备状态、并网点电压、电流、有功功率、无功功率、发用电量以及分布式电源的有功功率、无功功率及其关键运行参数等。

对于220/380V接入的分布式电源，一般由用电信息采集系统（或电能量采集系统）实时采集并网运行信息，主要包括每15min的电流、电压和发电量信息。条件具备时，分布式电源应具备上传及控制并网点开关的能力。

2. 各类型电源运行数据

对于不同类型的分布式电源，还可以采集其个性化的运行数据。

（1）分布式光伏发电，包括以下内容：

1）气象信息：总辐射、直接辐射、散射辐射、温度、湿度等信息。

2）光伏逆变器信息：运行状态及关键告警信息，直流侧电压、电流、功率，交流侧电压、电流、功率、频率，日发电量、总发电量，启停机控制、功率调节控制等。

（2）分散式风电，包括以下内容：

1）气象信息：风速、风向、温度、湿度等信息。

2）风机信息：运行状态及关键告警信息，风电机组并网点交流侧电压、电流、功率、频率，日发电量、总发电量，风轮转速、叶片变桨角度、风轮偏航角度、电机温度，启停机控制、功率调节控制等。

（3）分布式储能，包括以下内容：

1）储能变流器信息：运行状态及关键告警信息，直流侧电压、电流、功率，交流侧电压、电流、功率、频率，日发电量、日充电量、总发电量、总充电量，启停机控制、功率调节控制等。

2）电池组信息：电池总电压、总电流、剩余电量（state of charge，SOC）、蓄电池容量等。

（4）小水电，包括以下内容：

1）小水电机组信息：运行状态及各类告警信号，有功功率、电压、电流，启停机控制等。

2）电能量信息：有功电量、需量等。

3）水情信息：主要采集水位信息，另外在各个地区结合所在的中小水电站设置1～2个雨量站测量雨量信息。

7.1.1.2　采集数据频度

1. 220/380V电压等级

针对以220/380V电压等级并网的分布式电源，一般由低压采集设备（或末端感知终端）、负控终端等设备汇集并实现数据采集上传，采集数据主要包括：

（1）电量数据。每日00：00（24h周期）冻结上传。

（2）事件类数据。由采集终端当地存储，并响应采集主站端的召唤实现上传。

2. 10kV及以上电压等级

针对以10kV及以上电压等级并网的分布式电源，根据接入方式的不同，数据采集频度也有所不同。

（1）对于采用调度数据网接入的分布式电源，其并网点和分布式电源本体运行数据实时接入调度系统的实时控制区；其电能量数据和事件信息接入调度系统的非实时控制区，具体的数据采集频度由调度机构确定。

（2）对于采用无线方式接入的分布式电源，其并网点和分布式电源本体的运行数据、告警与事件信息一般以固定周期（如5min）采用自定义规约的方式实现数据上传；其电能量数据经用电采集系统实现上传，上传周期与220/380V电压等级并网的分布式电源类似。

7.1.2　管理数据采集

分布式电源管理数据主要是指分布式电源静态信息，便于对分布式电源信息的掌握和管理。以分布式光伏发电为例，至少应提供以下公共信息：

（1）分布式光伏电站基础信息：场站名称、资产属性（企业法人名称）、装机容量、接入电网名称、并网电压等级、电站经纬度及海拔、并网模式（与电力用户进行电力直接交易、委托电网企业代售电、全额上网）、投产或拟投产日期（分期时需要多个投产日期）、设计利用小时数等。

（2）技术参数：光伏组件型号、逆变器型号及性能参数等。

（3）涉网一次设备保护、并网线路及母线保护图纸及相关技术资料。

（4）分布式光伏电站升压站一次、二次设备参数，图纸及保护配置资料。

（5）调度自动化设备（远动通信装置、电能量远方终端和调度数据网及二次系统安全防护设备）配置、信息接入资料。

（6）调度自动化信息上传通道和通信规约情况。

7.2　数据采集规约形式

分布式电源运行管理所涉及的自动化设备种类繁多，不同控制单元之间的数据没有统一形式，信息交互相对困难，也不利于分布式电源运行管理相关控制系统未来的升级改造或者扩展。

目前我国分布式电源数据采集及数据上传常用的规约形式主要有循环远动（cyclic data transmission，CDT）规约、DL/T 645规约、IEC 60870-5-103规约、Modbus规约、IEC 60870-5-101/104规约等，其中使用最广泛的通信协议是IEC 60870-5-104协议（简称104协议），其具有数据流量大、可网络传输、实时性高、可靠性好等

优点。然而，104 协议是平面化的，它将通信规则和传输信息的语义组合在一起，104 通信标准的功能不是成体系的完备结构，它不能离开通信规则而独立存在。104 协议是面向点的数据，无法满足对分布式电源设备快速集成与灵活控制的要求。因此，在实际的应用中，应结合多种规约，发挥其各自优势，优化分布式电源数据采集。

下面对各种不同的通信规约进行简要介绍。

7.2.1 CDT 规约

CDT 是在采用传统远动规约的"主站—子站"通信系统中，调度中心和变电站通信的一种通信规约。CDT 规约采用平衡传输模式，即两端都可以主动发起通信，无论主站有无数据需求，子站都按固定模式周期性往主站发送数据。

目前 CDT 规约主要应用于部分分布式电源站内的小电流接地选线设备以及直流屏，但应用相对较少。

7.2.2 DL/T 645 规约

《多功能电能表通信规约》(DL/T 645) 是针对电表通信而制定的通信协议，主要有两个版本，分别是 DL/T 645—1997 和 DL/T 645—2007，1997 代表的是 1997 年制定的协议，2007 则是 2007 年修正后的协议，主要用于分布式电源站内的计量数据采集。

7.2.3 IEC 60870-5-103 规约

IEC 60870-5-103 串口规约，采用异步字节传输帧格式，是继电保护设备信息接口配套标准（串口数据传输），主要用于分布式站内继电保护等装置的数据采集。103 网口通信报文格式与串口 103 区别不大，只是在通信设置上区别明显，也作为微机保护的通信规约。

7.2.4 Modbus 规约

Modbus 已经是工业领域全球最流行的规约。此规约支持传统的串口链路 RS232、RS422、RS485 和以太网设备，且可靠性好，因此许多工业设备包括 PLC、DCS、智能仪表等都在使用 Modbus 规约作为他们之间的通信标准。分布式电源站中 Modbus 规约主要应用在分布式电源站内各个发电单元（如光伏发电单元、储能单元等）的数据采集装置与设备［如光伏逆变器、汇流箱、储能变流器和储能电池管理系统（battery management system，BMS）等］之间的通信。

7.2.5 IEC 60870-5-101/104 规约

《远动设备及系统第 5-101 部分　传输规约基本远动任务配套标准》(IEC 60870-5-101) 通信规约功能强大、适用面广，在不同设备间通信转换以及传输过程中的安全性、可靠性得到了普遍认同及广泛应用。该规约为电网自动化、通信设备间通信规约的

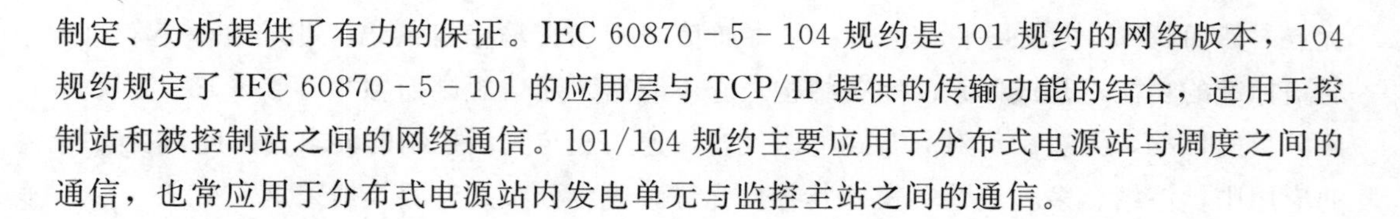

制定、分析提供了有力的保证。IEC 60870－5－104 规约是 101 规约的网络版本，104 规约规定了 IEC 60870－5－101 的应用层与 TCP/IP 提供的传输功能的结合，适用于控制站和被控制站之间的网络通信。101/104 规约主要应用于分布式电源站与调度之间的通信，也常应用于分布式电源站内发电单元与监控主站之间的通信。

7.3　分布式电源统一信息模型

电力企业自动化系统与网络系列标准（IEC 61850）是应用于水电站、分布式能源（distributed energy resource，DER）以及变电站自动化等领域信息建模与交互的国际标准，使用面向对象的方法，利用统一的通信模型对数据进行格式化处理，从而实现分布式电源不同供应商设备之间的自由通信，通过对分布式电源信息进行抽象化、模型化、标准化，实现各设备之间的相互通信，使各设备之间具有互联性、互操作性和可扩展性，目前已经被广泛应用于变电站自动化系统。该标准专门面向分布式电源的监控系统通信，对分布式电源数据模型、数据交换模型、消息映射做了详细约定。IEC61850 通信信息建模主要集中于 IEC 61850－7－1、IEC 61850－7－2、IEC 61850－7－3 和 IEC 61850－7－4，采用 IEC 61850 标准已等同采用国内标准《电力自动化通信网络和系统》（DL/T 860）。

7.3.1　信息建模概览

7.3.1.1　数据采集

数据信息模型对在不同的设备和系统间交换的数据提供标准的名称和结构。用于开发 DL/T 860 信息模型的层次结构如图 7－1 所示。

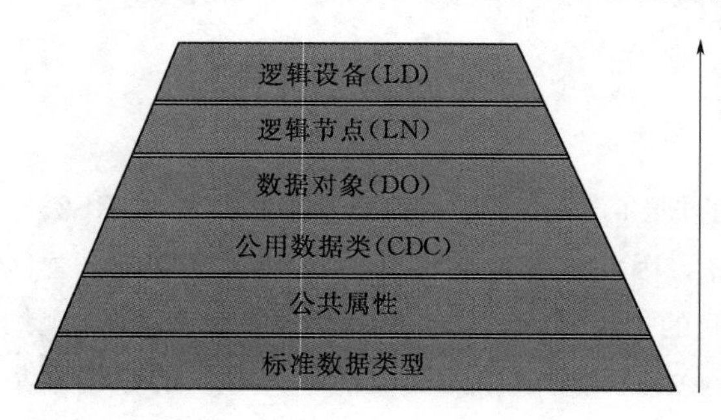

图 7－1　信息模型的层次结构

按照从下向上的过程描述如下：

（1）标准数据类型。布尔量、整数、浮点数等通用的数值类型。

（2）公共属性。可以应用于许多不同对象的已经定义好的公共属性，例如品质属性。

（3）公用数据类（CDC）。建立在标准数据类型和已定义公共属性基础之上的一组预定义集合，例如单点状态信息（SPS）、测量值（MV）以及可控的双点（DPC）。本质上，这些公用数据类（CDC）用于定义数据对象的类型或格式。这些公共数据类（CDC）在《电力自动化通信网络和系统　第 7－3 部分：基本通信结构公用数据类》（DL/T 860.73—2013）加以定义。公用数据类（CDC）中定义的所有量的单位必须与 SI 单位（国际单位制）一致，在 DL/T 860.73—

2013 中有这些单位的列表。

(4) 数据对象 (DO)。与一个或多个逻辑节点相关的预先定义好的对象名称。它们的类型或格式由某个公用数据类 (CDC) 定义。

(5) 逻辑节点 (LN)。预先定义好的一组数据对象的集合，可以服务于特定功能，能够用作建造完整设备的基本构件。逻辑节点的例子如下：MMXU 提供三相系统所有的电气测量（电压、电流、有功、无功、功率因数等）；PTUV 用于欠压保护的电压部分的建模；XCBR 用于表示断路器的短路跳闸能力。

(6) 逻辑设备 (LD)。设备模型由相应的逻辑节点组成，为特定设备提供所需的信息。例如，断路器可以由以下逻辑节点组成：XCBR，XSWI，CPOW，CSWI 以及 SMIG。任何标准文件都没有直接定义逻辑设备的组成，因为对于同一种逻辑设备，不同的产品和不同的实现方式能够使用不同的逻辑节点的组合。

7.3.1.2 逻辑设备概念

控制器或服务器包含用于管理相关设备的 DL/T 860 逻辑设备模型。这些逻辑设备模型由一个或多个物理设备模型以及设备所需的所有逻辑节点组成。逻辑设备、逻辑节点、数据对象、公用数据类之间的关系示例如图 7-2 所示。

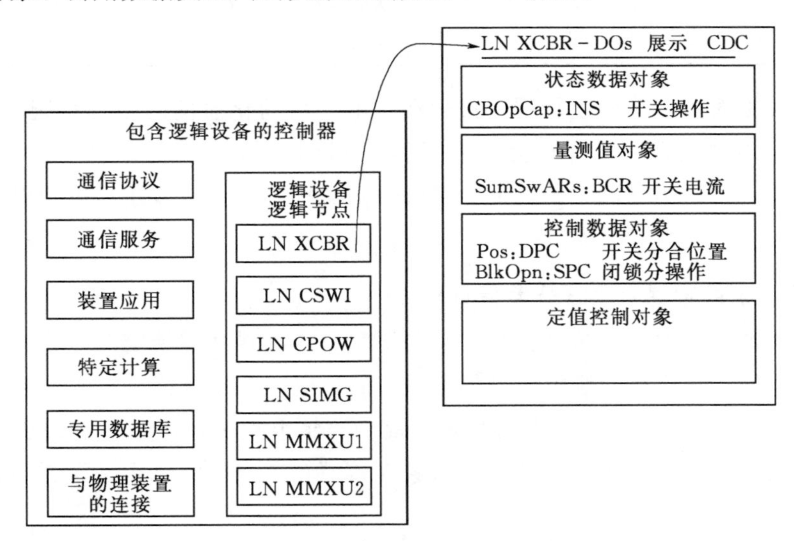

图 7-2 逻辑设备、逻辑节点、数据对象、公用数据类之间的关系示例

7.3.1.3 逻辑节点表

逻辑节点表说明见表 7-1。

“逻辑节点型”和“逻辑节点名”这两个属性从逻辑节点类继承而来。逻辑节点类的名称已在逻辑节点表中单独列出。逻辑节点实例名应该按照 DL/T 860.72—2013 的 19 章由类名、逻辑节点前缀和逻辑节点实例号组成。

表7-1　　逻辑节点表说明

列表头	描　述
数据对象名	数据对象的名称
公用数据类	定义数据对象结构的公用数据类，参见DL/T 860.73—2013。关于服务跟随逻辑节点（LTRK）的公用数据类，参见《电力自动化通信网络和系统　第7-2部分：基本信息和通信结构—抽象通信服务接口（ACSI）》（DL/T 860.72—2013CT）
解释	关于数据对象及其如何使用的简短解释
T	瞬变数据对象：带有该标志的数据对象的状态是瞬变的，必须加以记录或报告以便为它们的瞬变状态提供证据，有些T仅仅在建模层面有效。“数据对象”的“瞬变”特性仅仅应用于该“数据对象”的“布尔量”过程数据属性（FC=ST）瞬变“数据对象”也是通常的“数据对象”。 如果在SCL-ICD文件中瞬变数据对象的瞬变属性设为true，就不应该报告它的下降沿变化。 建议报告两种状态变化（TRUE到FALSE，FASLE到TRUE），即不要在SCL-ICD文件中设置那些“数据对象”的瞬变属性为true，而是由客户端过滤掉那些不“想要”的变化
M/O/C	这一列定义在一个特定的逻辑节点实例中，数据对象是强制的（M）、可选的（O）还是有条件选择（C）的。 根据在DL/T 860.73—2013中公用数据类（属性类型）的定义，数据对象实例的属性也可以是强制的或可选的。 C表示对于该数据对象，在逻辑节点表的下面有一个条件说明，用以决定数据对象在什么情况下是强制的。可以在C后加数字用于处理多个条件的情形

所有的数据对象名按照字母顺序排列在《电力自动化通信网络和系统　第7-4部分：基本通信结构兼容逻辑节点类和数据类》（DL/T 860.74—2014）第6章的表中。尽管有些重叠，但是为了阅读的方便，逻辑节点类中的数据对象还是按照以下的类别进行了分组。

1. 不分类别的数据对象（公共信息）

不分类别的数据对象（公共信息）是与逻辑节点类描述的特定功能无关的信息。强制数据对象（M）对所有的逻辑节点都是通用的，应该在所有特定功能的逻辑节点中使用。可选数据对象（O）可以在所有特定功能的逻辑节点中使用。特定的逻辑节点类应该表明在公共逻辑节点类中的可选数据对象在该逻辑节点类中是否是强制的。

2. 量测值

量测值是直接测量得到的或通过计算得到的模拟量数据对象，包括电流、电压、功率等。这些信息是由当地生成的，不能由远方修改，除非启用取代功能。

3. 控制

控制是由指令改变的数据对象，如开关状态（合/分）、分接头位置或可复位计数器。通常它们是由远方改变的，在运行期间改变，其频繁程度远远大于定值设置。

4. 计量值

计量值是在一定时间内测得的数量（如电能量）表示的模拟量数据对象。这些信息

是由当地生成的，不能由远方修改，除非启用取代功能。

5. 状态信息

状态信息是一种数据对象，它可以表示运行过程的状态，也可以表示配置在逻辑节点类中的功能的状态。这些信息是由当地生成的，不能由远方修改，除非启用取代功能。

6. 定值

定值是操作功能所需的数据对象。由于许多定值与功能的实现有关，所以只对获得了普遍认可的小部分进行了标准化。它们可以由远方改变，但正常情况下不会很频繁。

7.3.1.4 系统逻辑节点

系统特定的信息包括系统逻辑节点数据（如逻辑节点的行为、铭牌信息、操作计数器）以及与物理设备（LPHD，如逻辑设备和逻辑节点）相关的信息。这些逻辑节点（LPHD 和公共逻辑节点）独立于应用领域。所有其他逻辑节点都是领域特定的，但要从公共逻辑节点中继承强制数据和可选数据。

1. 物理装置信息（名称：LPHD）

该逻辑节点用于为物理装置的公用信息建模，LPHD 类见表 7－2。

表 7－2　　LPHD 类

数据对象名	公用数据类	解　释	T	M/O/C
逻辑节点名		应从逻辑节点类继承［见 DL/T 860.72—2013（T）］		
数据				
PhyNam	DPL	物理装置铭牌		M
PhyHealth	ENS	物理装置工况		M
OutOv	SPS	通信输出缓存溢出		O
Proxy	SPS	说明该逻辑节点是否为代理		M
InOv	SPS	通信输入缓存溢出		O
NumPwrUp	INS	冷启动（上电）次数		O
WrmStr	INS	热启动次数		O
WacTrg	INS	看门狗复位次数		O
PwrUp	SPS	检测到上电		O
PwrDn	SPS	检测到断电		O
PwrSupAlm	SPS	外部电源报警		O
RsStat	SPC	装置复位统计		O
数据集［见 DL/T 860.72—2013（T）］				
控制块［见 DL/T 860.72—2013（T）］				
服务［见 DL/T 860.72—2013（T）］				

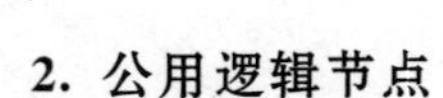

2. 公用逻辑节点

公用逻辑节点类为所有专用逻辑节点类提供强制数据或可选数据。它也包括可以用于所有专用逻辑节点类中的诸如输入参考、统计计算方法等数据，公用逻辑节点类见表7-3。

表7-3　公用逻辑节点类

数据对象名	公用数据类	解释	T	M/O/C
逻辑节点名		应从逻辑节点类继承［见DL/T 860.72—2013（T）］		
数据				
强制逻辑节点信息（由所有逻辑节点继承，LPHD除外）				
Mod	ENC	模式		C
Beh	ENS	性能		M
Health	ENS	工况		C1
NamPlt	LPL	铭牌		C1
可选逻辑节点信息				
InRef1	ORG	通用输入		O
BlkRef1	ORG	正在接收的动态闭锁信号的路径（对象标识）		O
Blk	SPS	逻辑节点所描述的功能的动态闭锁		O
CmdBlk	SPC	可控制数据对象的控制顺序的闭锁		C2
ClcExp	SPS	计算周期超限		O
ClcStr	SPC	在OpTmh指定的时间处（如果设置）开始计算或立即开始计算		O
ClcMth	ENG	统计数据的计算方法。允许的值：PRES|MIN|MAX|AVG|SDV|TREND|RATE		C3
ClCMod	ENG	计算模式。允许的值：TOTAL | PERIOD | SLIDING		O
CLCIntvTyp	ENG	计算间隔类型。允许的值：ANYTIME | CYCLE | PER_CYCLE | HOUR | DAY | WEEK		O
ClcPerms	ING	以毫秒表示的计算周期。如果ClcIntvTyp取值ANYTIME，应该定义计算周期		O
ClcSrc	ORG	相对于源逻辑节点的对象路径（对象标识）		O
ClcTyp	ENS	计算类型		C
GrRef	ORG	相对于更高级别逻辑设备的路径（对象标识）		O
数据集［见DL/T 860.72—2013（T）］				
控制块［见DL/T 860.72—2013（T）］				
服务［见DL/T 860.72—2013（T）］				

3. 逻辑节点：逻辑节点零（LLN0）

本逻辑节点应该用于表达一个逻辑设备内的公共事物，LLN0 类见表 7 - 4。

表 7 - 4　　LLN0　类

数据对象名	公用数据类	解释	T	M/O/C
逻辑节点名		应从逻辑节点类继承［见 DL/T 860.72—2013（T）］		
数据				
LocKey	SPS	对完整的逻辑设备的本地操作		O
RemCtlBlk	SPC	远程控制闭锁		O
LocCtlBeh	SPS	当地控制行为		O
OpTmh	INS	操作时间		O
控制				
Diag	SPC	运行诊断		O
LEDRs	SPC	LED 复位		O
定值				
MltLev	SPG	为本地控制选择权限模式（True 选择允许来自所选对象的多个上层的控制，False 选对不允许来自上层的控制）		O

7.3.2　分布式电源逻辑节点结构

对于每个逻辑节点的具体实现，所有的强制项应该包含在内（在 M/O/C 这一列中用 M 指示）。为了清晰，以典型的逻辑设备为单位编排对这些逻辑节点的描述，这些逻辑节点可以是该逻辑设备的一部分，但是可以根据需要使用或不使用。图 7 - 3 是《Communication Networks and Systems for Power Utility Automation - Part 7 - 420：Basic Communication Structure - Distributed Energy Resources Logical Nodes》（IEC 61850 - 7 - 420）中 DER 管理系统逻辑节点概览，展示了可以用于分布式能源管理系统的不同部分的逻辑节点的概念性视图。IEC 61850 - 7 - 420 中对往复式发动机、燃料电池、光伏发电等类型的分布式电源进行了建模。

每一个非储能的分布式电源单元都有一个发电机，虽然不同类型的分布式电源有不同的原动机，需要不同的描述原动机的逻辑节点，但是这些发电机的公共操作特性对于所有类型的 DER 都是一样的，所以只建立了一种分布式电源的发电机模型。

DER 发电机逻辑设备可以包括以下逻辑节点：

（1）DGEN：DER 发电机操作。

（2）DRAT：DER 发电机的基本额定值。

（3）DRAZ：DER 发电机的高级特性。

（4）DCST：与发电机操作有关的费用。

（5）RSYN：同期（想进一步了解可参见 DL/T 860.74—2014）。

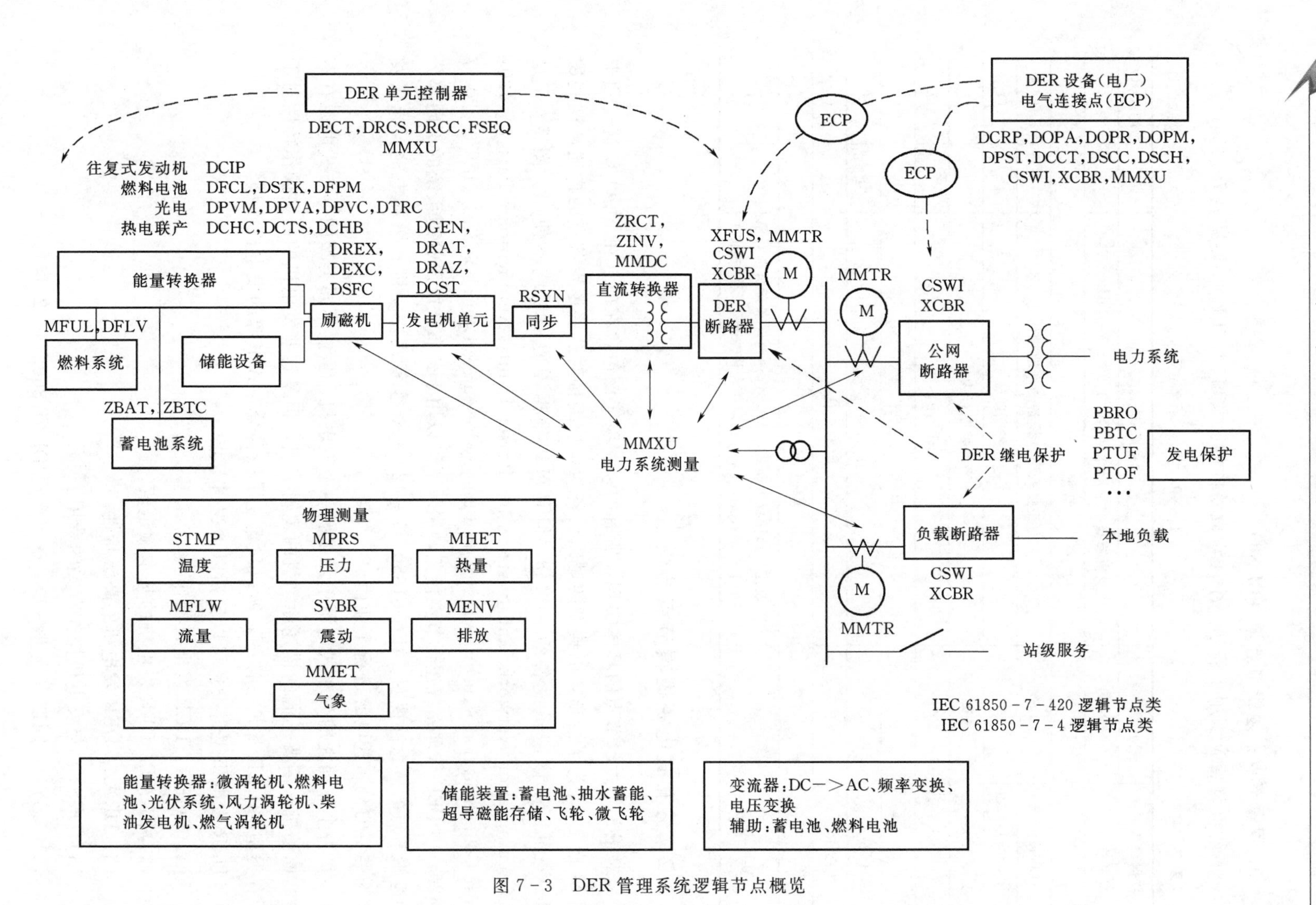

图 7－3　DER 管理系统逻辑节点概览

（6）FPID：PID调节器。参见《电力自动化通信网络和系统第7-410部分：基本通信结构水力发电厂监视与控制用通信》[DL/T 860.7410—2016（T）]。

1. 逆变器/变流器的逻辑节点

《电力企业自动化通信网络和系统　第7-420部分：基本通信结构—分布式能源逻辑节点》IEC 61850-7-420中对逆变器/变流器逻辑节点进行了建模，对于需要整流器、逆变器以及其他类型的变流器去改变其电力输出以便接入终端用户交流电网的分布式电源，其逆变器/变流器逻辑设备可以包括以下逻辑节点：

（1）ZRCT：将交流电转换为持续不断的直流电的整流器（AC->DC）。

（2）ZINV：将直流电转换为交流电的逆变器（AC->DC）。

（3）DRAT：逆变器铭牌数据。

（4）MMDC：中间直流电的测量（见DL/T 860.74—2014）。

（5）MMXU：输入交流电的测量（见DL/T 860.74—2014）。

（6）MMXU：输出交流电的测量（见DL/T 860.74—2014）。

（7）CCGR：对冷却风扇的成组冷却控制（见DL/T 860.74—2014）。

2. 往复式发动机设备的逻辑节点

往复式发动机是一种利用一个或多个压力驱动的活塞把前后来回的运动转变成为旋转运动的发动机。柴油机是最常见的往复式发动机，它和发电机结合在一起形成柴油发电机。复式发动机这种能量转换器的信息模型的逻辑节点，在除了分布式电源管理和分布式电源发电机所需的逻辑节点之外，还包括以下逻辑节点：

（1）DCIP：往复式发动机的特性、测量值和控制。

（2）MFUL：燃料特性。

（3）DFLV：燃料输送系统。

（4）ZBAT：辅助蓄电池。

（5）ZBTC：辅助蓄电池充电器。

（6）STMP：温度特性，包括冷却剂（例如空气、水）进口、出口、导管、发动机、润滑剂（油）、后冷却器等。

（7）MPRS：压力特性，包括冷却剂（例如空气、水）进口、出口、导管、发动机、涡轮机、润滑剂（油）、后冷却器等。

（8）MFLW：流动特性，包括冷却剂、润滑剂等。

（9）SVBR：震动特性。

（10）MENV：排放特性，包括冷却剂（例如空气、水）进口、出口、导管、发动机、涡轮机、润滑剂（油）、后冷却器等。

3. 燃料电池设备的逻辑节点

燃料电池是电化学能量转换装置。它从外部供给的燃料（在阳极侧）和氧化剂（在阴极侧）中产生电流。主要包括以下节点：

（1）DFCL：燃料电池控制器特性。这些特性没有包含在DRCT中，是燃料电池特有的特性。

（2）DSTK：燃料电池堆。

（3）DFPM：燃料处理模块。

（4）CSWI：在燃料电池和逆变器之间的开关。

（5）ZRCT：整流器。

（6）ZINV：逆变器。

（7）MMXU：输出电量测量。

（8）MMDC：中间直流电的测量。

（9）MFUL：燃料特性。

（10）DFLV：燃料输送系统。

（11）MFLW：流动特性，包括空气、氧、水、氢，以及其他用作燃料或用于燃料电池处理的气体或液体。

（12）ZBTC：辅助蓄电池充电器。

（13）STMP：温度特性，包括冷却剂（例如空气、水）进口、出口、导管、发动机、润滑剂（油）、后冷却器等。

（14）MPRS：压力特性，包括冷却剂（例如空气、水）进口、出口、导管、发动机、涡轮机、润滑剂（油）、后冷却器等。

（15）SVBR：震动特性。

（16）MENV：排放特性，包括冷却剂（例如空气、水）进口、出口、导管、发动机、涡轮机、润滑剂（油）、后冷却器等。

（17）ZBAT：辅助蓄电池。

4. 分布式光伏系统设备的逻辑节点

（1）信息模型描述的内容。从分布式光伏的监测和控制需求来看，分布式光伏信息模型描述的内容如下：

1）开关设备操作。控制和监督断路器和隔离设备的功能，已经包含在DL/T 860.74—2014中（XCBR、XSWI、CSWI等）。

2）保护。在故障情况下保护电力设备和人员的功能，已经包含在DL/T 860.74—2014中（PTOC、PTOV、PTTR、PHIZ等）。PV特定的保护是直流接地故障保护功能，需要用在许多PV系统中以减少火灾危险并提供电力冲击保护，该功能已包含在逻辑节点PHIZ中，PHIZ在DL/T 860.74—2014中描述。

3）测量和计量。获得电压和电流等电气量值的功能。交流测量包含在MMXU中，直流测量包含在MMDC中，两者都已经包含在DL/T 860.74—2014中。

4）直流到交流的变换。用于控制和检测逆变器的功能。这些包含在IEC 61850-7-420中（ZRCT、ZINV）。

5）阵列操作。使阵列的输出功率最大化的功能。包括调整电流和电压水平以获得

最大功率点（MPP），以及操控系统跟随太阳的移动。本功能特别用于 PV，包含在 IEC 61850-7-420 中。

6）孤岛效应。使 PV 系统和电力系统同步运行的功能，包含互联标准中所提到的反孤岛效应。这些功能包含在 IEC 61850-7-420 中，如 DRCT 和 DOPR。RSYN 则包含在 DL/T 860.74—2014 中。

7）能量储存。存储由系统产生的多余能量的功能。在小型 PV 系统中储存能量通常使用蓄电池，在较大的 PV 系统中则可以使用压缩空气或其他方法。IEC 61850-7-420 中用于储存能量的电池模型以 ZBAT 和 ZBTC 表示。压缩空气还没有建模。

8）气象监测。获得太阳辐射和环境温度等气象测量值的功能。这些包含在 MMET 和 STMP 中。

（2）逻辑节点。除了 DER 管理所需的逻辑节点之外，光伏逻辑设备也可以包含如下逻辑节点：

1）DPVM：PV 组件额定值。为一个组件提供额定值。

2）DPVA：PV 阵列特性。提供 PV 阵列或子阵列的一般信息。

3）DPVC：PV 阵列控制器。用于最大化阵列的功率输出。PV 系统中的每一个阵列（或子阵列）对应该逻辑节点的一个实例。

4）DTRC：跟随控制器。用于跟随太阳的移动。

5）CSWI：描述操作 PV 系统中各种开关的控制器。CSWI 总是与 XSWI 或 XCBR 联合使用，XSWI 或 XCBR 还标识是用于直流还是交流。

6）XSWI：描述在 PV 系统与逆变器之间的直流隔离开关，也可以描述位于逆变器和电力系统物理连接点处的交流隔离开关。

7）XCBR：描述用于保护 PV 阵列的断路器。

8）ZINV：逆变器。

9）MMDC：中间直流电的测量。

10）MMXU：电气测量。

11）ZBAT：能量储存蓄电池。

12）ZBTC：能量储存蓄电池充电器。

13）XFUS：PV 系统中的熔断器。

14）FSEQ：在启动或终止自动顺序操作中使用的顺控器的状态。

15）STMP：温度特性。

16）MMET：气象测量。

7.3.3 信息建模类型

7.3.3.1 基本数据类型

DL/T 860.72—2013（T）定义了基本的数据类型，包括布尔（BOOLEA）、8 位整数（INT8）、16位整数（INT16）、32位整数（INT32）、128位整数（INT128）、8位无符号整数（INT8U）、16位无符号整数（INT16U）、32位无符号整数（INT32U）、32位浮点数（FLOAT32）、64位浮点数（FLOAT64）、枚举（ENUMBEATED）、码枚举（CODED ENUM）、八位位组串（OCTET STRING）、可视字符串（VISIBLE STRING）和统一编码串（UNICODE STRING）等。

7.3.3.2　公共数据类型

公共数据属性类型被定义用于公共数据类，主要有以下几种：

（1）品质：包含关于服务器信息质量的信息。

（2）模拟值：代表基本数据类型整型或浮点型。

（3）模拟值配置：用于代表模拟值的整型数值的配置。

（4）范围配置：用于定义测量值范围的界限的配置。

（5）带瞬间指示的步位置：用于如转换开关位置的指示。

（6）脉冲配置：用于由命令产生的输出脉冲的配置。

（7）始发者：包含与代表可控数据的数据属性最后变化的始发者相关的信息。

（8）单位类型。

（9）向量类型。

（10）点类型。

（11）CtlModels类型。

（12）SboClassed类型。

公共数据类针对下列情况对公共数据进行分类：

（1）状态信息的公共数据类。

（2）测量信息的公共数据类。

（3）可控状态信息的公共数据类。

（4）可控模拟信息的公共数据类。

（5）状态设置的公共数据类。

（6）模拟设置的公共数据类。

（7）描述信息的公共数据类。

在IEC 61850－7－420中新增加了4个公共数据类：

以阵列公用数据类和计划安排公用数据类为例进行说明。

（1）阵列公用数据类。

1）E—阵列（ERY）枚举型公用数据类规范。

2）V—阵列（VRY）可见字符串型公用数据类规范。

（2）计划安排公用数据类。

1）绝对时间计划（SCA）定值公用数据类规范。

2）相对时间计划（SCA）定值公用数据类规范。

7.3.3.3 逻辑节点类

逻辑节点依据表 7-5 逻辑节点组表分组。逻辑节点名应以代表该逻辑节点所属逻辑节点组的组名字符为其节点名的第一个字符。对分相建模（如断路器、互感器），应每相创建一个实例。

表 7-5 逻 辑 节 点 组 表

逻辑节点组指示符	节点标识	逻辑节点组指示符	节点标识
A	自动控制	R	保护相关功能
C	监控	S*	传感器，监视
G	通用功能引用	T*	仪用互感器
I	接口和存档	X*	开关设备
L	系统逻辑节点	Y*	电力变压器和相关功能
M	计量和测量	Z*	其他（电力系统）设备
P	保护功能		

逻辑节点类由 4 个字母表示，第一个是所属的逻辑节点组，后 3 个字母是功能的英文简称。下面以分布式光伏发电系统为例，说明各设备逻辑节点包含的数据信息。

例如断路器为 XCBR，除了从公共逻辑节点类继承了全部指定数据，该逻辑节点还应该包括断路器设备本身的逻辑属性，如描述断路器设备控制指令的控制信息（开关位置、跳闸闭锁、合闸闭锁等）和描述断路器实时运行状态的状态信息（断路器操作能力、定相分合能力，满载情况下断路器操作能力等）等。

光伏阵列控制器的逻辑节点名称为 DPVC，除了从公共逻辑节点类继承了全部指定数据，该逻辑节点还应该包括光伏阵列控制器设备本身的逻辑属性，如描述控制的实时运行状态的状态信息（阵列控制模式状态），描述控制器设备参数的定值信息（峰值功率跟随器参考电压、功率跟随器唤醒电压、功率跟随器的跟随频度、功率跟随器的电压变动步幅等）和描述光伏阵列控制器控制指令的控制信息（控制阵列的功率输出模式）等。在逻辑节点 DPVC 中包含的光伏阵列控制器反映了远方监控关键的光伏功能和状态所需的信息。如果串是单独控制的，那么每个串就需要一个 DPVC 描述这种控制。该逻辑节点也提供应用于阵列控制器的可能的控制模式的列表。控制模式可以在运行期间改变。当时的状态由阵列控制状态属性给出。

光伏逆变器的逻辑节点名称为 ZINV。除了从公共逻辑节点类继承了全部指定数据外，该逻辑节点还应该包括光伏逆变器设备本身的逻辑属性，包括描述逆变器设备具体类型的状态信息（最大功率额定值、开关类型、设备冷却方式、电流连接模式、换相类型等）、描述逆变器设备额定参数的定值信息（输出功率设定值、输出无功设定值、功率因数设定值、频率设定值、输入电流限值、输入电压限值等），以及描述逆变器设备运行状态的测量值信息（散热器温度、外壳温度、周边空气温度、风扇速度等）等。

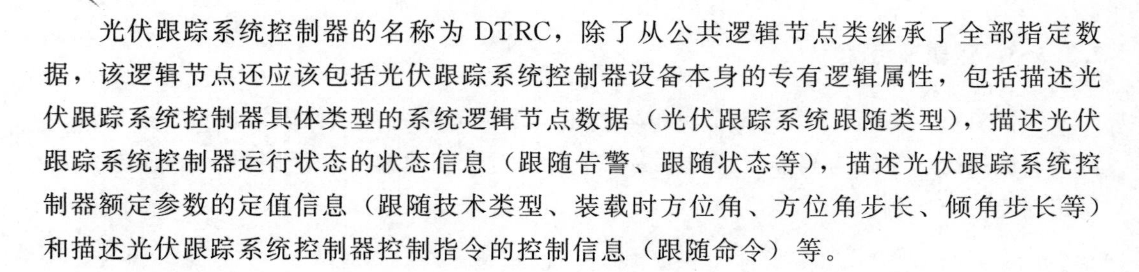

光伏跟踪系统控制器的名称为DTRC，除了从公共逻辑节点类继承了全部指定数据，该逻辑节点还应该包括光伏跟踪系统控制器设备本身的专有逻辑属性，包括描述光伏跟踪系统控制器具体类型的系统逻辑节点数据（光伏跟踪系统跟随类型），描述光伏跟踪系统控制器运行状态的状态信息（跟随告警、跟随状态等），描述光伏跟踪系统控制器额定参数的定值信息（跟随技术类型、装载时方位角、方位角步长、倾角步长等）和描述光伏跟踪系统控制器控制指令的控制信息（跟随命令）等。

7.3.3.4　模型扩展

1. 逻辑节点和数据的使用及扩展

（1）逻辑节点（LN）。

1）如果现有逻辑节点类适合待建模的功能，应使用该逻辑节点的一个实例及其全部指定数据。在IEC 61850－7－2中给出唯一实例规定。

2）如果这个功能具有相同的基本数据，但存在许多变化（如接地、单相、区间A、区间B等），应使用该逻辑节点的不同实例。

3）如果现有逻辑节点类不适合待建模的功能，应根据专用逻辑节点类规定，创建新的逻辑节点类。

（2）数据。

1）如果除指定数据外，现有可选数据满足待建模功能的需要，应使用这些可选数据。

2）如果相同的数据（指定或可选）需要在逻辑节点中多次定义，对新增数据加以编号扩展。

3）如果在逻辑节点中，分配的功能没包含所要的数据，第一选择应使用第6章列表中的数据。

4）如果列表中没有一个数据覆盖功能开放要求，应依据新数据规定，创建新的数据。

2. 使用编号数据规定

逻辑节点中标准化的数据名提供数据唯一标识。若相同数据（即具有相同语义的数据）需要定义多次，则应使用编号扩展增添数据，举例见表7－6。

表7－6　编号数据

逻辑节点名：YPTR（电力变压器）	
数据名：HPTmp（绕组热点温度，℃）	
HPTMP1	绕组热点1温度，℃
HPTMP2	绕组热点2温度，℃
HPTMP3	绕组热点3温度，℃
HPTMP4	绕组热点4温度，℃

3. 新逻辑节点命名规定

若没有标准的逻辑节点类适用于待建模的功能，可使用新名称创建一个的新逻辑节点类。为保持互操作性简便，该选项应小心使用。新逻辑节点类使用下列命名方法命名：

（1）第一个字符应同相关可用的逻辑节点组前缀相一致。

（2）其他字符应以与新逻辑节点英文名称相关字符定义。

（3）新逻辑节点类应依据 IEC 61850-7-1 中的概念和规定以及 IEC 61850-7-3 中给出的属性，采用“名称空间属性”加以标志。

创建新的逻辑节点类应确保每一新增加名称与标准逻辑节点类助记符命名约定相一致，在所考虑的变电站自动化系统中唯一，不相重复。新逻辑节点描述应添加到供应商专用系统或客户特定项目的 IEC 文件中。

4. 新数据命名规则

当标准逻辑节点中，数据不够用，或新逻辑节点需要数据时，满足标准逻辑节点类特殊实例的需要，可创建“新的”数据。为保持互操作性简便，使用该选项应小心。任何情况下应遵守下列规定：

（1）为构成新数据名，应使用第 4 章中的缩写，如果这些缩写可用的话。仅在其他情况中，允许使用数据英文名称以外新的缩写。

（2）指定一个 IEC 61850-7-3 中定义的公用数据类。如果无标准的公用数据类满足新数据的需要，可扩展或使用新的数据类。

（3）任何数据名应仅分配指定一个公用数据类（CDC）。

（4）新逻辑节点类应依据 IEC 61850-7-1 中的概念和规定以及 IEC 61850-7-3 中给出的属性，采用“名称空间属性”加以标志。

新数据名称创建应确保每一新加名称与标准数据名的助记命名约定相一致，并在所考虑电站中唯一。新数据名描述应公开，提供给专用电站自动化系统的用户。

5. 新公用数据类（CDC）命名规定

对新数据名，当没有合适的公用数据类（CDC）时，现有的公用数据类可扩展，或创建新的公用数据类。为保持互操作性简便，使用该选项应小心。IEC 61850-7-3 给出了创建新公用数据类的规定。依据 IEC 61850-7-1 中的概念和规定以及 IEC 61850-7-3 中给出的属性，新的公用数据类应由“名称空间属性”加以标志。

新的公用数据类创建应确保每一个新增公用数据类与标准公用数据类的助记命名约定相一致且数据类描述应公开。

7.3.4　信息建模方法

7.3.4.1　应用功能和信息的分解

DL/T 860 通用方法是将应用功能分解为最小实体，它们被用于通信，将这些实体合理地分配到专用设备（IED）。实体被称为逻辑节点，在《变电站通信网络和系统 第 5 部分：功能的通信要求和装置模型》（DL/T 860.5—2006）中从应用观点出发定义了逻辑节点的要求。基于它们的功能，这些逻辑节点包含带专用数据属性的数据。按照定义好的规则和 DL/T 860.5—2006 提出的性能要求，由专用服务交换由数据和数据属性所代表的信息。

分解和组合过程如图 7-4 所示，为支持大多数公共应用，以容易理解和都能接收的方式定义了在逻辑节点中所包含的数据类。

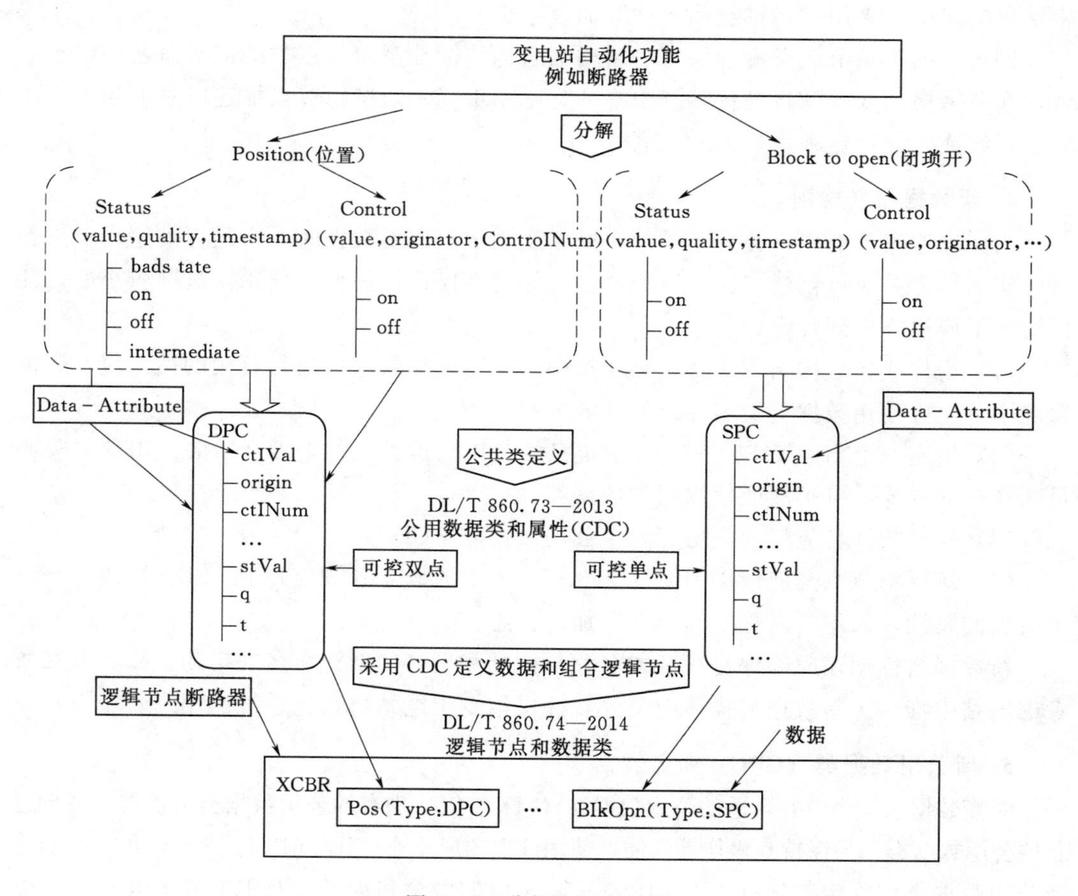

图 7-4 分解和组合过程

选择功能的最小部分（断路器模型的摘录）作为例子解释分解过程。在断路器的许多属性中，断路器有可被控制和监视的位置属性和防止打开的能力（例如互锁时，闭锁开）。位置包含一些信息，它代表位置的状态，具有状态值（合、开、中间、坏状态）、值的品质和位置最近改变的时标等。另外，位置提供控制操作的能力：控制值（合、开）。保持控制操作的记录，始发者保存最近发出控制命令实体的信息。控制序号为最近控制命令顺序号。

在位置（状态、控制等）下组成的信息代表一个可多次重复使用的非常通用的 4 个

状态值公共组，类似的还有“闭锁开”的两状态值的组信息，这些组称为公用数据类（CDC）。四状态可重复使用的类定义为可控双点（DPC），两状态可重复使用的类定义为可控单点（SPC）。DL/T 860.73—2013 为状态、测量值、可控状态、可控模拟量、状态设置、模拟量设置等定义了约 30 种公用数据类。

7.3.4.2　用逐步合成方法创建信息模型

按照 DL/T 860.5—2006 定义的要求，《电力自动化通信网络和系统 第 7-4 部分：基本通信结构 兼容逻辑节点类和数据类》（DL/T 860.74）、《电力自动化通信网络和系统　第 7-3 部分：基本通信结构公用数据类》（DL/T 860.73）、《电力自动化通信网络和系统　第 7-2 部分：基本信息和通信结构-抽象通信服务接口》（DL/T 860.72）定义了如何建模信息和通信。建模采用逻辑节点作为基本组成部件去合成自动化系统的可视信息，这些模型用于描述由应用产生和使用的信息以及和其他 IED 信息交换。

在 DL/T 860.74—2014 中细化并更精确地定义 DL/T 860.5—2006 中所介绍的逻辑节点和数据类。由变电站各种应用领域专家和建模专家共同定义这些逻辑节点和数据类。采用面向对象的方法定义逻辑节点和它们的数据的内容（语义）和形式（语法）。

下一步，用公用数据类定义（变电站域特定）数据类。这些数据类（DL/T 860.74—2014 定义）为特定的公用数据类，例如数据类 Pos（为 DPC 的特例）继承 DPC 相应公用数据类的全部数据属性，即 ctlVal，origin，ctlNum 等。在 DL/T 860.74—2014 中定义 Pos 类语义。

逻辑节点集合几个数据类构成特定功能。XCBR 逻辑节点代表实际断路器的公共信息。可重复使用 XCBR 去描述各种类型的断路器的公共信息。

DL/T 860.74—2014 定义了约 90 个逻辑节点、450 个数据类。XCBR 逻辑节点包含约 20 个数据类。DL/T 860.7 用表的形式定义逻辑节点和数据类（DL/T 860.74—2014）、公用数据类（DL/T 860.73—2013）和服务模型［DL/T 860.72—2013（T）］。数据类和数据属性形成分层结构。数据类 Pos 的数据属性将所有的控制、状态、取代、配置等数据属性列在一块。

数据属性有标准化名和标准化类型。在图的右侧是相应的引用（对象引用），用于标识树形信息的路径信息。

实例 XCBR1（XCBR 的第 1 个实例）是逻辑节点各级的根。对象引用 XCBR1 引用整个树。XCBR1 包含数据例如 Pos 和 Mode。在 DL/T 860.74—2014 中精确定义数据 Pos（位置）。位置的内容约有 20 个数据属性。DPC 属性取自公用数据类（双点控制）。DPC 中定义的数据属性部分为强制性，其他为选项。只有在特定应用中数据对象要求这些数据属性时，才继承那些数据属性。例如，如位置不要求支持取代，则在 Pos 数据对象中不要求数据属性 subEna，subVal，subQ 和 subID。

访问数据属性的信息交换服务利用分层树。用 XCBR1.Pos.ctlVal 定义可控数据属

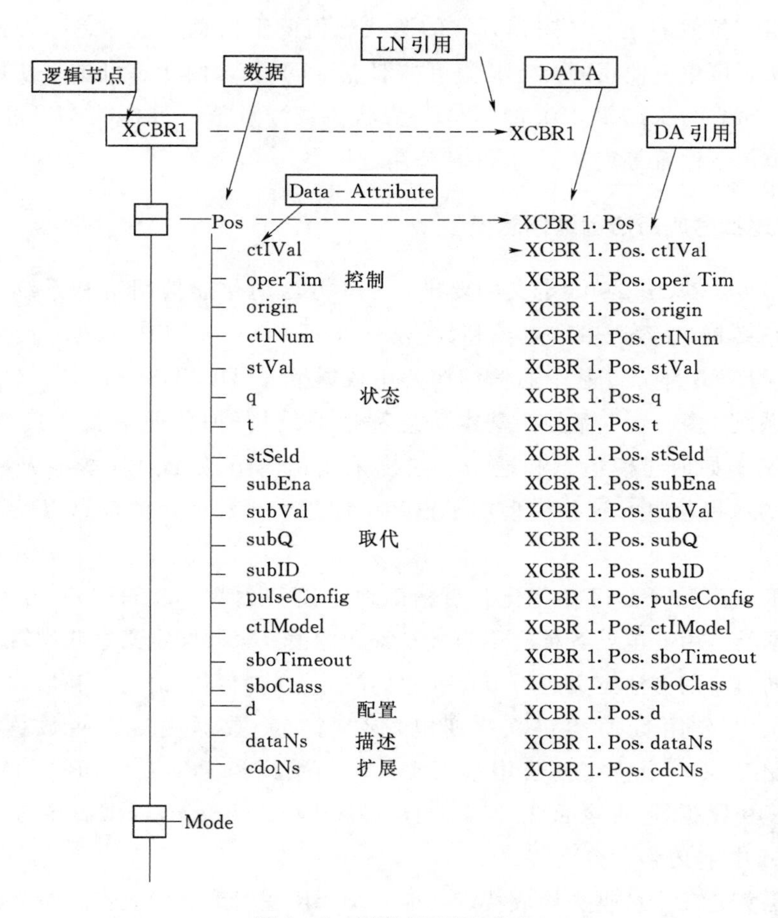

图 7-5　树形 XCBR1 信息

性。控制服务正好在这个断路器的可控数据属性上操作。状态信息可以作为名为“AlarmXCBR.”数据集的一个成员（XCBR1. Pos. stVal）引用。数据集由名为“Alarm”的报告控制块引用。可以配置报告控制块，每次断路器状态改变时（由开变成合或合变成开）向特定计算机发送报告。

7.3.4.3　IED 合成的例子

不同逻辑节点构成 IED 的例子如图 7-6 所示。包含的逻辑节点为 PTOC（定时过流保护）、PDIS（距离保护）、PTRC（跳闸调理）、XCBR（断路器）。第 1 种情况表示有两种功能的保护设备用连线和断路器连接。第 2 种情况表示有两种功能的保护设备通过网络向断路器传送跳闸报文。第 3 种情况表示分别在两个专门设备内的两种功能同时处理同一个故障，独立地通过网络向断路器 LN（XCBR）传送跳闸报文。

在第 2、第 3 种情况拥有 XCBR LN 的 IED 可集成到实际断路器中，也可以和情况 1 一样用硬线和断路器相连，按照 DL/T 860 系列变电站自动化系统用 XCBR LN 表示实际断路器，IED 合成非常灵活，可满足当前和将来的需要。

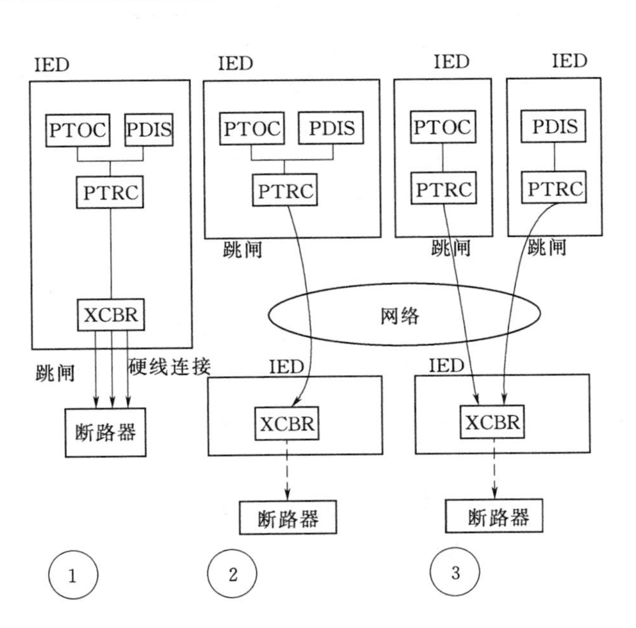

图 7-6 构成 IED 的例子

7.4 数据采集通信技术

目前由于分布式电源容量小、数量多，有部分建设于偏远地区，信息接入率低。针对分布式电源信息采集率低等问题，根据不同通信环境，应因地制宜综合使用多种信息采集技术，包括无线通信、现场总线、电力载波通信、光纤等多种渠道的信息互补采集方式，实现数据的自动化采集和人工采集。在此基础上，可以制定数据接口、Web 填报、短信报送等互补信息传输方案，以及实现对采集数据的整理、分析和校验等功能，确保信息接入的全面性、可靠性和及时性，实现分布式能源的科学、有序、规范接入，为分布式电源高效管理提供支撑。

7.4.1 无线通信

1. ZigBee

ZigBee 是近年来发展起来的一种短距离无线通信技术，功耗低，被业界认为是最有可能应用在工控场合的无线方式。ZigBee 基于 IEEE802.15.4—2003 标准，但不等同于 IEEE802.15.4—2003 标准。IEEE802.15.4－2003 标准定义 OSI 七层模型的底层、物理层和数据链路层；ZigBee 则在此基础上定义了网络层、应用层架构，其中应用层包括应用支持子层、应用架构、ZigBee 设备对象以及用户定义应用对象。ZigBee 基于 IEEE802.15.4 有两个物理层，即 2.4GHz 频段和 868/915MHz 频段物理层。其中 2.4GH 频段为免许可证频段，全世界通用，而其他两个频段分别只用在欧洲和北美地区。ZigBee 与其他短距离无线传输方式对比见表 7-7。

表 7-7　　无线传输方式的比较

	蓝牙	wifi	红外	ZigBee
系统开销	较大	大	小	小
网络节点	7	30	2	255/65000+
物理范围/m	10	100	1	10～100+
传输率/($Mbit \cdot s^{-1}$)	1	11	16	20/250

由表 7-7 可以看出，ZigBee 无线网络具有以下优点：

(1) 系统开销小，在低耗电待机模式下，2 节 5 号电池可支持 1 个节点工作半年以上。

(2) 高容量，由一个主节点管理若干子节点，最多一个主节点可以管理 254 个子节点。

(3) 主节点还可以由上一层网络节点管理，最多可组成 65536 个节点的大网，大容量特性完全与分布式电源特点相吻合。

(4) 传输范围和发射天线功率相关，具有很大的伸缩性，通过增加 RF 发射功率，可将传输距离增加到 1～3km。

(5) ZigBee 无线传输与其他 3 种单纯的 P2P 传输不同，ZigBee 是一个多跳网络，可通过路由节点延伸无线网络。

(6) ZigBee 网络具有短延时，即节点从休眠到工作状态具有时延短、高安全等优点。

2. 公用 3G/4G 网络

在一些通信基础设施缺乏地区，适合用 SIM 卡基于手机网络对分布式装置进行数据采集和远程控制。

3G/4G 网络是指使用支持高速数据传输的蜂窝移动通信技术的第三代/第四代移动通信技术的线路和设备铺设而成的通信网络。它能够提供多种类型的高质量多媒体业务，能实现全球无缝覆盖，具有全球漫游能力，与固定网络相兼容，并可以小型便携式终端形式在任何时候、任何地点进行任何种类通信。

3G 通信系统数据传输速率可达到 2Mbit/s，目前有 3 种标准，分别是欧洲的 WCDMA 制式、美国的 CDMAZ000 制式和中国自主研发的 TD-SCDMA 制式。4G 通信系统传输速率可达到 20Mbit/s，最高可以达到 100Mbit/s，目前有 2 种标准，包括 TD-LTE和 FDD-LTE 两种制式。以上这些制式在中国均有应用。

3G/4G 网络需要采用电信商的商业移动网络，通信成本较高，受网络信号影响，可靠性一般。

3. WLAN

无线局域网络（wireless local area networks，WLAN），是一种利用射频（radio frequency，RF）技术进行数据传输的系统。该技术的出现绝不是用来取代有线局域网络，而是用来弥补有线局域网络的不足，以达到网络延伸的目的，使无线局域网络能利

用简单的存取架构让用户通过它实现无网线、无距离限制的通畅网络。

WLAN 通信系统作为有线 LAN 以外的另一种选择一般用在同一座建筑内。WLAN 使用 ISM（industrial、scientific、medical）无线电广播频段通信。WLAN 的 802.11a 标准使用 5GHz 频段，支持的最大速度为 54Mbit/s，而 802.11b 和 802.11g 标准使用 2.4GHz 频段，分别支持最大 11Mbit/s 和 54Mbit/s 的速度。工作于 2.4GHz 频带是不需要执照的，该频段属于工业、教育、医疗等专用频段，是公开的；但工作于 5.15～8.825GHz 频带需要执照的。

目前 WLAN 所包含的协议标准有 IEEE802.11b 协议、IEEE802.11a 协议、IEEE802.11g 协议、IEEE802.11E 协议、IEEE802.11i 协议、无线应用协议（WAP）。

7.4.2 现场总线

1. RS232/485

RS485 是一种低成本、易操作的半双工结构总线。在实际应用中，RS422 和 RS485 串口传输速率指标都不错，在 1000m 内传输速率为 100kbit/s，短距离速率可达 10Mbit/s；RS422 串口为全双工，RS485 串口为半双工，媒介访问方式为主从问答式，属总线结构。但这种网络结构的不足在于接点数目比较少，无法实现多主冗余，有瓶颈问题，RS422 的工作方式为点对点，上位机一个通信口最多只能接 10 个节点；RS485 串口构成一主多从，只能接 32 个节点，但实际应用过程中在抗干扰、自适应、通信效率等方面仍存在缺陷，数据通信方式为命令响应式，数据传输效率降低，尤其是错误处理能力不强，同时当下端出现异常时，数据不能立即上传，灵活性极差，不适于实时性要求较高的场合，再加之有信号反射、中间节点等问题，每一通信口的节点数将会小于理论值。由于 RS422/485 总线网络结构的特点是整个系统的数据交换功能都集中在作为数据处理和后台监控的工控机及其智能通信卡上，一旦工控机故障或死机就会造成系统瘫痪，对系统硬件的稳定性及软件系统的可靠性要求很高。但这种通信结构成本低廉，所以这种结构一般用于数据处理量不大的通信通道。

2. CAN 总线

CAN 总线结构属于现场总线的范畴，是一种有效支持分布式控制或实时控制的串行通信网络，采用双线串行通信方式，检错能力强，可在高噪声干扰环境中工作。CAN 具有优先权和仲裁功能，多个控制模块通过 CAN 控制器挂到 CAN - bus 上，形成多主机局部网络。这种总线网络结构的特点为：通信接口中集成了 CAN 协议的物理层和数据链路层功能，可完成对通信数据的成帧处理，包括位填充、数据块编码、循环冗余校验、优先级判别等项工作，而 CAN 协议的一个最大特点是废除了传统的站地址编码，而对通信数据块进行编码。采用这种方法可使网络内的节点个数在理论上不受限制，在实际应用中一般为 110 个节点。数据块的标识码可由 11 位或 29 位二进制数组成，数据段长度最多为 8 个字节，可满足工业领域中控制命令、工作状态及测试数据的

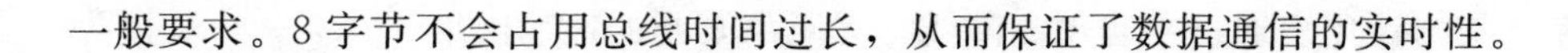

一般要求。8 字节不会占用总线时间过长，从而保证了数据通信的实时性。

7.4.3　电力线载波通信

电力线载波通信（power line communication，PLC）是以输电线路为载波信号传输媒介的电力系统通信方式，这种技术在当今的电力线路中已广泛使用，并且积累了大量的成功经验，在现在的配电自动化通信中仍为主要技术。这种通信方式在通信过程中通过载波方式将模拟或数字信号进行传输，利用现有的配电网作为通信信道，无须对现有电网进行任何改造。

1. 优点

电力线载波通信最大优点如下：

（1）不需要重新架设网络，只要有电线就能进行数据传递。PLC 调制解调模块的成本也远低于无线模块。

（2）相对于其他无线技术，传输速率快。

2. 缺点

电力线载波通信也有其缺点，导致 PLC 应用具有较大限制。

（1）配电变压器对电力载波信号有阻隔作用，所以电力载波信号只能在一个配电变压器区域范围内传送。

（2）三相电力线间有很大信号损失（10～30dB）。通信距离很近时，不同相间可能会收到信号。一般电力载波信号只能在单相电力线上传输。

（3）不同信号耦合方式对电力载波信号损失不同，耦合方式有线—地耦合和线—中线耦合。线—地耦合方式与线—中线耦合方式相比，电力载波信号少损失十几 dB，但线—地耦合方式不是所有地区电力系统都适用。

（4）电力线存在本身固有的脉冲干扰。使用的交流电有 50Hz 和 60Hz，其周期为 20ms 和 16.7ms。在每一交流周期中，出现两次峰值，两次峰值会带来两次脉冲干扰，即电力线上有固定的 100Hz 或 120Hz 脉冲干扰，干扰时间约 2ms，因此干扰必须加以处理。有一种利用波形过零点的短时间内进行数据传输的方法，但由于过零点时间短，实际应用与交流波形同步不好控制，现代通信数据帧又比较长，所以难以应用。

（5）电力线对载波信号造成高削减。当电力线上负荷很重时，线路阻抗可达 1Ω 以下，造成对载波信号的高削减。实际应用中，当电力线空载时，点对点载波信号可传输到几公里。但当电力线上负荷很重时，只能传输几十米。

7.4.4　快速以太网

以太网是一种基带局域网技术，以太网通信是一种使用同轴电缆作为网络媒体，采用载波多路访问和冲突检测机制的通信方式，数据传输速率达到 1Gbit/s，可满足非持续性网络数据传输的需要。

现在比较通用的以太网通信协议是 TCP/IP 协议。TCP/IP 协议与开放互联模型 ISO 相比，采用了更加开放的方式，已经被美国国防部认可，并被广泛应用于实际工程。TCP/IP 协议可以用在各种各样的信道和底层协议（如 T1、X.25 以及 RS232 串行接口）之上。确切地说，TCP/IP 协议是包括 TCP 协议、IP 协议、UDP（User Datagram Protocol）协议、ICMP（internet control message protocol）协议和其他一些协议的协议组。

TCP/IP 协议并不完全符合 OSI 的七层参考模型。传统的开放式系统互连参考模型，是一种通信协议的七层抽象参考模型，其中每一层执行某一特定任务。该模型的目的是使各种硬件在相同的层次上相互通信。而 TCP/IP 通信协议采用了四层结构，每一层都呼叫它的下一层所提供的网络来完成自己的需求。这四层分别为：

（1）应用层。应用程序间沟通的层，如简单电子邮件传输协议（SMTP）、文件传输协议（FTP）、网络远程访问协议（Telnet）等。

（2）传输层。此层提供了节点间的数据传送服务，如传输控制协议（TCP）、用户数据包协议（UDP）等，TCP 和 UDP 给数据包加入传输数据并把它传输到下一层中，这一层负责传送数据，并且确定数据已被送达并接收。

（3）网络层。负责提供基本的数据包传送功能，让每一块数据包都能够到达目的主机（但不检查是否被正确接收），如网际协议（IP）。

（4）接口层。对实际的网络媒体的管理，定义如何使用实际网络（如 Ethernet、Serial Line 等）来传送数据。

7.4.5 光纤

光纤通信具有较好的抗干扰能力，通信容量大、频带宽、误码率低、传输速率高。对于地下电力电缆配电网，光缆可以很方便地与电力电缆同沟敷设，投资不高，对于架空线也可利用电力部门所特有的设施，把光纤布设于钢绞线上。为保证通信可靠，最好有工作与备用双套光缆系统。

分布式电源实时监控与信息采集系统可以根据通信距离的长短，光端设备与自动化开关（或其他自动化设备如重合器、环网柜）设备间的距离远近，传输损耗的允许范围，选择单模光纤或多模光纤。

光端机有简单 MODEM 模式、收发器模式和智能自愈式收发器等多种型式。后者比较先进，光缆出故障时，智能化收发器可以自选路由，故障消失后自动恢复，还有多个（4 个）数据口可供其他通信，例如远方读表等使用。

1. 双纤自愈环网

利用光端调制解调器有多种组网方式，一般有点对点、主从结构、星型结构和双纤自环等。其中双光纤自愈环网优点突出，是系统可靠性最高的组网方式。

双纤自愈环网模式主要由具有自检功能，二发二收的光端机和二芯光纤组成。自愈型光端设备主要包括光/电转换的信号收发器及处理自愈功能的切换控制器，其模型如

图 7－7 所示。

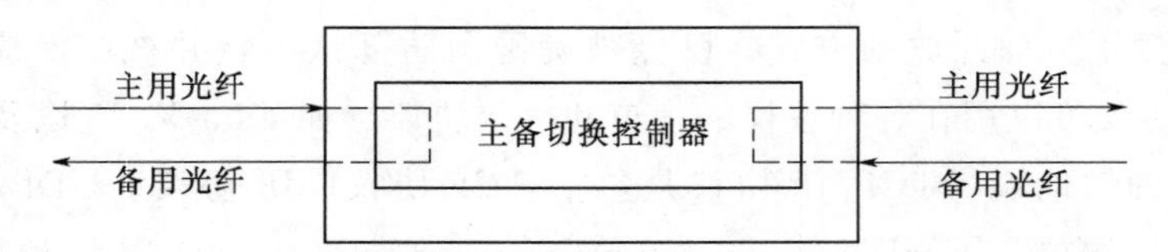

图 7－7　双纤自愈环网模型

<table>
<tr><td>ASDU</td><td colspan="2">ASDU 的域</td></tr>
<tr><td rowspan="5">数据单元标识</td><td rowspan="3">数据单元类型</td><td>类型标识</td></tr>
<tr><td>ASDU长度</td></tr>
<tr><td>可变结构限定词</td></tr>
<tr><td colspan="2">传输原因</td></tr>
<tr><td colspan="2">公共地址</td></tr>
<tr><td rowspan="4">信息体</td><td colspan="2">信息体类型</td></tr>
<tr><td colspan="2">信息体地址</td></tr>
<tr><td colspan="2">信息体元素</td></tr>
<tr><td colspan="2">信息体时标</td></tr>
</table>

图 7－8　应用数据单元结构

由具有自检功能的光端设备组成一主一备双纤环网。环路中任一光端机都可以作为主站，其他各点作为子站。假设某一光端机设备或某处光纤断裂，其相邻的两个光端机的主备通道自动回环，不会丢失来自主站或子站的数据，保证了主站的各个子站之间通信的畅通，确保通信的高可靠性。

2. 光纤以太网

随着网络技术和光纤通信技术的不断发展，现在出现了一种新型的光纤以太网通信结构，如图 7－8 所示。利用以太网的冲突检测机制，通信的时效性大大增强，系统的实时性得到提高。另外，它采用分层体系结构，结构清晰。随着技术的不断发展和成熟，这种光纤以太网也将在配网自动化系统中得到一些较为成熟的应用。

7.5　调度信息接入

分布式电源接入通信网建设通常是专网为主，公网为辅。在实际建设中，需要根据现场情况因地制宜，同时考虑应用需求、经济成本、安全等因素，综合采用最适宜的通信方案。从通信的可靠性、安全性要求考虑，优先采用光纤网络；在光纤不易到达的地区，采用电力载波线方式作为补充；接入点数量众多且分布广泛的地方，可采用无线技术，无线接入应满足电力系统二次安防的要求；对通信实时性相对要求不高且不需要进行远程控制的分布式电源，可选用运营商的无线网络。

（1）在分布式电源部署密集的区域（如在各类工业园区、经济开发区等），建议敷设光缆，优先选择光纤网络技术。

（2）对于分布式电源接入区域具备配网自动化通信网络（如 EPON 网络）的环境，建议敷设光纤接入就近的配网自动化的通信网络。特殊区域光缆线路难以敷设的，可采用中压载波技术。

（3）在分布式电源较多、分散且光缆敷设困难的平原地区，可试点选择无线专网技术。

（4）对 10kV 电压接入的分布式电源，若无远程控制需求，可选择无线公网通信。

（5）对 220/380V 低压接入的分布式电源，从节约成本的角度优先采用无线公网通

信，如 GPRS、CDMA 等。

正常情况下，具体向电网调度机构提供的基本信息应包括但不限于以下内容：

（1）电气模拟量：并网点电压、电流、有功功率、无功功率、功率因数、频率。

（2）状态量：并网点的开断设备状态、故障信息、分布式电源远方终端状态信号和通信通道状态等信号。

（3）电能量：发电量、上网电量、下网电量。

（4）电能质量：并网点处的谐波、电压波动和闪变、电压偏差、三相不平衡度等。

（5）其他信息：投入容量、经纬度等静态数据。

7.5.1 信息接入方式

针对以 220/380V 并网的分布式电源，一般采用无线方式进行数据接入，无线接入占比较高。由于目前采用系统和调度系统尚未贯通，因此，调度侧无法直接掌握这部分数据，故主要讨论以 10kV 或 35kV 接入公共电网的分布式电源信息接入情况，信息接入方式主要存在有线和无线两种。

1. 以有线方式经调度数据网实现信息接入

采用有线方式经调度数据网接入分布式电源运行信息，其数据接入具体方案与大型光伏电站类似，需按照“安全分区、网络专用、横向隔离、纵向认证”的原则并根据安全防护要求进行防护。数据一般经双平面方式接入地调系统，作为互备，其不直接接入省调系统，如图 7-9 所示。

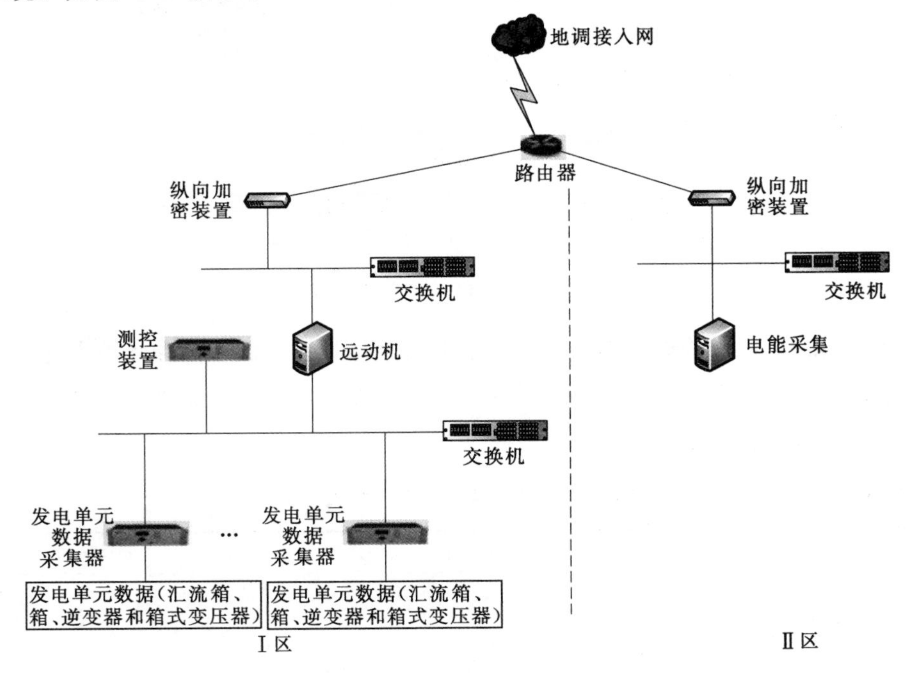

图 7-9　以有线方式经调度数据网实现信息接入典型方案（站内拓扑）

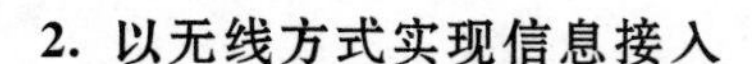

2. 以无线方式实现信息接入

采用无线方式接入分布式电源数据，实现方法为：在分布式电源侧安装无线传输终端，以 IEC101/IEC104 等规约从分布式电源远动装置获取数据，经专用网络（无线 VPN）接入省调（地调）安全接入区，最终进入调度系统，如图 7-10 所示。无线传输终端需根据安全接入区主站系统的要求实现传输协议、加密措施和认证措施等。

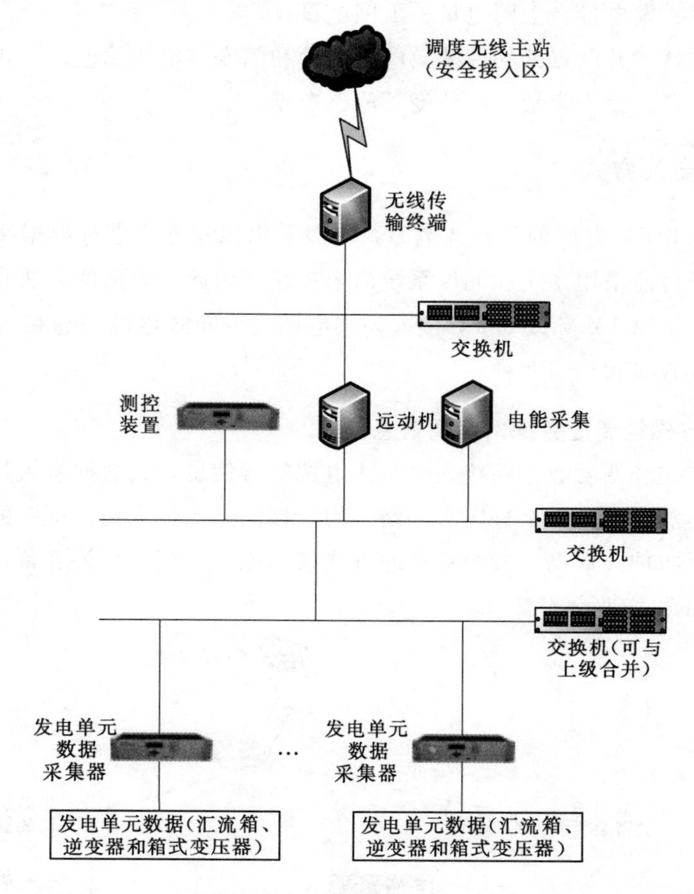

图 7-10　以无线方式实现信息接入典型方案（站内拓扑）

表 7-8 和表 7-9 给出了不同分布式电源信息接入方式的特点和优缺点比较。在实际工作中，在进行分布式光伏电站设计时，往往根据分布式光伏电站的具体情况因地制宜地选择接入方式。

表 7-8　　不同分布式电源信息接入方式特点

接入方式	主要接入设备	通信介质/通信速率	安全分析
有线	纵向加密装置、交换机、路由器	光纤 SDH	安全分区、网络专用、横向隔离、纵向加密
无线	无线接入终端	无线 VPN，传输方式 4G，理论速度可以达到 100Mbit/s	主站设立安全接入区

表 7-9　　不同分布式电源信息接入方式优缺点比较

接入方式	优　　点	缺　　点
有线	数据传输稳定，可靠性高	硬件配置价格昂贵，受电站所处位置影响较大
无线	硬件费用低，不受电站所处地形的约束	数据传输稳定性相对较差，受无线网络影响；额外设置安全接入区和服务设备，增加投资与维护成本

7.5.2　典型案例

目前，电网企业正在积极研究分布式电源信息接入的方式，其中以江苏、浙江、湖北等地区调度分布式电源信息接入最有代表性。

1. 江苏模式

有线方式通过电力调度数据网双平面直接接入地调调度自动化系统，如图 7-11（a）所示；无线方式通过 GPRS 装置将数据传送至江苏省电力有限公司分布式光伏安全接入区，经过安全隔离装置将数据传送至地调调度自动化系统，如图 7-11（b）所示。

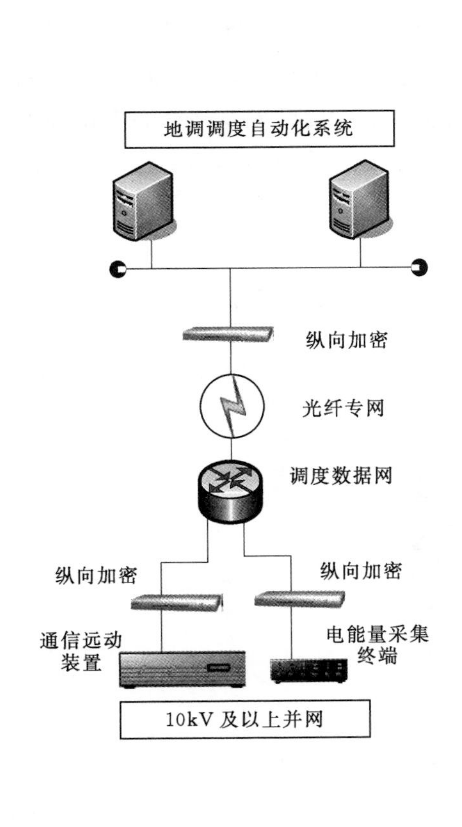

（a）分布式电源有线采集方式

（b）分布式电源无线采集方式

图 7-11　分布式电源数据采集系统图

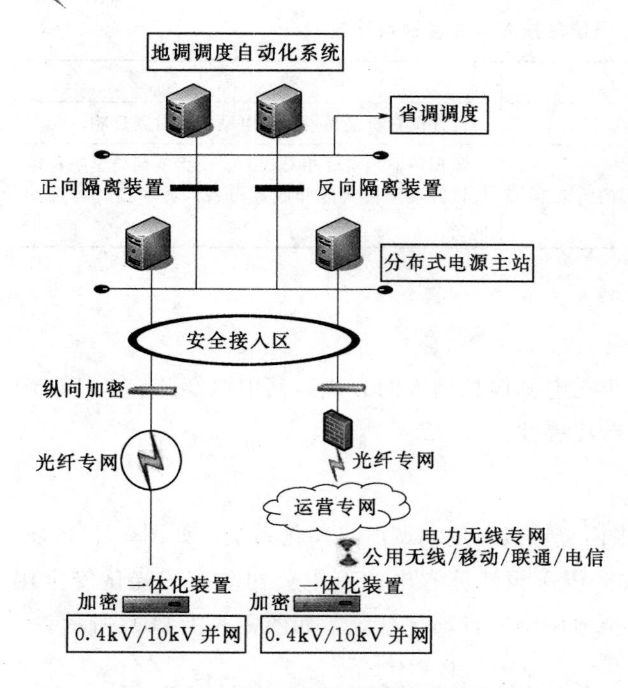

图 7－12　分布式电源数据采集系统图

2. 浙江模式

杭州、衢州等地区采用 101 规约有线通道和无线专网通过安全接入区接入县/地调调度自动化系统。嘉兴供电公司开发了分布式电源调控及运营平台，布置安全接入区，利用有线和无线混合传输技术，采用地县两级信息分层采集汇总方式，把分布式电源信息集中到地调分布式电源调控及运营平台，并通过安全隔离方式传送到调度自动化系统，然后再上送省调，如图 7－12 所示。

3. 湖北模式

恩施、宜昌、十堰、襄阳等地区以公用无线专网形式，把分布式水电智能电表信息采集到地区水调自动化系统，进行“一收二发”，其中“二发”为①通过防火墙转发至地调和省调调度自动化系统；②通过电力数据网转发至省调水调自动化系统。分布式水电数据采集系统图如图 7－13 所示。

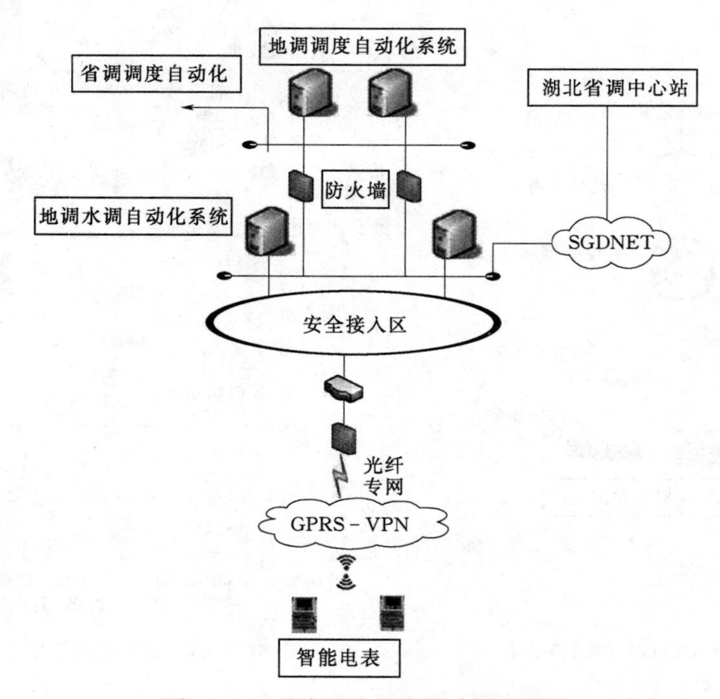

图 7－13　分布式水电数据采集系统图

7.6 信息采集安全防护

分布式电源数据采集由于其通信网络复杂的特点，极容易遭到外部网络攻击，因此，对于大型的分布式电源站，其信息安全防护风险较高。对于发电企业，分布式电源数据是重要的企业机密数据；对于电网企业，分布式电源数据是整个电力系统数据的重要组成部分，关系到电力系统的安全稳定运行；对于国家和社会，分布式电源数据反映出当地的气候资源信息，因此也是重要的国家机密。所以，应充分重视分布式电源信息采集的网络安全防护。

7.6.1 安全防护的主要风险点

1. 内外部连接复杂

分布式电源站一方面需要连接电力调度数据网，另一方面往往需要连接远程运维中心，对外连接较为复杂，因此其遭受外部攻击的风险较大。除此之外，分布式电源监控设备与分布式电源终端（如光伏逆变器、风电机组）之间距离较远，且经常采用无线方式进行连接，如很多渔光互补分布式光伏电站，不采用光纤环网，而是采用4G－LTE、wifi或zigbee等方式进行数据汇集，这也加大了分布式电源遭受外部攻击的可能性。

2. 安全管理水平较低

不同于传统的大型电站，分布式电源电站很少配备专门的运行维护人员，通常是多个分布式电源站共用运维人员，因此，缺乏可靠的网络安全管理制度。同时，运维人员缺乏专业的网络安全防护意识，或者防护意识淡薄，增大了分布式电源的网络安全风险。

3. 技术措施不够完善

有些分布式电源站内采用无线方式实现发电单元数据汇集，若未采取任何安全措施，则给外部攻击分布式电源信息系统提供了可能性。

远程运维与集控中心对分布式电源信息的采集与传输经常借助于外部共用网络，且未采取任何安全措施，这大大增加了网络安全防护风险。

大量分布式电源直接接入调度数据网，极易导致整个电力系统安全防护的末端急剧扩大，给电力系统的安全防护造成大量隐患。

7.6.2 安全防护的主要措施

1. 主站端安全防护措施

在分布式电源数据采集主站端设立安全接入区，进行身份认证、数据加密和防入侵检测，保证主站端网络安全，避免分布式电源网络安全风险扩散。

2. 分布式电源站端安全防护措施

针对采用电力专线接入调度数据网的分布式电源，应对电站监控系统进行安全分区，按照“安全分区、网络专用、横向隔离、纵向加密”的要求，进行分布式电源监控系统设计与管理。

针对采用专用网络进行数据远传的分布式电源，应采取额外的认证加密手段，并在主站端设立安全接入区。

针对采用外部公用网络进行数据远传的分布式电源，建议在电站侧和主站端均部署电力专用隔离装置，隔离外部网络，保证网络安全。

3. 分布式电源本体安全防护措施

在分布式电源内部采取网络安全监测告警相关手段，实现网络安全事件的闭环监控，加强机房和物理设备的安全管理，封闭不使用的端口；对重要服务器、工作站的安全状况进行在线扫描，实现闭环管控；定期对软硬件进行升级，防止由安全漏洞引发的风险。

4. 分布式电源内部通信安全防护措施

采用认证及数据加密手段，强化分散部署在户外的就地采集终端与站内监控设备之间的通信，防止因一个风电机组或光伏组件的安全风险扩散到整个分布式电源站甚至主站端的情况，将风险控制在最小范围。

7.7　分布式电源并网监测

7.7.1　基本要求

（1）监控系统应采用开放式体系结构、具备标准软件接口和良好的可扩展性。

（2）监控系统中服务器、网络交换机及通信通道宜冗余配置。

（3）监控系统应具备遥测、遥信、遥控、遥调等远动功能，应具有与电网调度机构交换实时信息的能力。

（4）监控系统接入电网调度机构时，应满足《电力二次系统安全防护规定》（国家发改委 2014 年第 14 号令）的要求。

7.7.2　系统架构及配置

1. 系统架构

监控系统主要包括主站、子站和通信网络，其中子站可以是单个发电系统或多个发电系统汇集而成的系统。分布式电源发电系统远程监控系统架构如图 7－14 所示。

2. 系统配置

（1）硬件配置。主站宜配置数据库服务器、前置服务器、应用服务器、工作站、卫

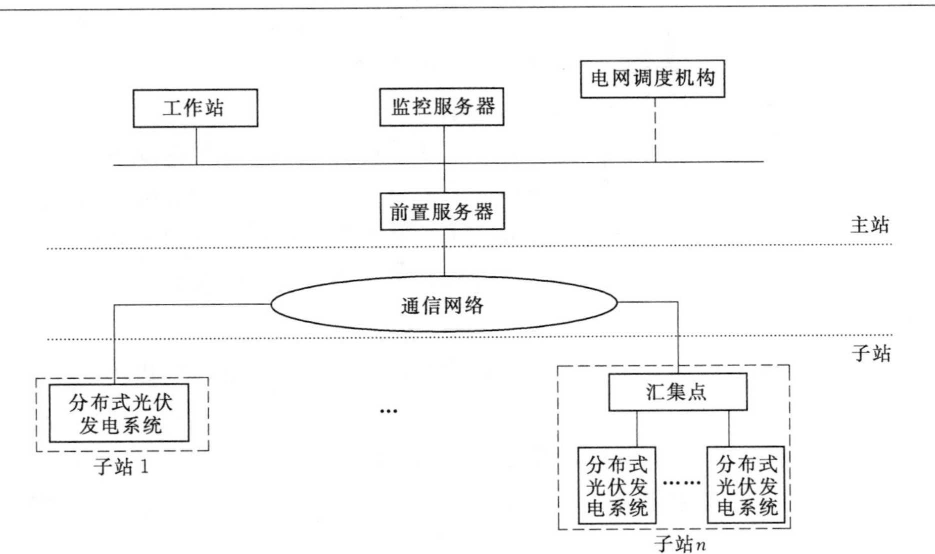

图 7-14 分布式电源发电系统远程监控系统架构

星对时设备等；子站宜配置服务器和通信接口装置等；网络设备宜配置网络交换机、路由器、硬件防火墙、隔离装置、纵向认证加密设备等。

(2) 软件配置。监控系统软件应包括系统软件、支撑软件和应用软件。

监控系统应配置实时数据库和历史数据库。

支撑软件应包含数据库管理子系统、网络通信管理子系统、图形管理子系统、报表管理子系统等模块。

7.7.3 主要功能

1. 数据信息接收

远程监控主站应具备对分布式发电公共连接点、并网点、逆变器、汇流箱等的模拟量、状态量、保护信息及其他数据的接收功能。

远程监控主站数据接收模块应支持 DL/T 860、DL/T 634.5104 和 DL/T 634.5101 等多种通信规约，多数据类型的接收，支持有线和无线等多种通信方式的信息接入和转发功能。远程监控主站应能接收区域内的实时辐照度、环境温度等气象信息。

2. 数据信息处理

远程监控主站应具备对采集数据信息进行计算、分析等功能，数据分析服务功能包括但不限于：

(1) 支持数据源选择、自动计算周期等，支持按日、月、季、年或自定义时间段统计。

(2) 支持统计指定量的实时最大值、最小值、平均值和发电量总加值，统计时段包括年、月、日、时等。

(3) 支持多位置信号、状态信号的逻辑计算。

（4）支持统计指定量变位次数、遥控、遥调次数等。

（5）支持统计遥控正确率和遥调响应正确率等。

（6）支持统计电站、并网点、逆变器和汇流箱停运时间、停运次数等。

（7）支持对电压电流越限、功率因数和电能质量合格率等统计分析。

（8）支持人工设定数据和状态，所有人工设置的信息应能自动列表显示。

远程监控主站应具备对采集数据信息进行合理性检查及越限告警功能，检测告警服务包括但不限于：

（1）支持数据完整性检查，自动过滤坏数据，根据电源发电运行状态，自动设置数据质量标签。

（2）支持设定限值，支持不同时段使用不同限值。

（3）告警公共服务支持告警定义、告警动作、告警分流、画面调用、告警信息存储等。

远程监控主站应具备对采集数据信息进行存储的功能，存储服务包括但不限于：

（1）支持对采集的各类原始数据和应用数据进行分类存储和管理。

（2）支持对事件顺序记录、操作记录的存储功能。

（3）重要数据存储时间不少于 3 年。

3. 数据库管理

远程监控主站数据库管理应具备数据库维护、数据库同步、离线文件保存、数据库备份和数据库恢复等功能。

远程监控主站数据库应支持按照访问者权限、访问类型，对外提供统一的实时或准实时数据服务接口。

4. 人机界面

远程监控主站可包括但不限于：

（1）界面操作应提供菜单驱动等多样的调图方式。

（2）实时监视画面应支持厂站图、线路单线图、网络图、地理分布图、运行工况图和通信网络图等，图形展示方式包括趋势图、柱状图、饼图等。

（3）操作画面应支持遥控、遥调、校验和执行画面等操作。

（4）数据管理可根据需要设置、过滤、闭锁各种类型的数据。

（5）支持多屏显示、图形多窗口、无级缩放、漫游、拖拽、分层分级显示等。

（6）支持分布式发电系统站点快速查询和定位。

远程监控主站应具备图模库一体化的图形建模工具，具备网络拓扑管理工具，支持用户自定义设备图元和间隔模板，支持各类图元带模型属性的拷贝。

远程监控主站状态管理应支持对各分布式发电子站、软件模块及网络的运行状态和操作进行管理和监视。

远程监控主站应具备图形、语音、文字、打印等形式的报警功能，支持告警查询、

自定义报警级别、报警统计分析、告警确认与清除、主要事件顺序显示等功能。

远程监控主站操作和控制应能实现人工置数、标识牌操作、闭锁和解锁操作、远方控制与调节功能，应有相应的权限控制。

远程监控主站应具备对采集数据进行查询、访问功能，具备组合条件方式查询功能。

5. 运行分析

远程监控主站对分布式发电自定义群组和分布式发电项目运营评价宜包括综合发电分析、异常发电分析、电能质量分析。

综合发电分析应能按区域、电压等级、自定义群组、分布式发电项目等类别对象，以日、月、季、年或时间段等时间维度对系统所采集的电能量进行组合分析，包括统计电能量查询、电能量同比环比分析、电能量峰谷分析、发电趋势分析和发电高峰时段分析、排名等。

异常发电分析应能结合实时辐照度、环境温度等气象信息对计量及发电异常进行监测，提供分布式电源发电情况跟踪、查询和分析，发现设备异常、运行异常和发电异常。

当接入 35kV 时电能质量分析应包括分布式发电系统公共连接点的电压、谐波、不平衡及闪变等越限统计和功率因数合格率统计等。

6. 报表处理

远程监控主站应具备根据需求选择数据分类和时间间隔生成报表并支持导出、打印等功能。

7. 防误闭锁

远程监控主站应支持多种类型的远方控制自动防误闭锁功能，包括基于预定义规则的常规防误闭锁和基于拓扑分析的防误闭锁功能。

8. 系统时钟对时

远程监控主站应具备接受 GPS 或北斗等设备对时命令的功能，并可通过报文等方式对子站进行对时。

9. 远程控制

远程监控主站应具备向分布式发电监控子站下发遥控跳闸指令的能力，控制分布式发电并网点断路器跳闸。

远程监控主站宜具备向满足可控条件的分布式电源下发远程启停指令的能力。

远程监控主站应具备电压无功调节功能，根据并网点电压执行电压调节策略，对分布式电源监控子站下发参考电压、电压/无功调节策略等无功电压控制指令。

远程监控主站宜具备有功调节功能，能够按照电网调度指令响应分布式发电有功功率调度指令。

远程监控主站宜具备序列控制功能，可预定义控制序列，控制过程中每一步的校验、控制流程、操作记录等与单点控制采用同样的处理方式。

远程监控主站宜具备集群控制功能，可预定义分布式电源集群，主站同时向多个分布式电源发出控制指令。

10. 信息管理

信息管理应包括分布式发电项目信息、公共连接点、并网点、逆变器设备参数、安装容量、项目类别、运营模式和建设投运信息等台账管理。

信息管理应具备记录、统计分布式发电检修、故障时间的功能。

信息管理应具备分布式发电子站、终端等设备台账、运行状态管理功能。

信息管理应根据系统设置，建立集群控制组，下辖多个分布式发电系统，并管理集群属性、集群范围、集群运行状态。

信息管理可按分布式发电接入电网位置、运营方式、并网电压等级、接入方式等划分统计汇总群组，并管理自定义群组属性、群组范围、群组统计汇总方法、统计周期等。

11. 权限管理

远程监控主站用户权限管理应根据不同的工作职能和工作性质赋予人员不同的权限和权限有效期，包括层次权限管理、权限绑定和权限配置。

远程监控主站用户权限应采用分级管理，可进行用户密码设置和权限分配。并可根据业务需要，按照业务的涉及内容进行密码限制。

登录系统的所有操作员都应经过授权，进行身份和权限认证，根据授权权限使用规定的系统功能和操作范围。

12. 远程监控主站与电网调度交互

远程监控主站应通过标准化信息模型与电网调度系统和配电自动化系统实现交互，也支持文件导入方式。

(1) 在电网调度需要紧急控制时，能接收调度下发的功率、电压限制值。

(2) 远程监控主站提供的信息包括分布式发电自定义群组的实时运行信息、累计总加信息、分布式发电台账信息等，当执行远程控制和调节时，同时向电网调度系统上报控制指令序列及控制执行反馈。

远程监控主站与电网调度机构之间的通信方式、传输通道、交互内容和实时性要求应满足电网调度机构的要求。

系统间交互模块应具备权限管理、安全防护并能进行数据完整性和有效性校验。

13. Web 功能

监控主站可具备分布式发电相关数据的信息发布、浏览、下载等 Web 功能。发布信息包括分布式电源电气拓扑图、历史运行数据、实时告警信息、历史告警信息、报表、画面等；可浏览权限范围内的报表、画面、图形；提供访问权限控制下数据、报

表、资料等下载。

大量分布式电源接入电网后，为了给电网运行提供决策支持，优化支撑分布式电源运行管理，需要对分布式电源进行监测，并对分布式电源的并网运行进行分析。本章讲述了配电网无功电压控制原理，分析了各类型分布式电源的无功出力能力以及分布式电源有功出力对配电网电压的影响，并以分布式电源中最常见的分布式光伏发电为例，阐述含分布式电源的配电网电压控制技术。

7.8 本章小结

分布式电源的快速发展对电网企业调度端实现数据接入全覆盖提出了新的要求。

本章梳理了分布式电源运行管理对数据采集与通信的需求，描述了采集数据范围、采集数据频度，并以分布式光伏为例介绍了分布式电源静态信息。在数据采集规约方面，简要介绍了常用的协议，包括 CDT、IEC 60870－5－101/104 规约和 Modbus 规约，总结了不同类型通信规约的主要内容。在信息模型方面，介绍了采用面向对象的方法对分布式电源数据进行统一信息建模，以 IEC61850 为例对分布式电源的公共信息模型扩展进行研究。在数据采集通信方面，介绍了无线通信、现场总线、电力载波通信、快速以太网和光纤等常用的通信技术和各自的应用特点。在分布式电源运行信息安全防护方面，从信息安全可靠性出发，介绍了设立安全接入区、依托无线运营商 VPDN 和采取独立的加密认证措施等方法。在分布式电源并网监测方面，提出了分布式电源并网监测的总体要求，并描述了系统架构及配置以及应用软件功能。

参 考 文 献

［1］ 杨永标，王双虎，王余生，等. 一种分布式电源监控系统设计方案［J］. 电力自动化设备，2011，31（9）：125－128.
［2］ 姚建国，杨胜春，单茂华，等. 面向未来互联电网的调度技术支持系统架构思考［J］. 电力自动化系统，2013，37（21）：125－128.
［3］ 顾强，王守相，李晓辉，等. 配电系统元件的公共信息模型扩展［J］. 电力自动化设备，2007，27（10）：91－94.
［4］ 潘毅，周京阳，李强，等. 基于公共信息模型的电力系统模型的拆分与合并［J］. 电力系统自动化，2003，27（15）：45－47.
［5］ 张娟，裴玮，谭红杨，等. 分布式可再生能源发电公共信息模型扩展研究［J］. 现代电力，2009，26（6）：6－11.
［6］ 蒋玮，汪梁，王晓东，等. 面向用电双向互动服务的信息通信模型［J］. 电力系统自动化，2015，39（17）：75－81.
［7］ 湛锋，秦冠军，张长开，等. 若干 SCADA 监控系统的设计比较［J］. 工业控制计算机，2018，31（2）：1－3.
［8］ 叶剑斌，左剑飞，黄小鉥. 风电场群远程集中 SCADA 系统设计［J］. 电力系统自动化，2010，34（23）：97－101.

[9] 田国政．变电站自动化系统的通信网络及传输规约选择 [J]．电网技术，2003，27（9）：66－68．

[10] 李映雪，陆俊，徐志强，等．多技术融合的智能配用电终端通信接入架构设计 [J]．电力系统自动化，2018，42（10）：163－169．

[11] 解思江，焦阳，李晓辉，等．基于终端安全的省级电力公司信息安全防护体系建设 [J]．电气应用，2015（增刊）：255－257．

[12] 龚钢军，高爽，陆俊，等．地市级区域能源互联网安全可信防护体系研究设 [J]．中国电机工程学报，2018，38（10）：2861－2872．

[13] 周娜．IEC 61850 到 IEC 60870－5－104 标准映射的研究 [J]．通讯世界，2016（8）：50－51．

[14] 邓卫，裴玮，齐智平．基于 IEC 61850－7－420 标准的 DER 通信及控制通用接口设计与实现 [J]．电力系统保护与控制，2013，41（22）：141－148．

[15] 周邺飞，赫卫国，汪春，等．微电网运行与控制技术 [M]．北京：中国水利水电出版社，2017．

第8章　新形式分布式电源并网应用

我国分布式电源发展的主要特征是资源分布极其不均匀，如何有效缓解分布式电源发展不平衡不充分的现状，并以新技术及商业模式来助推我国能源变革，值得深思。分布式储能技术和虚拟电厂技术为未来我国分布式电源发展打开了新的思路。

分布式储能设置灵活，功率双向可调，具有平抑风光间歇性，削峰填谷等多重用途，是我国分布式电源发展的重要方向。目前分布式储能的应用聚焦在居民储能应用、工商储能应用和光储充应用方面，急需对分布式储能接入配电网后的运行控制与用户侧储能提供辅助服务等方面开展研究。

虚拟电厂整合各类分布式电源、可控负荷与储能等资源，从经济性和技术性两个方面协调分布式电源与大电网的运行管理，提升了分布式电源的利用效率，减少对化石能源的依赖，促进节能减排。目前虚拟电厂应用主要集中在电力市场交易和辅助服务交易等方面，需要对虚拟电厂的运行控制、调度运行、业务功能、运营模式等方面开展研究。

目前，国内关于分布式储能和虚拟电厂的研究应用正处于起步探索阶段，本章将结合应用实例详细介绍分布式储能和虚拟电厂的相关研究内容，并对分布式储能和虚拟电厂的发展进行了探讨。

8.1　分布式储能技术

分布式储能是分布式电源的一种，但与分布式电源不同的是，它既能作为电源，也能作为电网负荷，应用在配电网中往往能起到平滑新能源波动、降低负荷峰谷差、提高供电设备利用率、提升供电可靠性、改善电能质量等作用，是实现能源供应清洁化，用户用电智能化、源网荷互动友好化的重要手段。

8.1.1　分布式储能概述

随着储能技术的进步、成本的降低以及需求侧的演化发展，分布式储能在电力系统中的广泛应用是未来电网发展的必然趋势，也是突破传统配电网规划运营方式的重要途径。

分布式储能安装地点灵活，与集中式储能相比减少了线路损耗和投资压力，但相对于大电网的传统运行模式，目前的分布式储能接入及出力具有布局分散、可控性差等特点。从电网调度角度而言，目前缺乏对分布式储能的有效调度手段，如任其自发运行，相当于接入一大批随机性的扰动电源，其无序运行无助于电网频率、电压和电能质量的改善，也造成了储能资源的较大浪费。在配电网中合理地规划分布式储能，并调控其与分布式电源和负荷协同运行，不但可以通过削峰填谷起到降低配电网容量的作用，还可以弥补分布式发电出力随机性对电网安全和经济运行的负面影响。进一步，通过多点分布式储能形成规模化汇聚效应，积极有效地面向电网应用，参与电网调峰、调频和调压等辅助服务，将有效提高电网的安全水平和运行效率。

目前，我国分布式储能正处于发展期，储能技术也日趋成熟，国内也出台了相关政策支撑储能行业发展，以下从政策和技术两个方面分析国内的储能现状。

8.1.1.1　分布式储能政策现状

我国陆续发布了许多与储能相关的政策，本章将 2012 年以来发布的 16 项政策进行了汇总，见表 8－1。其中，仅 2016—2017 年出台的政策有 12 项，可见近两年我国政府对储能技术及发展的重视。总体来看，国家从政策角度确立了储能对于能源转型的重要性——发展新能源，支持储能技术，建设低碳、节能、环保的电力体系。

表 8－1　储能政策的发展历程

序号	文件名称	文号
1	国家发展改革委、财政部、科学技术部、工业和信息化部、国家能源局《关于促进储能技术与产业发展的指导意见》	发改能源〔2017〕1701 号
2	国家能源局综合司关于开展能源行业储能领域标准专项研究工作的复函	国能综函科技〔2017〕38 号
3	国家能源局印发《关于促进储能技术与产业发展的指导意见（征求意见稿）》	—
4	《2017 年能源工作指导意见》	国能规划〔2017〕46 号
5	国家能源局关于印发能源发展“十三五”规划的通知	发改能源〔2016〕2744 号
6	《可再生能源发展“十三五”规划》	发改能源〔2016〕2619 号
7	《国家发展改革委　国家能源局关于推进多能互补集成优化示范工程建设的实施意见》	发改能源〔2016〕1430 号
8	国家发展改革委、工业和信息化部、国家能源局关于印发《中国制造2025——能源装备实施方案》的通知	发改能源〔2016〕1274 号
9	国家能源局《关于促进电储能参与“三北”地区电力辅助服务补偿（市场）机制试点工作的通知》	国能监管〔2016〕164 号
10	《能源技术革命创新行动计划（2016—2030 年）》	发改能源〔2016〕513 号
11	国家能源局关于在能源领域积极推广政府和社会资本合作模式的通知	国能法改〔2016〕96 号
12	《关于推进“互联网＋”智慧能源发展的指导意见》	发改能源〔2016〕392 号
13	《关于推进新能源微电网示范项目建设的指导意见》	国能新能〔2015〕265 号
14	国家能源局综合司关于做好太阳能发展“十三五”规划编制工作的通知	国能综新能〔2014〕991 号
15	国家发展改革委关于印发可再生能源发展“十二五”规划的通知	发改能源〔2012〕1207 号
16	《节能与新能源汽车产业发展规划（2012—2020 年）》	国发〔2012〕22 号

储能政策的发展历程大体分为鼓励、积极、突破、细则落地 4 个阶段。鼓励阶段是从 2012 年开始的，在新能源汽车领域和《国家发展改革委关于印发可再生能源发展“十二五”规划的通知》（发改能源〔2012〕1207 号）中，将储能作为后备的技术配合和技术支撑，是进行鼓励发展的一个阶段。积极推广阶段是储能作为微电网等其中的一部分而获得关注，之后作为能源技术革命创新行动计划之一，储能核心技术的掌握情况得到重视。2016 年 6 月国家能源局《关于促进电储能参与“三北”地区电力辅助服务补偿（市场）机制试点工作的通知》（国能监管〔2016〕164 号）体现了储能作为独立个体，有了特定的电力市场，这是储能产业的实质性利好。从储能领域的 3 大突破到开展储能电站示范工程的建设，再到储能开始真正作为一个独立的个体在政策中体现，整个政策可归纳为“支撑—配合—独立”的发展过程。

8.1.1.2 分布式储能技术现状

储能的技术类型有多种，适于可再生能源发电和智能微电网的电力储能技术包括：抽水蓄能、压缩空气储能、铅酸电池、锂离子电池、钠硫电池、液流电池、超级电容器、飞轮储能、超导储能等。近年来，随着可再生能源发电和智能电网技术及应用的快速发展，电力储能技术及其应用也得到了快速发展。就当前各类电力储能技术的发展水平而言，总体上讲，面临成本高和技术不够成熟两方面的问题。因此，除了抽水蓄能之外，其他电力储能技术还没有实现大规模应用。

国内储能项目近两年发展较快，分别在可再生能源并网、分布式发电和微网以及电动汽车等领域部署了一些储能项目。从应用上看，按装机容量分，储能在可再生能源并网领域的比例最高占 51%，电力输配、分布式发电及微网和辅助服务也是应用的重点领域，占比分别为 19%、8%和 16%。随着越来越多的示范项目在我国运行，预计到 2020 年，我国储能市场规模将达到约 136.97GW，占 2020 年全国总发电装机容量的 7.6%。

储能技术在分布式可再生能源接入与智能电网技术发展领域仍具有一定的挑战。从技术角度来看，关键材料、制造工艺、能量转化效率是各种储能技术面临的共同挑战，在规模化应用中还需进一步解决稳定、可靠、耐久性的问题。一些影响储能技术规模化应用的重大技术瓶颈还有待解决。抽水蓄能技术进一步的攻关重点在于大型抽水蓄能电站选址技术、高坝工程技术、高水头大容量水泵水轮机、新型发电机技术、智能调度与运行控制技术等。压缩空气储能技术进一步的攻关重点在于高温储热技术、新一代液化空气储能技术、超临界压缩空气储能技术等。飞轮储能的技术攻关重点在于高强度复合材料技术、高速低损耗轴承技术、高速高效发电/电动机技术、飞轮储能并网功率调节技术、真空技术等。化学电池储能中关键材料制备与批量化和规模化需进一步取得突破，主要包括电解液、离子交换膜、电极、模块封装、密封等。超级电容器高性能材料和大功率模块化技术以及超导储能中新型超导材料、液氮与 200K 温区超导带材技术、超导限流—储能系统等装备技术均尚需进一步突破。

8.1.2　分布式储能接入配电网运行控制

在储能政策和技术的支持下，国内储能发展已经初具规模。其中分布式储能对于区域电网来说是潜在的优良资源，而分布式电源大量接入配电网存在容量小、数量多、分布不均衡、单机接入成本高、系统操作及管理困难等问题，且用户侧配电网的拓扑结构复杂，对分布式储能的系统调度带来一定的技术难题。本研究针对分布式储能在用户侧的典型应用模式，包括储能辅助光伏并网、负荷削峰填谷、提高配电网电能质量与可靠性、光储充一体化等进行阐述，分析分布式储能不同的接入方式、运行控制、出力特性等技术形态与载体，为进一步分析分布式储能汇聚协调控制技术提供理论指导。

8.1.2.1　光储充一体化运行控制

目前电动汽车充电桩采用的恒流/恒压充电方式调节负荷的能力有限，单独靠电动汽车充电进行负荷调节效果不理想。电动汽车充电负荷具有时空双尺度的可调节性，利用此特性可在时间和空间上进行双尺度的负荷调度，使电动汽车充电负荷对电网运行产生积极的作用。电池储能系统接入含分布式光伏的电动汽车充电站的典型系统接线如图 8－1 所示。

图 8－1（a）为储能系统接入交流低压侧并网点时的系统接入拓扑结构图；图 8－1（b）为储能系统接入交流高压侧并网点时的系统接入拓扑结构图。根据目前我国电网运行现状，暂不考虑充电站向电网放电的工作模式。光伏发电的首要目标是服务电动汽车充电，在正常情况下光储充一体化电站并网运行，光伏发电系统优先为电动车充电桩和场站内负荷供电，电能供给不足则由电网供电；光伏发电功率较大，已满足场站内电动汽车及负荷用电需求时，则为电池储能系统充电，多余的电力通过双向电能计量系统送入电网。夜间电动汽车充电桩及场站负荷用电优先由电池储能系统供给，功率不足或电能质量不满足要求时再从电网购电。当电网故障停止供电时，光储充一体化电站中的监控装置检测到异常情况，并自动断开光伏发电的系统并网侧开关及负荷侧开关，维持电动汽车充电桩和光伏控制室的电力供应，确保充电站供电的持续性和可靠性。

8.1.2.2　辅助光伏功率并网控制

《储能系统接入配电网技术规定》（Q/GDW 1564—2014）中对电池储能系统接入配电网的接入方式做了一般性技术规定。分布式储能在用户侧电网中有多种运行模式，不同的运行模式、不同的用户需求下，储能系统接入方式不尽相同，现以 110（35）kV 变电站为例，研究储能系统在用户侧辅助光伏功率并网应用模式中的接入方式。利用储能系统不仅可以最大限度地平抑用户侧光伏输出功率波动，且可实现整体跟踪计划出力，其典型接线如图 8－2 所示。

图 8－2（a）为并网储能系统接入光伏低压直流侧的系统接入示意图，电池储能单元和光伏发电单元共用光伏逆变器，需要配置储能 DC/DC、DC/AC 模块，储能和光伏

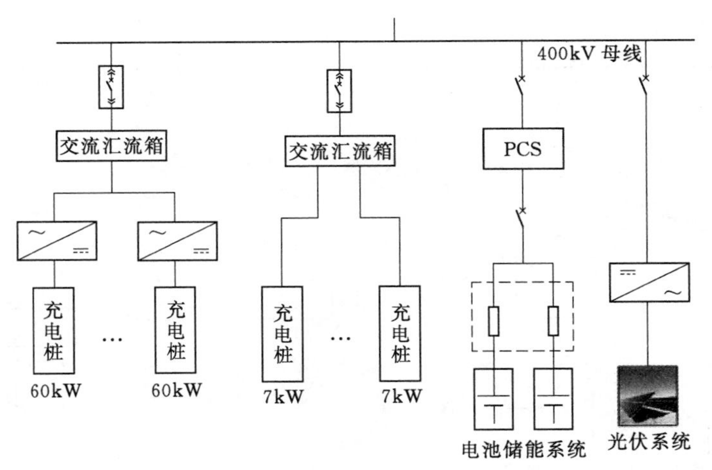

(a) 低压侧接入示意图

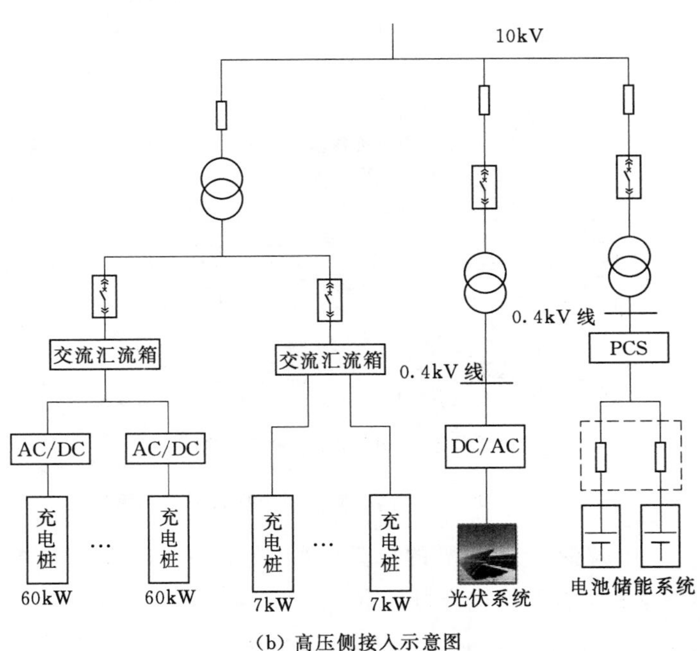

(b) 高压侧接入示意图

图 8-1　光储充一体化储能接入示意图

共用逆变器对光伏逆变器的要求较高，设计中需考虑光伏逆变器控制策略和参数，储能系统功率输入/输出受光伏输出功率和光伏逆变器约束。图 8-2（b）为并网储能系统接入光伏高压交流侧并网点的系统接入示意图，该交流母线连接方式，需要配置储能升压变，适合集中管理，且技术相对成熟，控制策略简单，储能系统功率输入/输出相对独立。图 8-2（c）为并网储能系统接入光伏低压交流侧并网点的系统接入示意图，该接入方式为低压交流母线接入方式，采用模块化设计，配置灵活，节省储能升压变的投资，控制策略相对接入方式图 8-2（a）简单、较接入方式图 8-2（b）复杂，相比接

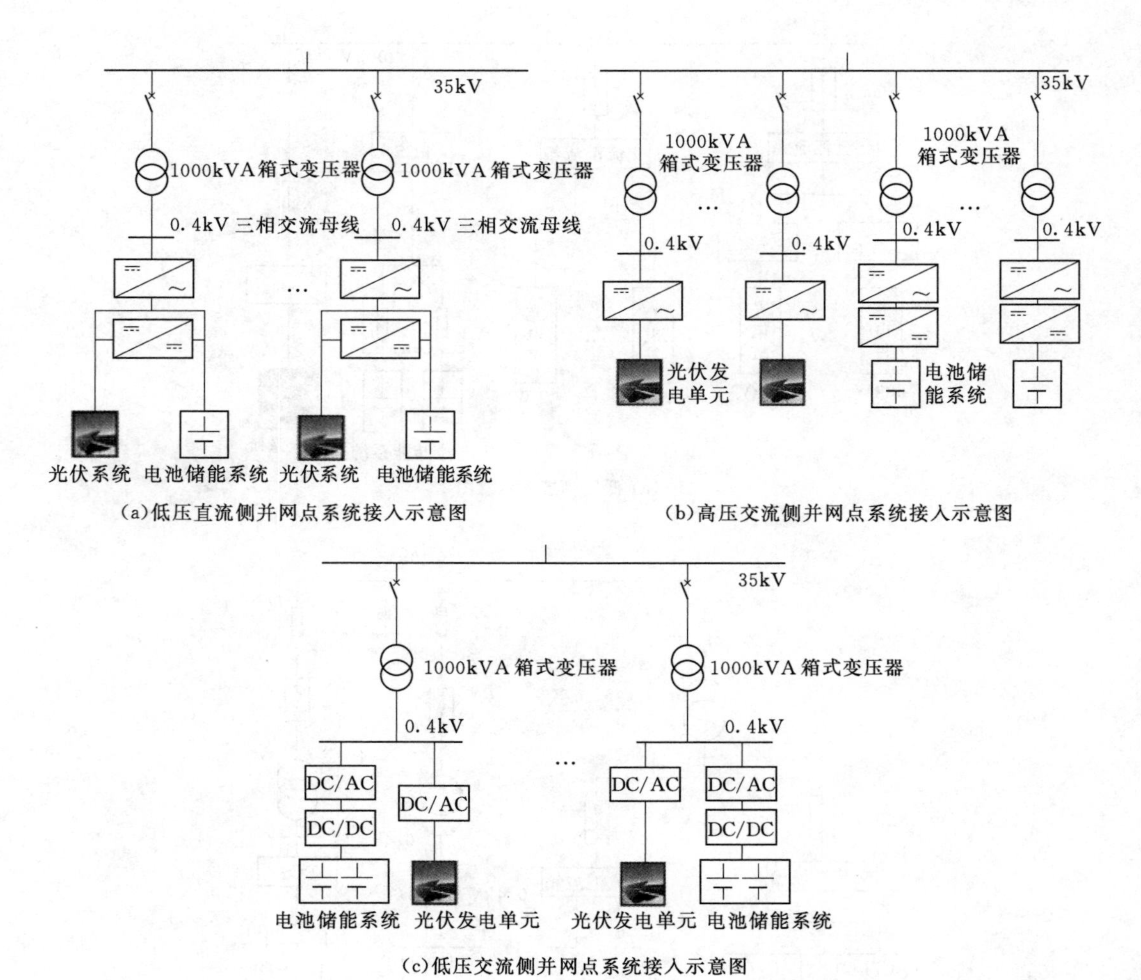

图 8-2　辅助光伏并网的储能系统接入方式示意图

入方式图 8-2（a）中减少了 DC/DC 的投资，需配置储能 DC/AC。储能系统功率输入/输出受光伏输出功率和上级升压变容量约束。

1. 平滑可再生能源发电出力

为使分布式光伏等分布式电源并网功率满足分钟级/10min 级最大有功功率变化量限值要求，以电池储能系统 SOC 为反馈信号，调节电池储能系统出力来平滑光伏输出功率波动。为使光伏并网功率波动满足并网要求，以改善光伏电站出力特性、缩减光伏并网功率波动为目的，以优先满足分钟级光伏并网功率要求为控制原则，利用电池储能系统的充/放电特性，使分钟级的光伏功率在一定的范围内波动，其次再满足 10min 级的光伏功率波动最大变化限值的要求。此外，当分布式光伏和分散式风电大规模接入电网中后，对局部电网产生明显冲击，增加分布式储能系统，能够提供快速的有功支撑，增强电网调频能力。

2. 跟踪计划出力

基于功率预测的光伏电站日前发电计划曲线与次日实际光伏功率输出存在较大偏差，为使光伏发电尽可能地与日前发电计划曲线相匹配，减少两者间的偏差，可配置一定量的储能，提高光伏电站的可调度性。

受储能输出功率及容量的限制，光储输出功率曲线无法严格与调度计划一致，在尽可能满足光储输出曲线与调度曲线一致的前提下，充分考虑电池储能系统SOC变化，留有足够的充电和放电裕度，在SOC反馈控制中使用模糊控制策略，尽可能使电池储能系统工作于50%SOC附近，进而可在兼顾发电计划跟踪的同时对SOC进行调整，较好地完成跟踪计划出力的工作。

3. 减少光伏电站弃光

基于当前各发电单元的光伏发电功率数据和其对应的单元储能系统的当前容量状态，通过储能集群控制器下发功率控制指令到各储能单元，各储能单元通过充放电控制，减少光伏电站的弃光限电。

4. 增加光伏电站一次调频能力

随着分布式电源占比不断增加，系统一次调频能力及转动惯量水平均有所降低，尤其是在大规模直流馈入的电网中，当发生直流闭锁等大容量不平衡功率扰动时，系统频率稳定水平下降。光伏电站无转动惯量，随着接入规模的增大，系统等效转动惯量将降低，因此，当出现大功率扰动故障后，电网频率跌落速度更快。利用分布式储能自身所储能量，参与光伏系统一次调频的控制策略，能增加光伏电站的一次调频能力，提高电力系统抗频率扰动的能力。

8.1.2.3 负荷侧削峰填谷控制

各种形式的储能电站可以在电网负荷低谷的时候作为负荷从电网获取电能充电，在电网负荷高峰时刻改为发电方式运行，向电网输送电能，一方面有助于减少系统输电网络的损耗，减缓或者替代新建发电厂产生经济效益，提高输配电设备利用效率；另一方面在峰谷电价政策下，采用谷时充电峰时用电的方法给用户节约电费支出。在实际应用中，可以基于当地的峰谷电价差，针对典型日负荷曲线，利用电池储能系统充放电控制，可实现用户负荷用电的削峰填谷作用，降低用户负荷购电成本。

电池储能单元可接入用户侧交流母线低压侧，与用户共用上级升压变，也可作为独立的基本单元经储能系统自身升压变接入用户侧上级高压交流母线并网点。

以江苏为例，江苏地区大工业用电高峰时间段为8：00—12：00和17：00—21：00；谷段时间段为0：00—08：00；平段时间段为12：00—17：00和21：00—24：00，如图8-3所示。基于当地的峰谷电价差进行充放电控制，在谷段时间段充电，在高峰时间段放电，在减少园区负荷用电成本的同时，辅助电网提高整体负荷率。

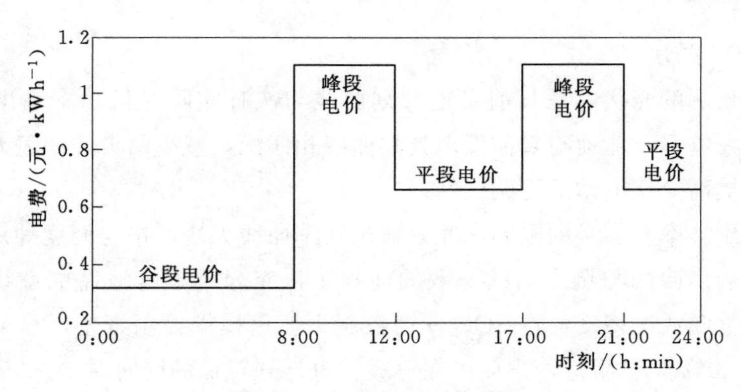

图 8-3　江苏峰谷电价曲线

8.1.3　分布式储能用户侧辅助服务

电力辅助服务是储能的一种重要功能，是为维护电力系统安全稳定运行，保证电能质量而提供的服务，具体包括一次调频、调峰、自动发电控制、无功调节、电源备用、黑启动等内容。其中，分布式储能更多应用于客户侧，以下从客户侧的角度分析分布式储能的典型应用场景。

8.1.3.1　典型应用场景

1. 需量管理

需量管理指通过控制电力用户负荷的需要，使其最大需求功率不超过合同用电功率。通过利用储能灵活的电功率吞吐特性，可以很好地实现这一功能。储能系统在电力用户用电峰值时进行放电，通过降低工业大用户的最大需量，从而实现减少基本电费的目的。储能参与客户侧负荷需量管理的效果图如图 8-4 所示。

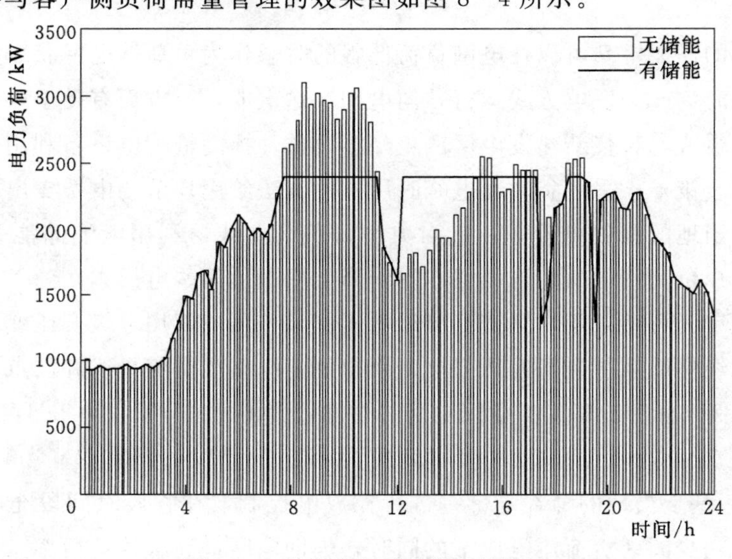

图 8-4　储能参与需量管理效果图

目前，在国内工商业用户侧或工业园区建设储能系统是其主要应用形式，主要服务于电费管理，帮助用户降低需量电费和电量电费。在国外储能商业化应用上，Green Charge Network 公司做出了成功的尝试，它将安装、使用储能系统为用户降低需量电费作为其主要商业模式，同时利用政府对储能的补贴进一步提升了商业价值。

2. 削峰填谷

削峰填谷是指客户侧储能系统在负荷低谷时充电，在负荷高峰时放电，进而实现对负荷的时空平移。合理利用储能系统实现削峰填谷，能有效缓解负荷曲线的大幅波动，减少对大电网的影响，并可推迟设备容量升级、提高设备利用率、节省费用等。储能参与客户侧负荷削峰填谷的效果图如图 8-5 所示。

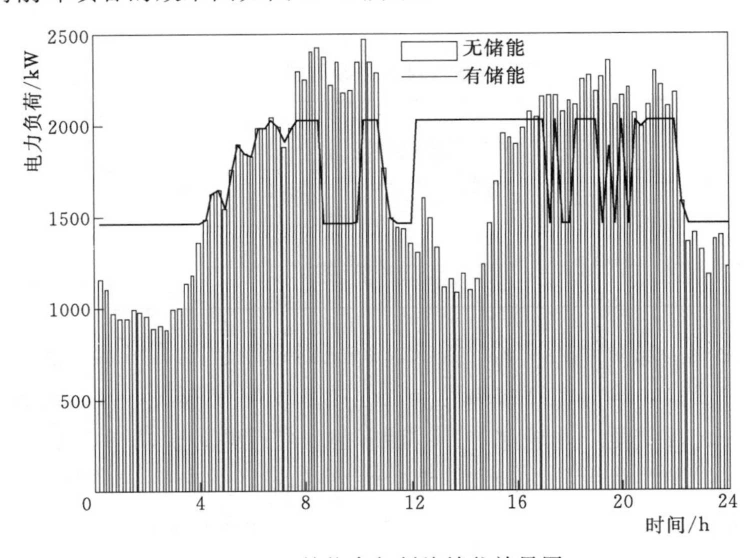

图 8-5 储能参与削峰填谷效果图

3. 需求响应

用户通过配置一定规模的储能，可主动参与电网的需求响应。一方面可以获得参与需求响应的奖励机制，另一方面也可以改变自身的用电习惯，消减自身高峰负荷，节约用电成本。

用户参与需求响应一般可分为两种模式：一是基于电价模式；二是基于激励模式。目前，我国将北京、上海、唐山和苏州四个城市列为需求侧管理（demand side management，DSM）试点城市。其中，江苏的需求侧管理政策是按容量计费，每年 0.1 元/W。需求侧管理的补贴可以摊销储能设备的储能变流器（power conversion system，PCS）和（energy management system，EMS）产品费用。目前开展的需求侧管理基本是空调负荷参与调节，储能系统的使用不仅可以帮助客户在峰值时降低负荷，甚至可以向电网输送电能提供容量支撑。

4. 应急供电

对于一些重要负荷，储能系统可以作为这些负荷的备用应急电源，在发生停电事故

失去主网电源供给时，为这些负荷提供持续的供电，提高重要负荷的供电可靠性。此外，储能系统也可以作为黑启动电源。

目前，国内外已有公司开发出了移动式飞轮储能应急供电系统，该系统基于磁悬浮飞轮不间断电源（uninterrupted power supply，UPS），可以在外部电源供电故障情况下，为重要负荷提供供电瞬断或停电时启动发电机所需的过渡能源。随着对应急电源系统的不断探索和开发实施，应急电源系统向着智能化、网络化、单机冗余化方向发展。

8.1.3.2　典型应用场景的需求

（1）不同应用场景储能调度的时间尺度。不同应用场景对储能在调度时间尺度上的需求见表 8－2。

表 8－2　　不同应用场景对储能参与调度的需求

时间尺度	典型场景
月前	需量管理
日前	需求响应
	削峰填谷
实时	应急供电

（2）不同应用场景对储能技术的需求。用户侧储能包括功率型和能量型两种技术。前者具有功率密度高，响应速度快等优点，但能量密度较低，不适于大容量储能需求，如超级电容器、超导储能、飞轮储能等；后者能量密度高，但功率密度低，大功率放电能力差，不适于频繁充放电，高的功率需求会降低储能系统的寿命周期，以各类化学储能电池为主。用户侧储能以分布式应用为主，可利用功率型和能量型储能的优势进行互补，组成混合储能系统，使其同时具有大容量储能和峰值功率吞吐的能力，以满足用户侧及分布式发电对储能的性能要求。不同应用场景下对储能的技术需求见表 8－3。

表 8－3　　不同辅助服务场景下的储能技术需求

技术需求＼辅助服务	削峰填谷	需量管理	需求响应	应急供电
功率/kW	数千瓦	数十千瓦至百千瓦	数十千瓦至百千瓦	数百千瓦至数兆瓦
接入电压等级	0.4kV/10kV	0.4kV/10kV	0.4kV/10kV	0.4kV/10kV
放电深度/%	最长寿命	最大经济性	最大能量利用	最大能量利用
额定功率放电时间/h	2～4	6～8	6～8	以用户供电小时数为准
系统响应时间	秒级	分钟级	毫秒级	无缝切换
放电周期	每天一次循环	每天一次循环	每天一次循环	按实际情况

8.1.4　分布式储能典型应用

前面通过对分布式储能运行控制和辅助服务应用进行介绍，已经基本了解分布式储

能目前主要的应用技术及应用场景，下面从居民储能应用、工商业储能应用、光储充应用三个角度介绍分布式储能的具体应用案例。

8.1.4.1 居民储能应用

居民储能对于绝大多数中国家庭来说，还比较陌生。目前，全球主要的家庭储能系统市场在美国和日本。美国家庭居所面积通常比较大，用电较多，拥有风、光等新能源发电系统的家庭数量也多。由于用电量比较大，且峰谷电费存在比较大的价格差异，储能系统通常被美国家庭用来在电价低的时段储存电能并在高电价的时段使用，以达到节省电费的目的。另外，在边远地区，以及地震、飓风等自然灾害高发的地区，家庭储能系统被当作应急电源使用，免除由于灾害或其他原因导致的频繁断电带来的不便。

目前，国家电网有限公司已在苏州开展户用储能的应用示范，选择苏州工业园区的环金鸡湖区域为本项目示范区域。项目建设客户侧储能系统100套，其中，居民储能77套[1.5kW/3(kW·h)，48套；3kW/6(kW·h)，29套]，小型商业储能18套[5kW/13.5(kW·h)，8套；3kW/6(kW·h)，2套；1.5kW/3(kW·h)，8套]，居民光储系统5套[光伏系统装机容量5kW，3kW/6(kW·h)]。项目整体架构如图8-6所示。

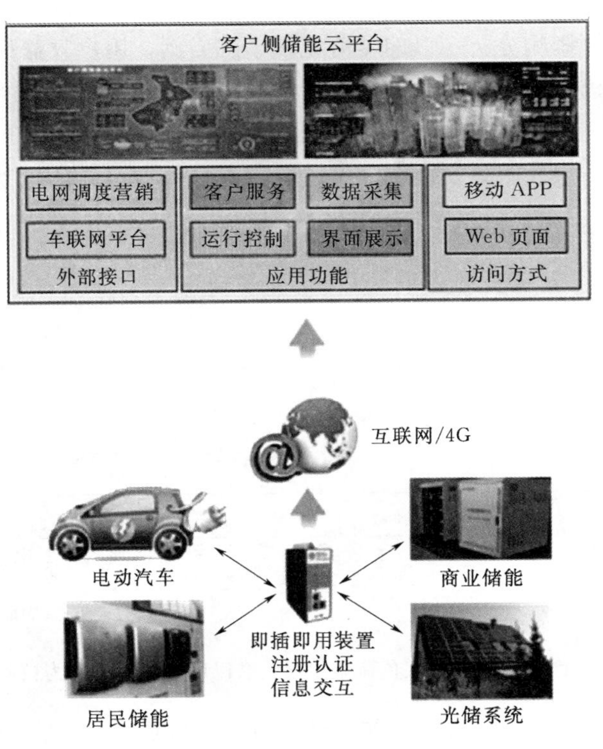

图8-6 示范项目总体架构图

100套户用储能系统分布于苏州市朗琴湾花园、新城花园、万科中粮本案、伊顿花园、绿洲别墅、白塘景苑等多个小区及商业街，并开展运行示范及效益分析。

（1）储能参与负荷削峰填谷效果分析。以朗琴湾花园小区为例（共有居民 212 户，安装储能 40 户），以参与负荷削峰填谷为目标。小区配变容量 1260kVA，最大负荷约 250kW，储能设备充放电总功率约为 90kW，储能安装渗透率（储能充放电功率总功率占最大负荷比例）为 36%，小区安装储能前后负荷曲线如图 8－7 所示。安装储能后，负荷峰谷差率下降 27.6%。结果表明：安装储能将显著降低电网负荷峰谷差率，起到负荷平滑的作用。

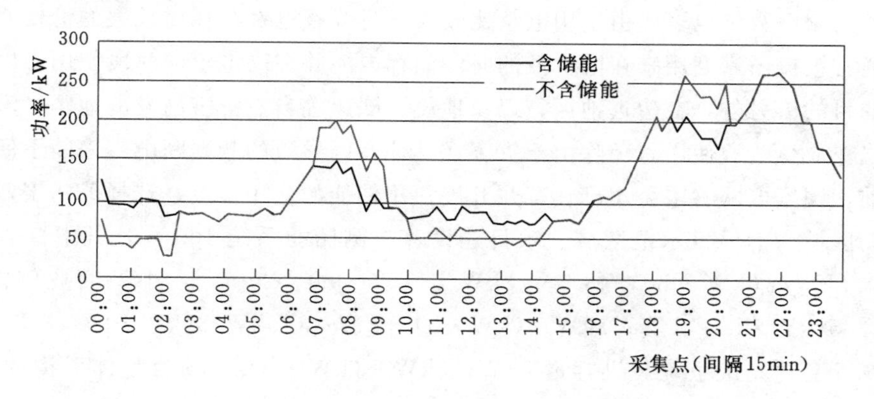

图 8－7　朗琴湾小区台区负荷典型曲线（以削峰填谷为控制目标）

（2）对用户电费影响分析。以朗琴湾花园小区为例，用户收益最大为目标，按照当前苏州居民峰谷电价（表 8－4），储能系统每天执行一个充放电循环（充电：0：00—02：30；放电：18：00—20：30），小区安装储能前后负荷曲线如图 8－8 所示。计算用户电费使用情况，结果表明，安装储能设备后，用户每天可节约电费约 5.8%。同时也减少公司的电费收入。

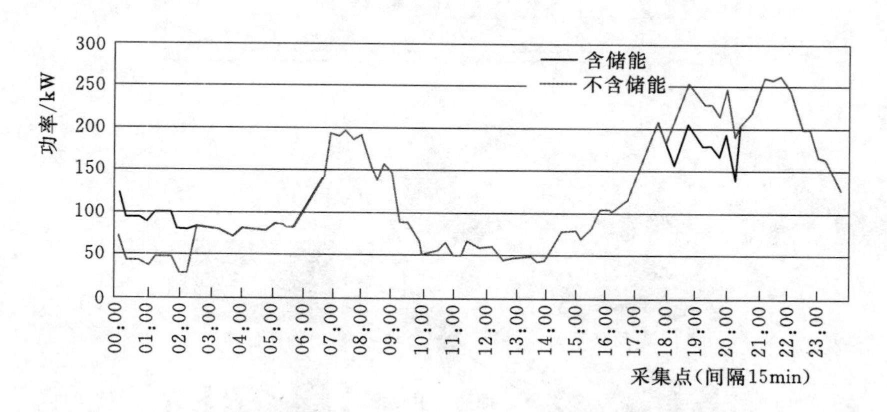

图 8－8　朗琴湾小区台区负荷典型曲线（以用户收益最大为控制目标）

（3）储能系统投资效益分析。当前，储能设备投资成本约 3300 元/(kW·h)（含电池本体和储能变流器），若按照动力电池循环寿命 3500 次，每天进行一次充放电行为计算，当峰谷价差为 0.85 元/(kW·h) 时，依靠峰谷差收益，可实现全寿命周期收支平衡。预计到 2020 年，设备成本可下降至 1500 元/(kW·h)，在循环寿命不变的情况下，

峰谷差收益投资回收期可缩短至4.8年；当峰谷价差为0.92元/(kW·h) 时，储能设备投资年化收益可达6%。

表8-4 苏州居民峰谷电价表 单位：元/(kW·h)

年用电量	高峰	低谷
	8：00—21：00	0：00—8：00 21：00—24：00
≤2760kW·h	0.5583	0.3583
2760～4800kW·h	0.6083	0.4083
>4800kW·h	0.8583	0.6583

8.1.4.2 工商业储能应用

目前国内工商业储能主要应用于工厂、企业或工业园区，利用大工业电价峰谷差价赚取收益，其中大部分工商业储能应用集中在江苏。下面以无锡新加坡工业园智能配网储能电站和淮安淮胜电缆厂欣旺达储能电站为例进行说明。

1. 无锡新加坡工业园智能配网储能电站

该项目总规模为20MW/160(MW·h)，项目总占地为12800m²，储能系统在10kV侧接入园区的4个开闭所，电站的预期使用寿命为10年。该项目是目前南都电源“储能+运营”工业电网级储能电站单体规模最大的项目。

该储能电站的主要功能为园区级削峰填谷、应急备用电源、需求侧响应，通过采用能量型铅炭电池组作为储能电源，储能电源本身即可当不间断电源，又可以当做储能电站进行供电。在电力处于“谷”时段蓄电，在电力处于“峰”时段放电，给企业负载设备供电，实现电力削峰填谷。这不但可以降低电网的峰值负荷，有利于电网的安全运行，实现企业的节能减排，还能通过峰谷电价盈利，产生巨大的经济效益，大幅降低生产成本，图8-9为储能电站日充放电计划曲线。

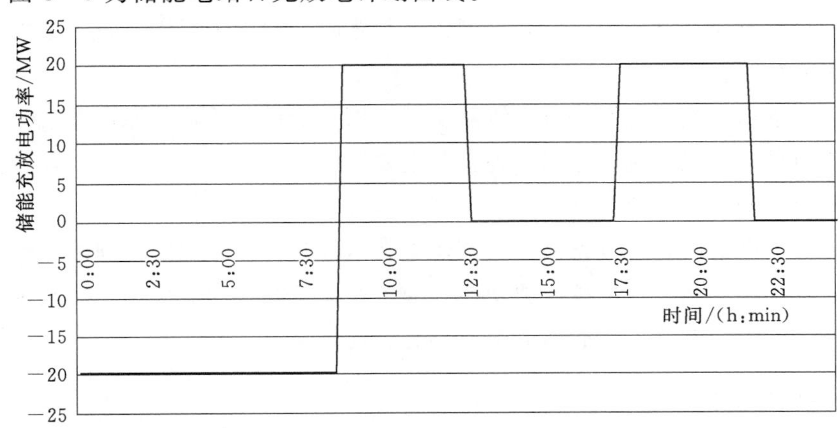

图8-9 储能电站日充放电计划曲线

目前储能电站主要运行在削峰填谷模式下，设定 0:00—8:00 谷时段进行充电，8:00—12:00 和 17:00—19:00 两个峰时段进行放电，一天一次充放电循环，通过赚取峰谷差价实现储能投资成本回收及盈利，表 8-5 为江苏省大工业用电峰谷分时销售电价表。

表 8-5　江苏省大工业用电峰谷分时销售电价表

电压等级	高峰	平段	低谷
	8:00—12:00 17:00—21:00	12:00—17:00 21:00—24:00	0:00—8:00
1～10kV	1.0697	0.6418	0.3139
20～35kV 以下	1.0597	0.6358	0.3119
35～110kV 以下	1.0447	0.6268	0.3089
110kV	1.0197	0.6118	0.3039
220kV 及以上	0.9947	0.5968	0.2989

2. 淮安淮胜电缆厂欣旺达储能电站

2016 年 8 月，江苏省需求侧分布式储能电站示范项目在淮安市政府的大力推动下，在淮安电力公司、南瑞淮胜、欣旺达的共同努力下，500kW/1370kW·h 的储能电站示范项目正式启动，并与 2017 年 3 月投入试运行。该储能电站项目采用合同能源管理模式，总投资 450 万元，每年收益约为 68 万元，预计 7 年收回投资成本。主要运行控制策略如下：

(1) 削峰填谷。储能系统在电价谷段和平段充电，在峰段放电，赚取电价差，通过在储能系统侧安装双向电表，计量储能系统的充放电度数。

(2) 需量调控。适合于以最大需量计算基本电费的高压用户，当出现需量峰值时，启动储能项目供给生产，即可实现最大需量削峰管控。

(3) 需求侧响应。谷期蓄能，在电网供电紧张时，储能项目可以自主参加电网需求侧响应，获取补贴。

(4) 应急电源。当因电网停电、线路跳闸、用户变设备故障等原因造成企业供电中断时，储能项目可以充当应急电源，为企业重要用电设备供电，可以为企业减少经济损失，提高企业的安全经营效益。

该项目是国家电网公司首家用户侧储能电站示范项目，主要实现削峰填谷、需量调节、电力需求侧响应和应急电源四项功能，为企业降低综合用能成本，对改善电网电源结构，消纳绿色清洁能源，发展储能产业具有深远意义。

8.1.4.3　光储充应用

行业统计数据显示，2015 年，我国充放储一体化充电站投资规模为 11.5 亿元，预

计到2020年将达到103.7亿元，随着储能行业发展渐入佳境，业内对光储充一体化项目的关注度不断提升，其背后蕴藏着巨大的市场机遇，有望催生下一个投资风口，撬开储能行业新的增长空间。

由南京供电分公司承建的六合服务区光储充一体化电站（图8-10）位于长深高速公路南京六合服务区内，东西两侧服务区内各有一座一体化电站。光储充一体化电站建设8个电动汽车充电车位，在充电车位雨棚上平铺容量约12kWp的多晶硅光伏发电单元；配置可用容量为50kW×2h的梯次利用电池单元，采用电动汽车退役动力电池，集装箱式安装；一期建成2台120kW分体式直流充电机，一机双桩，共4根充电桩，每个充电桩对应一个充电车位；该电站为江苏省内首个在高速路服务区内布置的光储充一体化电站。

图8-10 六合服务区光储充一体化电站

如图8-11所示，通过协调控制光伏、充电机、储能三者，促进分布式光伏的就地消纳。三者在变压器低压0.4kV侧并联，光储充协调控制系统采集三者运行状态，采用“光储济充”策略控制储能变流器功率，使得光伏发电优先为储能电池充电。当有电动汽车充电时，储能单元放电，联合光伏为电动汽车提供充电电源，若同时有多辆电动汽车充电，而光伏加储能功率不够用时，电网会自动补偿缺额功率。反之，若没有电动汽车充电，而储能单元也已经充满时，则光伏发电自动上送电网。该策略最大使用本地光伏发电功率，促进对分布式光伏的就地消纳。

长深高速六合服务区光储充一体化电站光储系统于2018年4月底完成安装、调试并投入运行，各项建设内容达到了设计要求并符合相关技术规范，能够长期稳定运行。

截止到2018年7月底，两座一体化电站光伏发电单元累计发电9000余kW·h，储能单元累计充放电3000余kW·h，充电桩累计为电动汽车充电400余次，累计放电4000余kW·h，光伏发电多余电量全部上网。

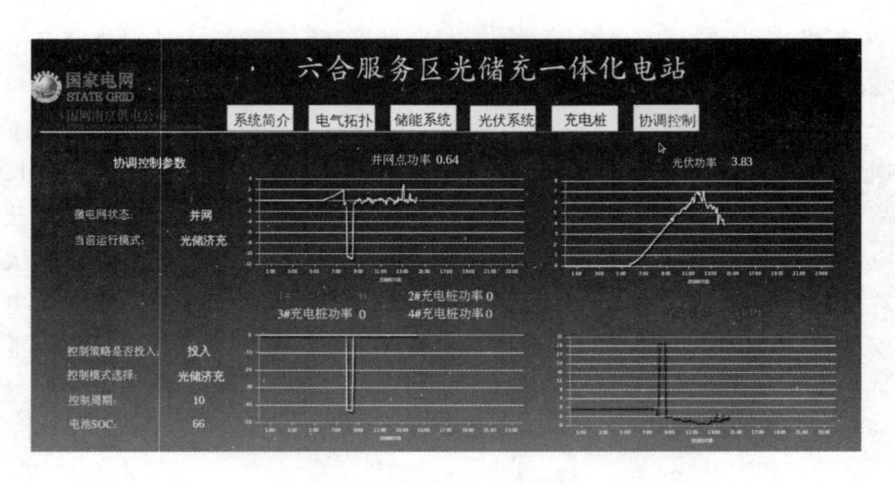

图 8-11　光储充协调控制系统界面

8.1.5　分布式储能探讨与展望

随着分布式电源的大规模接入，电网以及城乡配电网固有的一些问题被逐渐放大，分布式储能技术成为人们关注的焦点。近年来，国内外在分布式储能的优化配置、参与辅助服务、关键设备研制以及商业模式等方面已有一定研究。在此基础上，未来在以下方面还需要进行深入探讨：

（1）补充性规划。面向参与电网辅助服务或优化电网运行等应用，基于对局域电网内现有分布式储能资源的评估，开展补充性规划技术研究，通过在关键节点配置少量储能，起到以小博大的作用，充分整合已有的储能资源。

（2）协同运行控制。针对大电网的调峰、调频和紧急事故响应需求、配电网的电压调节、清洁能源满额消纳和源网经济运行等需求，开展分布式储能、柔性负荷等响应资源的协同调控策略研究。

（3）关键设备研发。在分布式储能关键设备方面，有必要根据不同拓扑结构以及所设定系统动态、稳态性能指标对不同功率等级的分布式储能设备进行参数优化设计，提高设备运行效率，降低运维成本，实现分布式储能系统在不同应用模式下的平滑切换。此外，针对广域多点调度需求的分布式储能监控设备、规模化分布式储能协调调控设备的研制工作亟待开展。

（4）商业化运营。在促进分布式储能的商业运营发展方面，应认可储能作用，给予储能参与电力市场的同等机会。鉴于目前我国储能技术发展主要是依托于可再生能源，通过出台补贴政策推动储能产业发展的可行性不大，建议放开辅助服务市场，使储能设备获得与其他资源同等的身份，通过分布式储能汇聚参与电网辅助服务实现市场化运营。

（5）交易结算办法。在时间粒度和位置粒度上细化储能系统的计量计费办法，量化储能的时间价值和位置价值，并研发支撑细化办法的计量设备。

8.2　面向分布式电源的虚拟电厂技术

分布式电源容量小、数量大、分布不均，使得单机接入成本高，同时给电网企业管理带来较大挑战。因此，将分布式电源聚合成一个集成的实体，实现分布式电源、储能系统、可控负荷、电动汽车（electric vehicle，EV）等分布式能源的聚合和协调优化，作为一个特殊电厂参与电力市场和电网运行的电源协调管理系统，即“虚拟电厂”（visual power plant，VPP）。

8.2.1　虚拟电厂概述

“虚拟电厂”这一术语源于 1997 年 Shimon Awerbuch 博士在其著作《虚拟公共设施：新兴产业的描述、技术及竞争力》中对虚拟公共设施的定义：虚拟公共设施是独立且以市场为驱动的实体之间的一种灵活合作，这些实体不必拥有相应的资产而能够为消费者提供其所需要的高效电能服务。

欧洲 FENIX（flexible electricity network to integrate the expected energy solution）项目定义虚拟电厂是通过聚合众多不同容量分布式电源、储能系统、可控负荷和电动汽车等分布式能源，利用先进的通信技术、协调控制技术，结合数据分析算法、优化预测算法，实现对发售电侧的协调优化运行，通过综合表征每一分布式能源的参数建立整体的运行模式，并能够包含聚合分布式能源输出的网络影响。从广义上来说，不但可以将发电侧的不同类型分布式发电单元聚合在一起，也能将储能侧、需求侧可控的负荷有机地结合在一起。从狭义来说，虚拟电厂是不同类别，不同数量的电源聚合体。在电网运行过程中，电网运行调度中心不直接控制这些发电机组或储能装置，而是通过控制虚拟电厂的控制中心实现，该中心以一个整体的形式参与电网的运行和调度。虚拟电厂是分布式能源投资组合的一种灵活表现，可以在电力市场签订合同并为系统操作员提供各种服务，如图 8-12 所示。

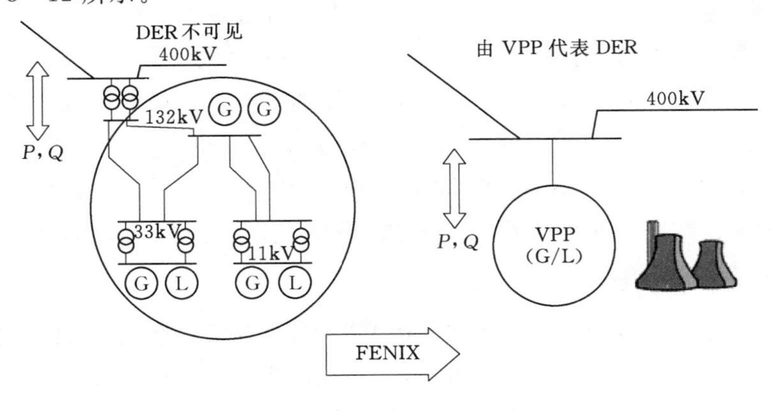

图 8-12　FENIX 项目中 VPP 的概念

从微观角度来说，VPP 可认为是通过先进信息通信技术和软件系统，实现 DG、ESS、可控负荷、EV 等聚合和协调优化，以作为一个特殊电厂参与电力市场和电网运行的电源协调管理系统。从宏观角度来说，VPP 在电力系统和市场中充当类似于传统电厂的角色。VPP 概念的核心内容可以总结为“聚合”和“通信”。

（1）聚合。VPP 概念最重要的特征在于将不同类型、数量众多、地理位置分散的分布式能源聚合成一个灵活的有机整体，以与传统电厂相同的方式参与电力市场运营，为系统提供各种辅助服务。对于 VPP 中的 DER，这种方法降低了其在市场中孤独运行的失衡风险，可以获得规模经济的效益。对于系统操作员，DER 的聚合及其协调优化运行大大减小了以往 DG/DER 并网对公网造成的冲击，减小了调度的复杂性，使电能管理更趋于合理有序，提高了系统运行的稳定性。同时，VPP 提供的平衡与辅助服务为系统管理和调度提供了更多的选择。

（2）通信。通信技术是 VPP 架构的支柱。通过先进的双向通信技术，VPP 能够及时有效地将智能计量系统所发送的信息交由中央控制或信息代理单元协调、处理及决策，从而将众多 DER 联系起来，聚合成一个灵活的有机整体。虚拟电厂的概念示意图如图 8－13 所示。

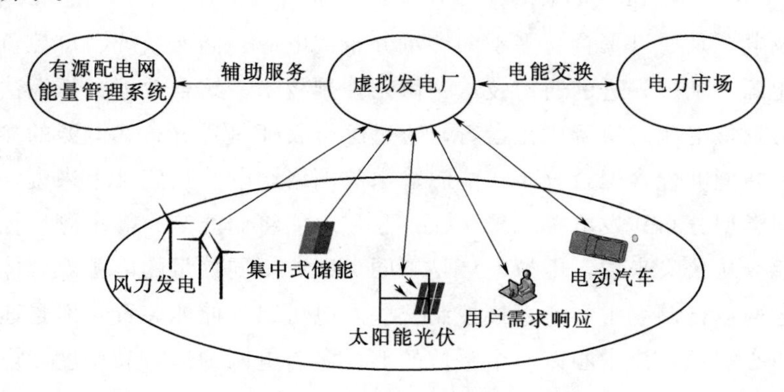

图 8－13　虚拟电厂的概念示意图

VPP 的概念强调对外呈现的功能和效果，更新运营理念并产生社会经济效益，其基本的应用场景是电力市场。这种方法无需对电网进行改造而能够聚合 DER 对公网稳定输电，并提供快速响应的辅助服务，成为 DER 加入电力市场的有效方法，降低了其在市场中孤独运行的失衡风险，可以获得规模经济的效益。同时，DER 的可视化及 VPP 的协调控制优化大大减小了以往 DER 并网对公网造成的冲击，降低了 DG 增长带来的调度难度，使配电管理更趋于合理有序，提高了系统运行的稳定性。

1. 与常规电厂的优势比较

虚拟电厂的概念是将各种不同类型的分布式电源等聚合成一个整体，通过精细化的管理和控制等效成一个小型或中型常规电厂的效用。因此，其与常规电厂相比具有以下优势：

（1）投资成本低，节省占地面积。虚拟电厂是将分散的分布式电源聚合成一个整体，等效成常规电厂的效用，但无需新建实际电厂，投资成本低，节省占地面积。

(2) 收益回报高。在实施新电改方案的背景下，电价放开，我国的电力市场将逐步建立完善。虚拟电厂可以灵活地组合成各种分布式电源，优势互补，参与多种电力市场的运营，提供批量售电、辅助服务等，扩大收益机会。此外，由于包含大量的可再生能源发电，虚拟电厂也可以获得可观的政府补贴。

(3) 节能环保。虚拟电厂不需要消耗大量的化石燃料，大大降低了 CO_2、SO_2 等污染物的排放，能够有效减轻大气污染，改善城市环境质量。

(4) 具体良好的社会效益。通过示范、引导，并利用新闻媒体将虚拟电厂调度技术及市场化运作模式复制和传播，全面提高电网的分布式电源管理和调度水平，促进政府和个人投资，推进分布式电源的发展，实现可持续发展。

2. 与微电网的区别与比较

VPP 和微网是目前实现 DG 并网最具创造力和吸引力的两种形式。对于微网的定义，国内一般认为：微网是指由 DG、储能装置、能量转换装置、相关负荷和监控、保护装置汇集而成的小型发配电系统，是一个能够实现自我控制、保护和管理的自治系统，既可以与外部电网并网运行，也可以孤立运行。微网技术的提出旨在解决 DG 并网运行时的主要问题，同时由于它具备一定的能量管理功能，并尽可能维持功率的局部优化与平衡，可有效降低系统运行人员的调度难度。实际上，尽管 VPP 和微网都是基于考虑解决 DG 及其他元件整合并网问题范畴，但两者仍有诸多区别：

(1) 设计理念。微网采用自下而上的设计理念，强调“自治”，即以 DG 与用户就地应用为主要控制目标，实现网络正常时的并网运行以及网络发生扰动或故障时的孤岛运行。而 VPP 的概念强调“参与”，即吸引并聚合各种 DER 参与电网调度和电力市场交易，以优化 DER 组合以满足电力系统或市场要求为主要控制目标，强调对外呈现的功能和效果。

(2) 构成条件。微网的构成依赖于元件（DG、储能、负荷、电力线路等）的整合，由于电网拓展的成本非常昂贵，因此微网主要整合地理位置上接近的分布式电源，无法包含相对偏远和孤立的分布式发电设施。VPP 的构成则依赖于软件和技术：其辖域（聚合）范围以及与市场的交互取决于通信的覆盖范围及可靠性；辖域内各 DER 的参数采集与状态监控取决于智能计量系统的应用；DER 的优化组合由中央控制或信息代理单元协调、处理及决策。因此，引入 VPP 的概念不必对原有电网进行拓展，而能够聚合微网所辖范围之外的分布式电源。

(3) 运行模式。微网相对于外部大电网表现为单一的受控单元，通过公共耦合开关，微电网既可运行于并网模式，又可运行于孤岛模式。而 VPP 始终与公网相连，即只运行于并网模式。

(4) 运行特性。微网的运行特性包含两个方面的含义，即孤岛运行时配网自身的运行特性以及并网运行时与外部系统的相互作用。而 VPP 作为聚合能量资源构成的特殊电厂，其与系统相互作用的要求比微网更为严格，可用常规电厂的统计数据和运行特性来衡量 VPP 的效用，如：有功负载/无功负载能力、出力计划、爬坡速度、备用容量、

响应特性和运行成本特性等；其辖域内配网的运行特性则由配电系统操作员进行衡量。

3. 与能效电厂的比较

国内早期有些文献将“能效电厂”称之为“虚拟电厂”。能效电厂是指通过采用高效用电设备和产品、优化用电方式等途径，形成某个地区、行业或企业节电改造计划的一揽子行动方案，降低用电负荷，等效产生富裕电能，从而达到与实际电厂异曲同工的效果。可以看出，能效电厂实质上是聚合可控负荷构成的虚拟电厂，是虚拟电厂的一种实现形式。

8.2.2　虚拟电厂运行控制

8.2.2.1　虚拟电厂构成方式

1. 集中式

在集中控制结构下，VPP 的全部决策由中央控制单元—控制协调中心（control coordination center，CCC）制定。如图 8-14 所示，VPP 中的每一部分均通过通信技术与 CCC 相互联系，CCC 多采用能量管理系统（energy management system，EMS），其主要职责是协调机端潮流、可控负荷和储能系统。EMS 根据其优化目标进行工作，其优化目标包括：发电成本最小化、温室气体排放量最小化、收益最大化等。为达到上述优化目标，EMS 需要接收每一单位的状态信息并据此做出预测，尤其对于可再生能源发电机组，如风力发电机组和光伏发电机组。此外，电网中可能发生的阻塞问题的信息在 VPP 运行优化过程中也起到至关重要的作用。根据接收到的信息，EMS 可以选择最佳解决方案，优化电网运行。集中控制结构最易于实现 VPP 最优运行，但扩展性和兼容性受到一定的限制。

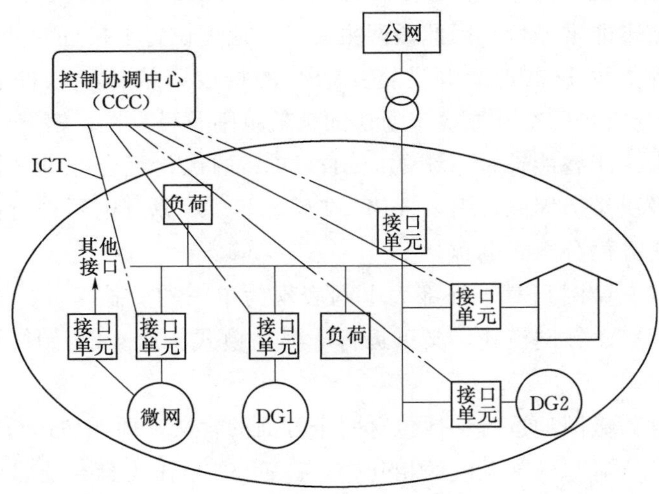

图 8-14　VPP 的集中控制结构

2. 分层式

如图 8-15 所示，在分层式控制中，VPP 被分为多个层次。本地 VPP 控制着辖区内有限的 DER，再由本地 VPP 将信息反馈给上一级 VPP，从而构成一个整体的层次结构。相对于上一种集中控制模式中的弱点，分层控制利用模块化的本地运行模式和信息收集模式有效地改进了这一缺陷。然后，运行时的中央控制系统仍然需要位于整个分散控制的虚拟发电系统的最顶端，以确保系统运行的安全性和整体运行的经济性。

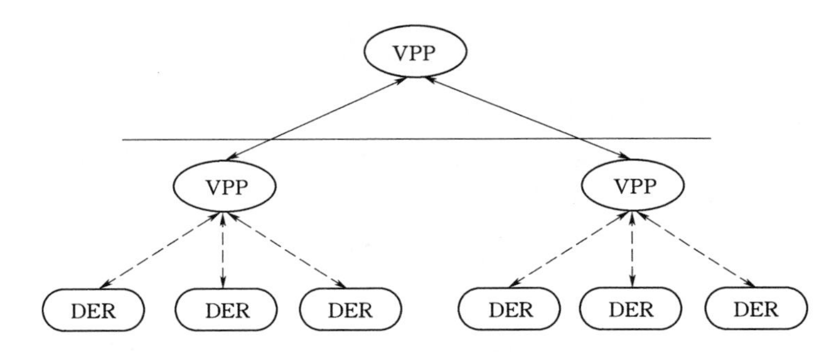

图 8-15 VPP 的分层控制结构

3. 分散式

在分散控制结构中，决策权完全下放到各分布式电源，且其中心控制器由信息交换代理取代（图 8-16）。信息交换代理只向该控制结构下的 DER 提供有价值的服务，如市场价格信号、天气预报和数据采集等。由于依靠即插即用能力，因而分散控制比集中控制结构具有更好的扩展性和开放性。

由上述分析可以看出，集中式控制方式最容易实现，但是在大量分布式电源、储能、可控负荷等元件接入的情况下，计算规模庞大，扩展性和兼容性受到一定的限制。分散式控制方式将决策权下发到各分布式电源，通过代理自身以及相互之间的信息共享自行决策，具有更好的扩展性和开放性。分层式控制方式则介于两者之间。因此，在虚拟电厂开展初期或者在分布式电源规模不大、信息通信受限的情况下，为了便于调度管理，通常可采用集中式控制方式；在电源规模增大，调度计算维度增加，调度中心计算较为困难的情况下，可采用分层式控制方式；在大量、广域分布式电源接入，虚拟电厂调度计算以及信息通信技术较为成熟的情况下，可采用分散式控制方式。

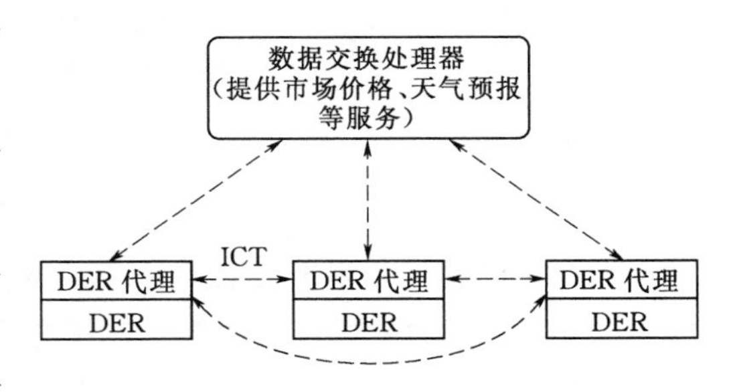

图 8-16 VPP 的分散控制结构

8.2.2.2 虚拟电厂组成运行控制

根据功能不同，VPP 主要分为两种，分别称为商业型虚拟电厂（commercial VPP,

CVPP）和技术型虚拟电厂（technical VPP，TVPP）。

1. 商业型虚拟电厂

商业型虚拟电厂 CVPP 旨在提供一种通用途径，将 VPP 中的分布式电源接入到电力市场中，可以理解为 VPP 连接至电力市场的功能划分协调模块。

对于投资组合，这种方法降低了 DER 在市场上孤独运作失衡的风险，通过聚合所取得的效益还能提供多样性的资源，并提高能力。在市场的 DER 可以获得规模经济的效益，而从电力市场的参与情报中又可以最大限度地提高收入的机会，而 DER 单独运作所面临的风险，又可以被自我调节型的智能电网所承担。为了达到这些目标，CVPP 的设计也应根据电力市场规则，确保将 VPP 内部的微型电力市场和外部电网进行无缝连接。每个在 CVPP 组合的 DER 提交资料，说明其运行参数，边际成本等特点。这些输入汇集到单一的 VPP 并创建文件，每个文件都代表了每一个投资组合的 DER 的结合能力。

CVPP 的主要功能如下：

（1）规划应用模拟所有能量和传播流动相关的费用、收益和约束。根据设定的电力交易时段，如 15min、30min 或 1h 的时间分辨率，考虑到 1～7 天的情况。规划功能根据人工输入或自动开启进行循环操作（比如一天一次或者一天多次）。

（2）负荷预测。提供多种类型负荷的预测计算。其中所需的基本数据是在规划功能中决定的时间分辨率范围内的连续的历史测量负荷值。负荷预测建立分段线性模型来模拟影响功能变化的行为，比如，星期几、天气变化或者工业负荷的生产计划等。模型方程系数每天在有新的测量值时循环计算。

（3）根据市场情报，优化潜在收入的有价证券，制作合同中的电力交换和远期市场，控制经营成本，并提交 DER 进度、经营成本等信息至系统运营商。

（4）制订交易计划、确定市场价格、实现实时市场交易。

2. 技术型虚拟电厂

技术型虚拟电厂 TVPP 是技术角度的 VPP。TVPP 是由负荷和分布式电源共同组成的系统，它可同时提供电能和热量；其内部的电源主要由电力电子器件负责能量的转换，并提供必需的控制。在其连接到传输系统的角度，可以被看成是一个带有传输系统的发电厂，具有与相连电厂相同的参数。

通过 CVPP 提供的输入信息，TVPP 改善 DER 对系统操作员的可观性，同时提供实时或接近实时的网络管理功能以及预定配套服务。为加强在传输电一级的 DER 活动管理，系统操作员通过虚拟电厂控制中心获得 DER 的操作位置、运行参数、网络拓扑结构和成本数据等限制信息，然后通过智能中心在线优化协调 DER，从而形成 TVPP。

TVPP 的主要功能如下：

（1）提供可视化操作界面，并允许对系统做出贡献的 DER 活动，同时增强 DER 的可控性，提供系统以最低的成本运营。

（2）整合所有DER的输入，为每个DER建模（内容包括可控负荷、电网区域网络以及变电站操作等）。

（3）提供发电管理，监督虚拟电厂所有的发电和存储机组。此功能根据每个机组各自的控制方式（独立、人工、计划或控制）和机组参数（最小/最大能量输出、功率梯度、能量内容），通过命令界面计算和传输机组的实际状态（起动、在线、遥控、扰动）、机组的实际能量输出、机组起动/停止命令和机组能量设定点。同时，根据机组状态变化发出信号修正设定点。如果有机组扰动，发电管理功能会根据环境变化，同时考虑到所有的限制条件，自行起动机组组合计算来强制重新计划余下的机组。

（4）在线优化和协调DER。在线优化和协调功能将整体功率校正值分配给在控制方式中运行的所有单独的发电机组、储存机组和柔性负荷。分配算法根据以下的原则运行：首先，必须考虑机组的实际限制（如最小、最大功率，储存内容，功率调整限制等）；其次，整体功率校正值必须尽可能快的达到；最后，最便宜的机组应该首先用于控制操作中。这里的“最便宜”是以机组在其计划运行点附近所增加的电能控制费用作为参考依据。每个独立机组增加的功率控制费用根据各自的调度计划由机组组合功能计算出。每个机组各自的功率校正值输出到发电管理和负荷管理功能来实现。

（5）提供柔性负荷管理。一个柔性负荷种类可以包括一个或多个有相同优先权的负荷组；这里负荷组是指可以完全用同一个开关命令开启或关闭的负荷。该功能根据负荷种类的控制方式（独立、计划或控制）和实际的开关状态，通过命令界面计算和传输实际控制状态、负荷组的实际能量消耗和允许的控制延迟时间，以及所需的用于实现所有负荷种类设定点的开关控制（运用同一类负荷中负荷组的轮流减负荷）。由机组组合计算出的最优负荷计划作为操作方式“计划”和“控制”中的负荷控制基础。

（6）负责制定发电时间表、限定发电上线、控制经营成本等。

（7）控制和监督所有的发电机组、蓄能机组和柔性需求，同时也提供保持电力交换的能量关系的控制能力。

（8）提供天气预测。如果虚拟电厂内部有当地天气情况测量设备，外部导入的数据和当地测量数据之间的差值可以使用移动平均校正算法来最小化，由此得到的最终值就可作为其他规划功能的输入值。

（9）提供发电预测和机组组合。发电预测功能依据预测的天气情况计算可再生能源的预计输出。预测算法可以是根据所给出的变换矩阵，两个天气变量到预计的能量输出的分段式线性转换。风速和风向到风力发电机组，光的强度和周围的温度到光电系统。转换矩阵可以根据机组技术特征和（或者）基于历史电能与天气测量值的评估，使用神经网络算法（在离线分析阶段）进行参数化。

根据TVPP的要求，一个称为DEMS的软件包被研发并用于VPP的智能管理中心。在DEMS中，虚拟电厂的组成部分和机组以及它们的能量流动拓扑用模型元中的一些类来表示，比如转化器、合同、存储单位、可再生源机组和柔性负荷等。DEMS机组组合功能计算最优化的调度计划（包括机组组合），用于所有的柔性单元，比如合

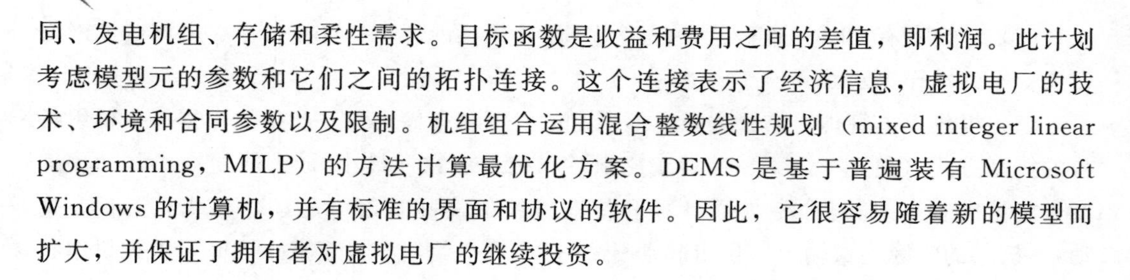

同、发电机组、存储和柔性需求。目标函数是收益和费用之间的差值，即利润。此计划考虑模型元的参数和它们之间的拓扑连接。这个连接表示了经济信息，虚拟电厂的技术、环境和合同参数以及限制。机组组合运用混合整数线性规划（mixed integer linear programming，MILP）的方法计算最优化方案。DEMS 是基于普遍装有 Microsoft Windows 的计算机，并有标准的界面和协议的软件。因此，它很容易随着新的模型而扩大，并保证了拥有者对虚拟电厂的继续投资。

8.2.3　虚拟电厂调度运行

1. 虚拟电厂基本运行调度框架

虚拟电厂的运行主要由商业型虚拟电厂和技术型虚拟电厂两部分构成。CVPP 主要从经济调度的层面对虚拟电厂进行精细化的控制和调度，根据电力市场中的信息和虚拟电厂中的分布式电源信息优化决策，对外产生虚拟电厂的整体市场方案，对内产生各分布式电源的调度方案。TVPP 主要是从安全调度的层面对虚拟电厂的经济调度策略进行修正和再调度，使虚拟电厂的调度方案和竞标计划满足电网潮流约束，保证电网的安全稳定运行。虚拟电厂运行的基本调度框架如图 8－17 所示。

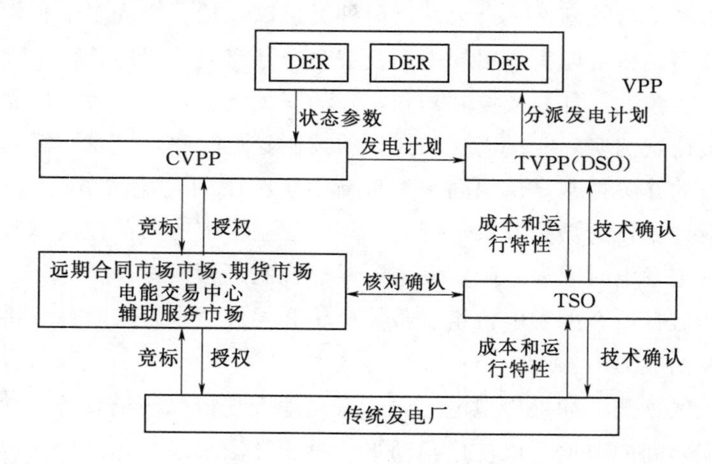

图 8－17　VPP 运行的基本调度框架

根据图 8－17 所示，虚拟电厂的调度过程可概括如下：

（1）收集数据并进行预测。商业型虚拟电厂聚合分布式能源的状态参数，具体包括可控电源的最大和最小出力、爬坡速度，不可控电源的预测发电量以及以上信息的历史数据等；电源的用电信息包括负荷预测数据、可控负荷的功率及时段信息，以及以上信息的历史数据等。同时，CVPP 收集电力市场的历史电价数据。

（2）CVPP 制定经济调度方案。CVPP 根据电源、负荷、电价的预测数据，结合爬坡、单时段最大最小出力等各约束参数，建立经济调度模型并求解，制定最优经济调度方案。经济调度的优化目标：建立以利润最大化为目标的函数；经济调度的约束条件：电源出力的上下限约束、电源出力的爬坡约束、可控电源的最大和最小启停时间约束、

可控负荷功率约束和能量平衡约束。

（3）TVPP确认并修正经济调度方案（安全调度）。TVPP接收CVPP的最优经济调度方案，并根据电网拓扑结构、潮流约束等条件，建立安全调度模型，对最优经济调度方案进行修正，以满足配电网的安全稳定运行。安全调度优化目标：建立以方案修正量（离差）最小为目标的函数。约束条件包括：线路的功率约束、线路的电流约束、节点电压约束、系统运行约束、与大电网连接点的容量约束等。这一部分的操作可由地调承担。

（4）输电网安全确认。TVPP将根据修正后的调度方案，生成VPP的整体成本和技术特性，并将其递交给输电系统调度员进行技术确认，以使VPP对大电网的发送电能够不影响输电网的安全稳定运行。

（5）CVPP进行市场竞标。一旦得到输电系统调度员的技术确认信号，TVPP则将修正后的最优调度方案反馈至CVPP，并由CVPP向电力市场提交竞标方案。

（6）电力市场核对确认。电力市场在接收CVPP提交的竞标方案后，与TSO核对TVPP提交的调度方案，若方案一致，则授权CVPP的调度方案。

（7）执行调度方案。CVPP或TVPP按调度方案控制各分布式电源等执行发电计划。

2. 商业型虚拟电厂

CVPP是从商业收益角度考虑的虚拟电厂，是虚拟电厂运行的一个主要模块。CVPP的基本功能是根据电价预测、负荷预测、电源出力预测以及虚拟电厂中各分布式电源的基本信息和约束，制定虚拟电厂经济调度方案，并与电力市场进行互动。CVPP在运行过程中并不计及调度计划及竞标方案对配电网安全稳定运行可能造成的影响，在参与电力市场运行时，CVPP和传统发电厂处于一个同等的地位。CVPP可代表任意数量的DER，同时DER也可以自由选择一个CVPP代表其加入电力市场。CVPP的商业职责可以由许多市场活动者来履行，包括现任能源供应商，独立第三方或新的市场准入者。

图8-18具体说明了CVPP运行的大致流程。对于电力市场而言，虚拟电厂所代表的是一个电源联合体，虚拟电厂的发电容量即为所有分布式电源的总容量，这样就消除了单一电源并网参与电力市场时所面临的容量限制，使得小容量、分散的分布式电源也取得了市场获益的机会，更有利于分布式电源的经济运行和发展。CVPP代表各不同容量、不同特点的分布式电源加入电力市场后，CVPP将根据电力市场的信息（如电价、合约要求等）制定经济最优发电计划和市场竞标方案。CVPP将分布式能源（distributed energy resources，DER）聚合后的容量和特性类似于传统的小型发电厂，因此虚拟电厂将同传统发电厂一起参与市场竞标。

3. 技术型虚拟电厂

技术型虚拟电厂是从电网管理角度考虑的虚拟电厂，是虚拟电厂运行的另一个主要模块。TVPP的主要功能包括为配电系统调度员（distribution system operator，DSO）提供系统安全稳定管理，为输电系统调度员（transmission system operator，TSO）提供系统平衡和辅助服务。

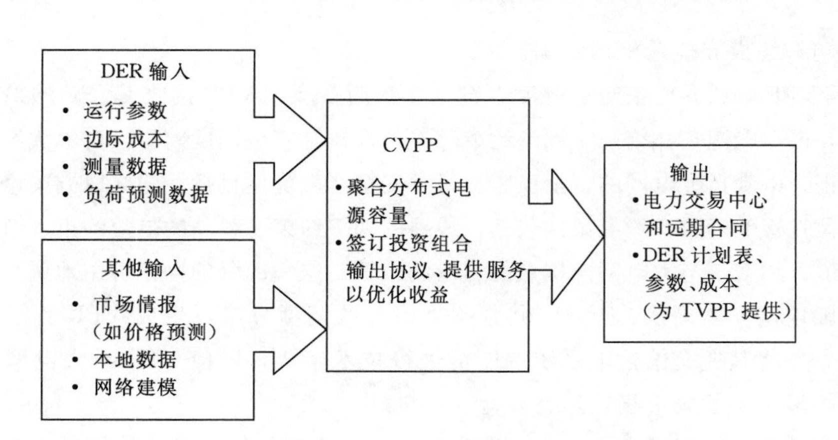

图 8－18　CVPP 的输入与输出

图 8－19 概括了 TVPP 运行的大致流程。首先，由 CVPP 向 TVPP 提供本地配电网中分布式能源的运行参数、发电计划、市场竞价方案等信息。接着，TVPP 整合 CVPP 提供的数据以及配电网具体信息（包括网络拓扑结构、节点电压约束、线路功率约束等），计算按原电源出力计划执行时本地配电网的潮流，检测电网潮流是否越界，若有越界情况则对相应的电源出力进行修正，直至满足潮流约束。根据修正后的电源调度方案，TVPP 重新建立运行成本和运行特性，并提交由 TSO 进行评估。在运行成本和运行特性得到技术确认之后，虚拟电厂将按最终提交的调度方案发电，否则需要根据 TSO 的否定方案重新制定电源调度方案。

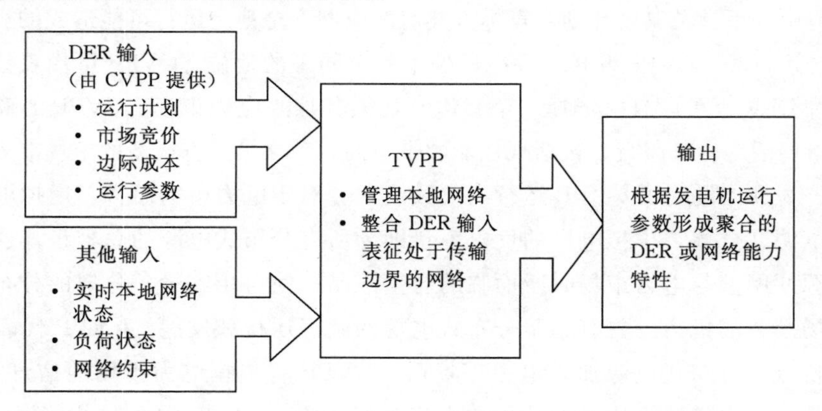

图 8－19　TVPP 的输入和输出

8.2.4　虚拟电厂业务功能

8.2.4.1　商业型虚拟电厂的业务功能

1. 发电和负荷预测

电力负荷预测是虚拟电厂整体规划的一个重要组成部分，也是虚拟电厂经济运行的基

础。随着分布式能源和储能系统以及虚拟电厂的发展，其间歇性、不确定性等特性决定了虚拟电厂发电和负荷预测难度的进一步增加。精确可靠的发电和负荷预测可以为虚拟电厂满足和保证系统平衡前提做好准备，进行经济、可靠的发电和负荷的调整与管理。

虚拟电厂发电和负荷预测工作的关键在于收集大量、有效的虚拟电厂运行数据，合理分析与归纳数据，建立可靠的发电和负荷预测模型，并建立有效的算法，以大量可靠数据为出发点，以大量的科学研究为基础，优化模型，修正模型和算法，以有效客观地反映虚拟电厂发电和负荷变化规律。确定性的预测方法主要有时间序列法、相关分析法、回归分析法；不确定性的预测方法主要有小波分析法、模糊预测法、神经网络预测法等。VPP 的发电和负荷预测基本过程如图 8-20 所示。

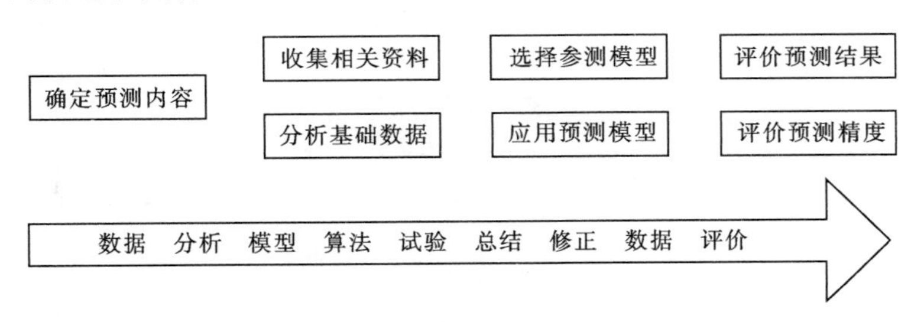

图 8-20 VPP 的发电和负荷预测基本过程

2. 经济调度

虚拟电厂的经济调度是在计及安全约束的前提下，采用不同目标函数，通过合理分配各分布式电源及各类可控负荷解决负荷需求的基本问题。在经济调度方面的很多研究，其目标函数只考虑了运行成本，随着环境污染的加剧，环境效益也逐步纳入目标函数。

由于分布式能源中以具有可再生能源为主要特征，可再生能源发电的随机性、污染物排放量小等特点，使得虚拟电厂的经济调度相对于传统的电网优化调度引入了新的研究内容。分布式能源接入电网参与电网调度的角色大致可以分为：单独接入配电网和以虚拟电厂的聚集方式参与电网经济调度两种方式。按照所有权又可以分为：

(1) 分布式能源所有权归电网所有，这种方式一般用于非电力市场下的集中式调度。

(2) 独立运行参与电力系统市场调度竞价出力，这种方式多以聚集形式参与电力系统经济调度。

虚拟电厂经济调度常见的方式有：

(1) 拟电厂为单位参与电网的优化调度，电网根据虚拟电厂的成本或报价函数参与电网的整体调度。

(2) 基于互动调度的虚拟电厂与配电网协调运行模式，虚拟电厂以电源和负荷的双重身份参与调度，重在消除虚拟电厂运行的不确定性。

由于分布式能源随机波动性的特点，虚拟电厂的经济调度还要考虑随机因素的影

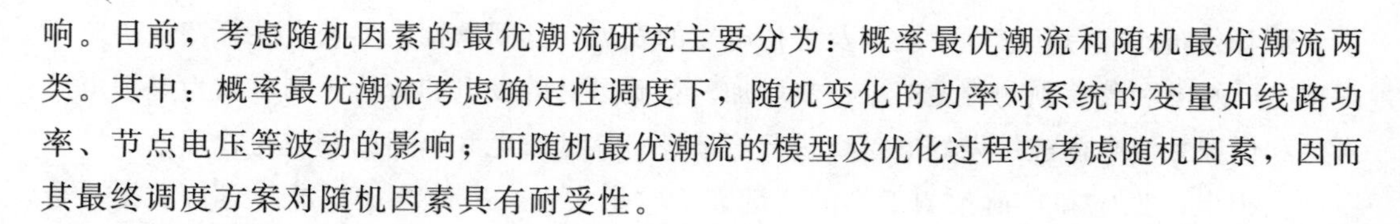

响。目前，考虑随机因素的最优潮流研究主要分为：概率最优潮流和随机最优潮流两类。其中：概率最优潮流考虑确定性调度下，随机变化的功率对系统的变量如线路功率、节点电压等波动的影响；而随机最优潮流的模型及优化过程均考虑随机因素，因而其最终调度方案对随机因素具有耐受性。

3. 市场竞价

在电改的背景下，虚拟电厂可以参与中期合同市场、日前市场、平衡市场等多电力市场竞价，各个市场的不同时间范围如图 8-21 所示。

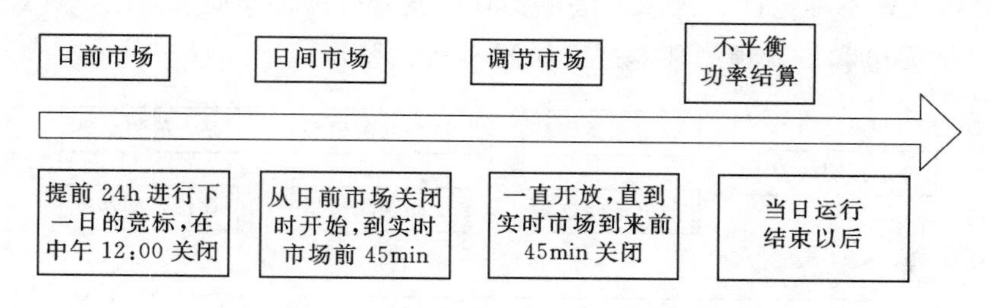

图 8-21　各个市场的不同时间范围

虚拟电厂参与竞价的规则：在第 D 天的日前能量市场交易关闭之前（即中午 12：00），虚拟电厂预测自己的可用出力情况，然后向独立系统调度机构提交第 $D+1$ 天 24 个时段的竞标信息（价格—电量组合）。因此，虚拟电厂通常要提前 12～36h 来预测自己的实际出力，这样就难以控制竞标出力和实际出力之间的偏差。假定虚拟电厂的竞标策略对于市场价格基本没有影响，即为价格接受者，这样虚拟电厂为了确保预期的发电出力能够在电力市场中卖出，而只需根据预测的市场出清价格优化自己的竞标电量。

随着时间的推进，相关预测会逐步变得更加精确，虚拟电厂可以更新自己的预测发电出力。利用更新的预测出力，虚拟电厂可重新安排自己的出力计划，并参与日间市场来买入或者卖出特定数量的电能，以保证自己不因实际出力和竞标出力之间的偏差而受到经济惩罚。然而，由于日间平衡市场是从日前市场关闭时开始至实时市场到来前 45min 关闭，因此尽管此时出力预测要比日前预测准确，但预测误差仍然不可避免。此时，虚拟电厂可利用自身的储能设备平抑出力波动。

调节市场在实时市场到来前 45min 关闭，期间各个发电公司可以向市场运行机构提交调节备用（包括上调备用与下调备用）和旋转备用的投标；当这些调节备用在实时市场中被系统调用后，实际被调度的调节出力还会再得到经济补偿。类似地，假定为了确保竞标的备用能够全部中标。

4. 效益分析

虚拟电厂灵活高效地利用分布式电源，能够有效解决电网的结构老化、环境保护、能源利用效率等方面问题，使得虚拟电厂成为众多国家未来电力发展战略重心，欧洲、美国、中国等国家纷纷对虚拟电厂进行研究和建设，并根据本国的能源策略与电力系统

的现状，提出符合本国实际的虚拟电厂的发展规划。

虚拟电厂内可再生能源发电比例高，能充分发挥虚拟电厂在节能减排环境保护方面的价值。由于虚拟电厂直接面向用户需求，避免了现有电网的远距离输电，可以极大地降低在输电过程中的网损，同时能够根据用户的不同需求提供差异化的配电服务，给用户用电的可靠性提供了强有力的保障。虚拟电厂还能够同时满足用户对于热能、冷能和电能的需求，实现了能源的梯级利用，极大地提高了能源的利用率，由此可以看出虚拟电厂在节能减排、环境保护、降低网损、提高供电可靠性、提高能源利用率等方面带来良好的效益。

针对虚拟电厂的综合效益分析，可以从虚拟电厂的容量优化配置和虚拟电厂优化运行两个层面协调挖掘虚拟电厂的综合效益，得出相应的考虑容量配置和优化运行的虚拟电厂综合效益评估模型和方法。建立虚拟电厂容量优化配置和虚拟电厂优化运行的综合效益分析两层规划模型，如图 8－22 所示。其中上层规划为考虑经济、环境、网损和可靠性的虚拟电厂综合效益最大为前提的容量优化配置问题，下层规划是针对虚拟电厂内用户全年负荷的需求，以虚拟电厂综合运行效益最大为目标的能量优化调度问题，上下层之间通过容量配置和对应综合运行效益进行迭代，同时还能得出影响虚拟电厂综合效益的关键因素。

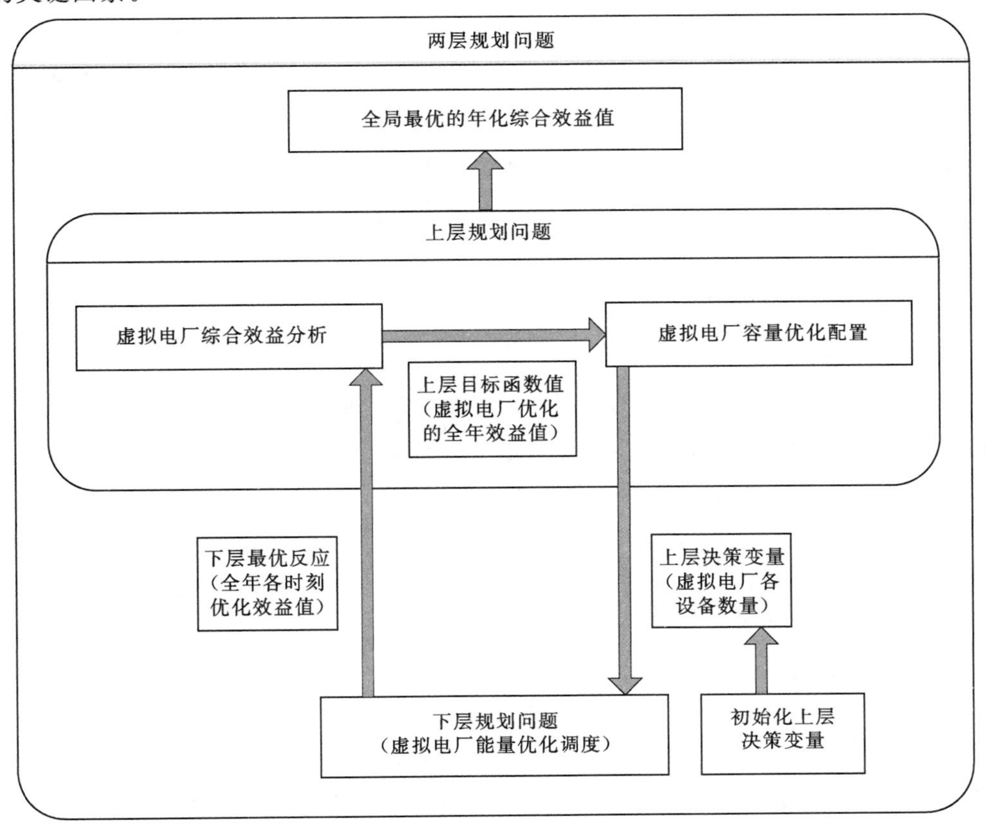

图 8－22 VPP 综合效益分析两层模型

8.2.4.2　技术型虚拟电厂的业务功能

1. 配网管理

虚拟电厂的出现将完全改变配电网的结构和运行特性，许多与输电网安全性、保护与控制等相类似的问题也同样需要关注。虚拟电厂的最终目标是实现各种分布式电源的无缝接入，即用户感受不到网络中分布式电源运行状态改变（并网或退出运行）及出力的变化而引起的波动，表现为用户侧的电能质量完全满足用户要求，实现这一目标对虚拟电厂多个方面提出了新的要求，包括①虚拟电厂运行特性及与外部电网相互作用机理；②虚拟电厂自身的保护与控制；③虚拟电厂经济运行与能量优化管理等方面。

技术型虚拟电厂以实现电网的安全稳定运行，降低大规模停电的风险，使分布式电源得到有效利用，同时提高电网资产的利用率以及用户用电的效率、可靠性和电能质量为主要目标。作为智能电网的重要组成部分，技术型虚拟电厂参与配电网管理时的主要功能有：

（1）提供可视化操作界面，并允许对系统做出贡献的 DER 活动，同时增强 DER 的可控性，提供系统以最低的成本运行。

（2）整合所有 DER 的输入，为每个 DER 建模（可控负荷、电网区域网络、变电站操作等）。

（3）提供发电管理，监督虚拟电厂所有的发电和存储机组，根据每个机组各自的控制方式（独立、人工、计划或控制）和机组参数（最小/最大能量输出、功率梯度、能量内容），通过命令界面计算和传输机组的实际状态（起动、在线、遥控、扰动）、机组的实际能量输出、机组起动/停止命令和机组能量设定点。

（4）在线优化和协调 DER。

（5）提供柔性负荷管理。

2. 安全调度

虚拟电厂不改变 DG 及用户的并网方式，通过先进的控制计量通信等技术聚合 DG、储能系统、可控负荷、电动汽车等不同类型的分布式能源并按照一定的优化目标协调多个 DER 的优化运行，有利于资源的合理优化配置及利用。通过虚拟电厂将分布式电源和负荷综合优化管理后统一接入电网有利于电力系统安全调度和提高负荷供电可靠性。VPP 模型如图 8-23 所示，由图 8-23 可知，VPP 具有自己的控制中心管理各参与者的智能代理/控制，智能代理/控制可以采用 Agent 的形式。智能代理/控制包括①实现与 VPP 控制中心的通信；②根据 VPP 控制中心下发的功率值设置自己的工作点或参考值，控制策略有 PQ、PV 控制等两个基本功能。

虚拟电厂一般接入配电网中，接入电压等级与其内部发电单元和负荷的规模有关。当虚拟电厂的规模较大时会影响电网的机组组合和功率优化调度。虚拟电厂代表其管辖范围内的 DER，可相当于常规发电厂参与电网优化调度，而电网公司不参与 VPP 内部

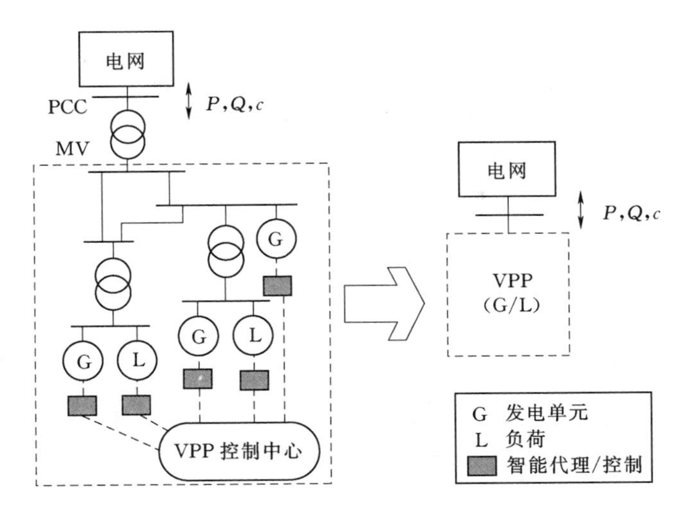

图 8-23　虚拟电厂模型

DER的功率管理，只需按报价购买VPP提供的电能，并对VPP购买的电能收取费用。此外，虚拟电厂具有灵活快速的控制能力，可以大大改善配电网的运行性能。

3. 确认和修正发电计划

VPP发电计划编制与常规火电站和核电站发电计划编制方法不同，VPP内含有大量的分布式电源，其受环境因素和政策影响较大，出力具有明显的随机性、波动性和低可预测性。技术型VPP根据商业型VPP参与远期合同市场、期货市场、电能交易中心和辅助服务市场等电力市场竞标得到的发电计划，同时向TSO递交VPP自身的成本和运行特性等参数，TSO根据输电系统的实时状况对VPP的发电计划进行确认并反馈给技术型VPP，此时技术型虚拟电厂根据反馈得到的信息确认并修正发电计划，同时将修正后的发电技术分派给分布式电源，分布式电源根据分派的发电计划进行发电。

4. 状态监测

近年来，基于清洁可再生能源的分布式发电日益受到重视。但由于分布式电源的波动性和间歇性，大规模直接接入会给电力系统的安全稳定运行、供电质量带来较大挑战。因此，为协调电网和分布式发电的矛盾，充分挖掘分布式发电为电网和用户带来的价值，VPP技术应运而生，目前VPP已被公认为是分布式电源最有效的利用方式之一。

VPP的安全运行和能量管理需要对各类运行信息进行采集和处理，高效、可靠和开放的通信和信息处理是VPP的技术支撑。传统的虚拟电厂监控装置虽具有完善的信息采集系统，但忽视了对信息的挖掘处理，限制了装置功能扩展。技术型VPP可以将电网监控和能量管理结合起来，建立一体化信息处理平台，一方面有利于系统的安全可靠运行；另一方面有助于装置在实现监控的基础上，能够利用所采集信息直接对虚拟电厂完成更加及时、便捷和精确的能量管理，得出更加具备实际操作性的能量管理策略，具有很强的灵活性。

技术型虚拟电厂进行状态监测和能量管理时，可以借鉴 IEC61850 标准中智能变电站建设的相关经验，将智能变电站中的三层结构应用到状态监测和能量管理，映射为优化层、管理层和设备层三个逻辑层次，虚拟电厂状态监测系统框架图如图 8-24 所示。

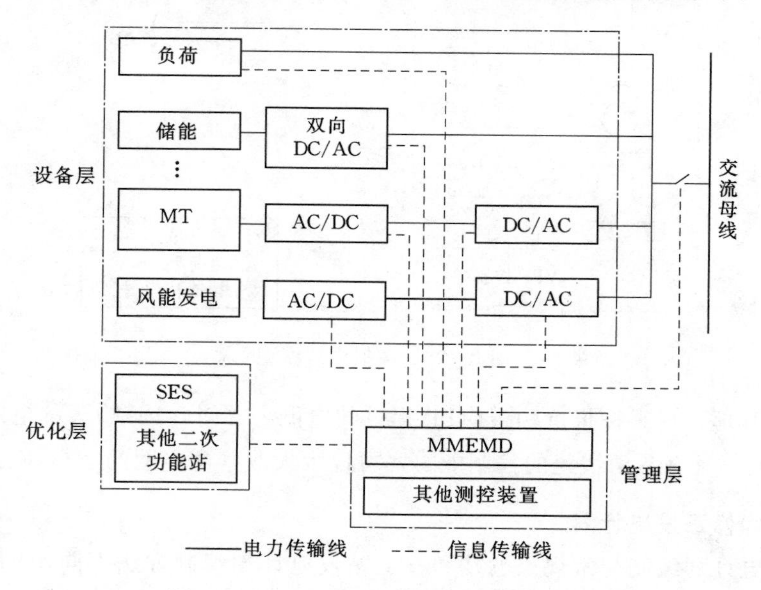

图 8-24　虚拟电厂状态监测系统框架图

(1) 设备层：完成类似过程层的相关功能，如电能供给、设备开断和底层控制命令执行等，包括虚拟电厂含有的风电机组、太阳电池、微型燃气轮机等发电设备，蓄电池、超级电容器等储能设备，断路器、隔离开关、电子式电流/电压互感器等开关和测量设备，以及其他独立的智能电子装置。

(2) 管理层：完成类似间隔层承上启下的相关功能，如电气量采集、设备运行状态监测和能量管理策略制定等。管理层是设备层和优化层之间信息交互的枢纽，包括监控管理与能量管理装置（monitoring managent and energy management device，MMEMD）及其他测控装置。

(3) 优化层：完成类似站控层与接口相关的功能，如与远方控制中心和工程师站通信，提供虚拟电厂运行的人机联系界面等，由虚拟电厂监控与能量管理优化软件及其他辅助功能系统组成。

5. 资产管理

电网企业对其功能及主营业务的认识直接影响和决定公司资产的结构和数量，支持核心或者主营业务的资产就是核心业务资产。核心业务资产是有效资产。传统垂直一体化经营体制下，电网企业的主营业务强调纯粹的输配电业务，资产更多地考虑与电源规模和电网规划相适应。随着电力市场的建设和电力企业公用性质的进一步体现，与市场和用户（包括电源企业、电力商品用户、电力经纪商甚至其他电网企业等）需要相适应

的资产更加重要。即使是输配电资产，也是以市场和用户为基础的。

技术型虚拟电厂可以通过以下方式进行有效的资产管理：①提升核心业务资产比重；②加强非电网资产经营管理；③积极争取电价政策；④制定公司资产管理财务政策；⑤推行资产全寿命周期管理；⑥加强电网资产信息的管理工作；⑦建立统一的管理流程。

6. 故障定位

虚拟电厂包含的风能、太阳能、生物质能、地热能等多种形式的分布式电源的容量一般为几十千伏安至几十兆伏安。分布式电源接入配电网后，会使原来的单电源辐射网络变成多电源网络，影响了网络的结构，潮流分布。当含有 VPP 的配电网发生故障时，系统电源和 DG 可能同时向短路点提供短路电流，从而使短路水平发生变化。这些变化会影响原来配备的继电保护，VPP 的存在会使这些保护出现误动、拒动，使保护失去选择性，降低灵敏度。

传统配电网中功率都是单向流动的，而含有 DG 的配电网功率可能是双向流动的，导致传统配电网中故障和保护装置在含有高渗透率 DG 的 VPP 中并不适用。因此，为了保护 VPP 的安全运行，需要一些新的故障保护措施。虚拟电厂通过协调控制技术、智能计量技术、信息通信技术对分布式电源运行状态进行监控，通过分布式电源的运行状态、线路潮流等条件进行虚拟电厂的故障定位，及时高效地判断故障点所在位置。

7. 需求响应

需求响应是指电力用户针对市场价格信号或激励机制主动改变原有电力消费模式的行为。需求响应概念的提出，改变了过去单纯依靠电力供应侧的发展来满足不断增长的电力需求的固定思维，将需求侧作为供应侧电能的可替代资源加以利用。这一理念的运用是电力工业的一场效率革命，不仅可以缓解电力供需平衡的窘困局面，还能促进环境保护和能源节约。

虚拟电厂是由能量管理系统和其所控制的小型和微型分布式能源资源组成的一类集成性电厂，其包含的分布式能源可以是分布式发电机组、分布式储能设备，也可以是分布在众多需求侧用户中的需求响应资源。需求响应虚拟电厂将来自众多电力用户削减负荷的能力视为虚拟出力，甚至可以提供负出力，将需求响应资源视为在负荷侧接入系统的发电机组。按照响应机制不同，需求响应可分为基于激励的需求响应（incentive - based demand response，IBDR）和基于价格的需求响应（price - sensitive demand response，PSDR）。因此需求响应虚拟电厂可分为激励需求响应虚拟电厂（IBDR - VPP）和价格需求响应虚拟电厂（PSDR - VPP）两大类。传统发电机组模型和需求响应虚拟电厂模型对比见表 8 - 6。

将需求响应视为一种可与传统发电机共同参与调度的资源，将需求响应用户看作一种特殊的发电厂接入系统，提出需求响应虚拟电厂概念。

（1）需求响应虚拟电厂参与日前调度机组组合可使需求响应资源替代一部分传统发

电资源，降低系统运行成本，减少被迫削负荷和弃风量。

表 8-6　　传统发电机组、IBDR-VPP 和 PSDR-VPP 模型对比

模型名称	出力	出力上下限	最小开停机时间	开机总次数限制	爬坡约束	运行成本	启动成本	不确定成本
传统发电机组	√	√	√	×	√	√	√	×
IBDR-VPP	√	√	√	√	√	√	×	√
PSDR-VPP	√	√	×	×	√	√	×	√

(2) 在需求响应虚拟电厂模型中考虑响应不确定性的影响，可提高系统可靠性，降低系统风险成本并促进用户提高自身响应可靠性。

8.2.5　虚拟电厂运营模式

目前，商业运营模式按照所有权和使用权归属性质不同可以归纳为独立运营模式、租赁运营模式和合作运营模式这三种运营模式。独立运营模式是投资方承担开展业务所需投资，并利用系统内所拥有的资源自主开展业务的运营模式，此种运营模式的业务比较多元化，运维支撑体系相对完善。租赁运营模式是指投资方投资生产产品后，将产品使用权以出租的方式租给使用方的运营模式，此种运营模式的业务单一、运维支撑体系简单。合作运营模式是指以投资方、运营方和第三方为投资主体，对产品进行投资建设，在实现自营业务的同时，与其他公司合作开展相关业务，此种运营模式的业务多元化，运维支撑体系完善。三种运营模式结构如图 8-25 所示。

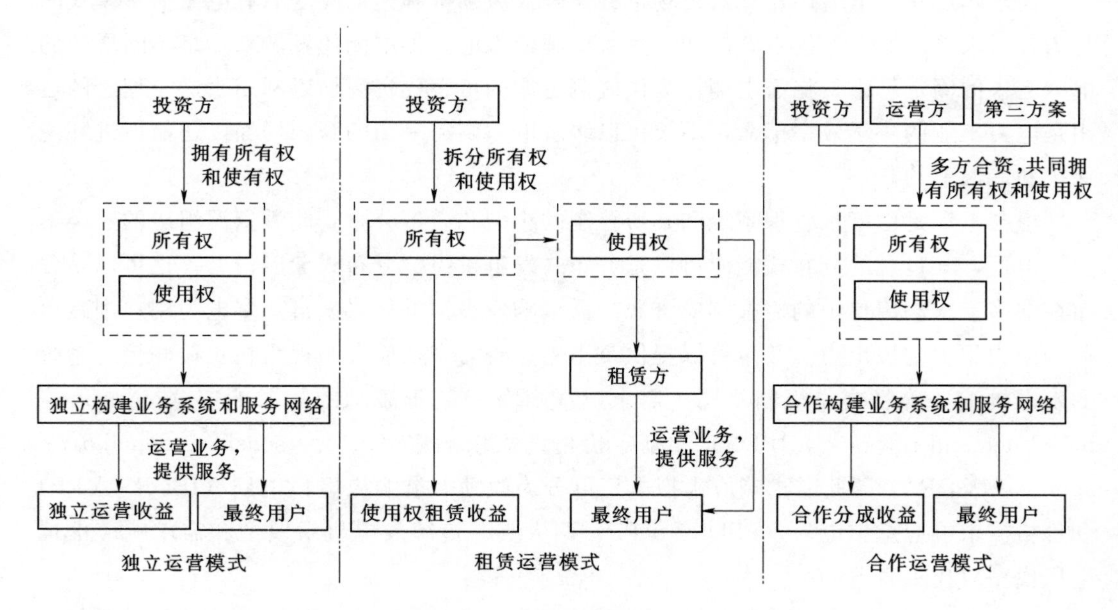

图 8-25　三种运营模式结构

基于上述三种运营模式的基本思想，采用“魏朱六要素商业模式”模型对虚拟电厂

业务商业运营模式进行研究和分析。

8.2.5.1 国外运营模式

国外学者对商业模式理论的研究可以追溯到 20 世纪 60、70 年代，Blumenthal 在 1961 年采用“Business Models”来解释编制小企业财务报表的方法或模型，而“商业模式”作为文章正文的内容最早出现在 Bellman 和 Clark 发表在《运营研究》上的论文《论多阶段、多局中人商业博弈的构建》一文中，作为文章题目和摘要则最早出现在 Jones G－M 的论文“Educators，Electrons，and Business Models：A Problem in Synthesis”中。原磊（中国社会科学院工业经济研究所副研究员）在其《国外商业模式理论研究评介》一文中从商业模式的概念本质、体系构成、评估手段和变革过程等方面对国外商业模式理论进行了研究、归纳和总结。下面对国外三种具有代表性的商业模式模型进行简要介绍。

1. Rainer Alt 等学者提出的商业模式六要素模型

Rainer Alt 和 Hans－Dieter Zimmermann 等学者认为商业模式由使命、结构、过程、收入、法律事务和技术等六个要素构成，这些要素的关系和结构如图 8－26 所示。在这六个要素当中，使命是商业模式最为关键的因素；结构决定了行业、客户和产品的重点；过程提供了商业模式的使命和结构更为详细的观点，表明了价值创造过程的因素；收入是商业模式的底线，收入来源和所需投资必须做好短期和中期的分析和规划；法律事务是商业模式必须考虑的因素；技术既是驱动力也是约束。

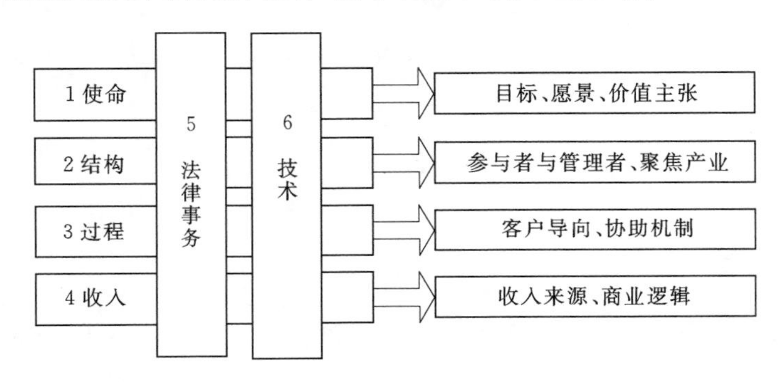

图 8－26 Rainer Alt 等提出的商业模式六要素关系和结构

2. Osteoalder & Pigneur 提出的商业模式九要素模型

Osteoalder & Pigneur 认为商业模式包含了一系列要素及要素间的相互关系，能够用来阐明某个特定实体的商业逻辑。它描述了公司能为客户所提供的价值及实现这一价值并产生可持续盈利的要素。这些要素包括价值主张、核心竞争力、资源配置、合作伙伴、成本结构、客户关系、分销渠道、目标客户以及盈利模式。Osteoalder & Pigneur 同样认为不同商业模式可以通过上述九个要素加以解释，而且每种要素在商业模式中的重要程度及彼此间关系决定了商业模式的差异性。九要素结构如图 8－27 所示。

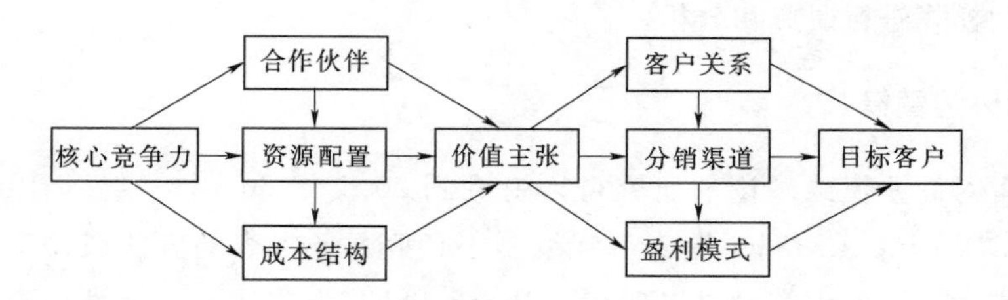

图 8 - 27　Osteoalder & Pigneur 提出的商业模式九要素结构

3. BMO 商业模式模型

BMO 理论起源于管理科学与信息系统的研究，它的商业模式结构的四个组成部分的概念源于管理理论，包括组织、服务、消费和财务，各组成部分及其相互之间的关系如图 8 - 28 所示。该理论通过对价值定位、分销渠道、消费者、消费者关系、价值结构、核心能力、合作者关系、成本结构、收入模型九个商业模式间相互关系的表达，描述了企业内外价值网络、企业盈利方式等。

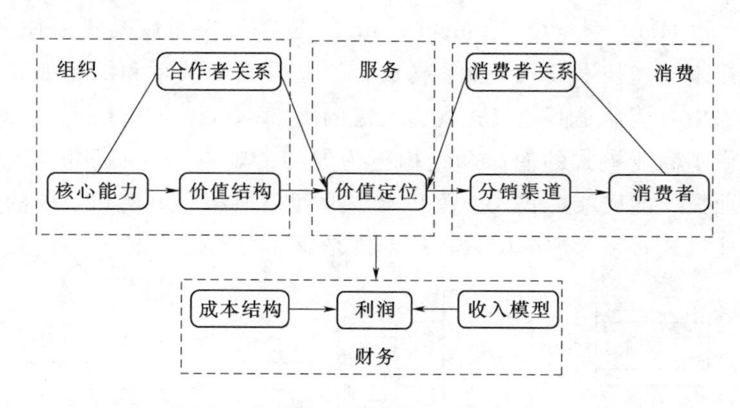

图 8 - 28　BMO 商业模式结构

8.2.5.2　国内运营模式

国内商业模式的研究进程比国外晚，但引发商业模式研究的动因和发展过程与国外情况相近。在最近几年，国内关于商业模式的研究更加活跃，人们对商业模式的理解在逐渐加深，商业模式的理念也得到了更大的普及。目前国内具有代表性的商业模式模型有原磊提出的“3 - 4 - 8”商业模式模型，郑称德（南京大学商学院教授）等学者提出的“二维商业模式结构”模型以及魏炜和朱武祥（魏炜，北京大学汇丰商学院管理学副教授；朱武祥，清华大学经济管理学院公司金融学教授）两位学者提出的“魏朱六要素商业模式”模型等。

1. “3 - 4 - 8” 商业模式模型

“3 - 4 - 8 商业模式”模型是一种从“远-中-近”三个层次对商业模式进行全面考察的立体架构，其中，“3”代表联系界面，包括顾客价值、伙伴价值和企业价值；“4”代

表构成单元，包括价值主张、价值网络、价值维护、价值实现；“8”代表组成因素，包括目标顾客、价值内容、网络形态、业务定位、伙伴关系、隔绝机制、收入模式、成本管理。该模型能够清晰地显示出要素与要素关系间的价值运动逻辑。“3－4－8”商业模式结构如图8－29所示。

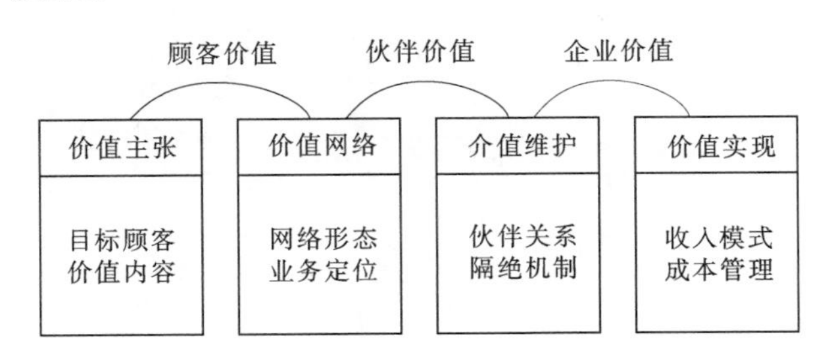

图8－29 “3－4－8”商业模式结构

2. “二维商业模式结构”模型

郑称德等学者以75个实际企业商业模式成功案例为样本，应用扎根理论的strauss三阶段编码方法进行跨案例分析，提出了“二维商业模式结构”模型。此模型由6个层次、15个构件以及44个子构件组成，能够刻画商业模式的特征，分析企业创新商业模式的前因后果，分析企业创新商业模式时所处的环境和具备的内外部条件。此模型具有较强的商业模式解释能力，可用于评估商业模式和归纳商业模式创新策略等。其模型结构如图8－30所示。

3. “魏朱六要素商业模式”模型

“魏朱六要素商业模式”模型由魏炜、朱武祥两位学者首先提出，是描述、重构、设计和解释商业模式的一种有效手段。该模型由定位、业务系统、关键资源能力、盈利模式、现金流结构、企业价值六个要素构建完成，且每个要素之间相互关联、相互作用。其模块图如图8－31所示。

定位是整个商业模式设计的起点。市场定位是对企业业务、目标客户和产品及服务特征的确立。企业通过市场定位来完成市场中利益相关者和非利益相关者的区分，识别和确定服务对象与地理区域，明确所具备的资源和能力等。精准的市场定位有利于降低交易成本，避免资源和能力的重复占用和浪费。

业务系统是商业模式设计的核心要素。构建业务系统需要从全局角度出发，不仅要明确业务系统内企业与利益相关者间的市场关系，也要在市场定位的基础上，根据企业自身具备的资源能力，向利益相关者分配业务角色，形成共同的价值网络。业务系统建立的目标是企业与其利益相关者实现合作共赢。

关键资源能力与商业模式选择有关，不同的商业模式决定了企业内部资源能力的相对地位。企业的资源能力有限，设计商业模式时需要充分发挥、挖掘已有的优势资源能力，也可以借助优势资源能力去控制其他资源能力，最终实现的是企业内外各种资源能力的有机整合。

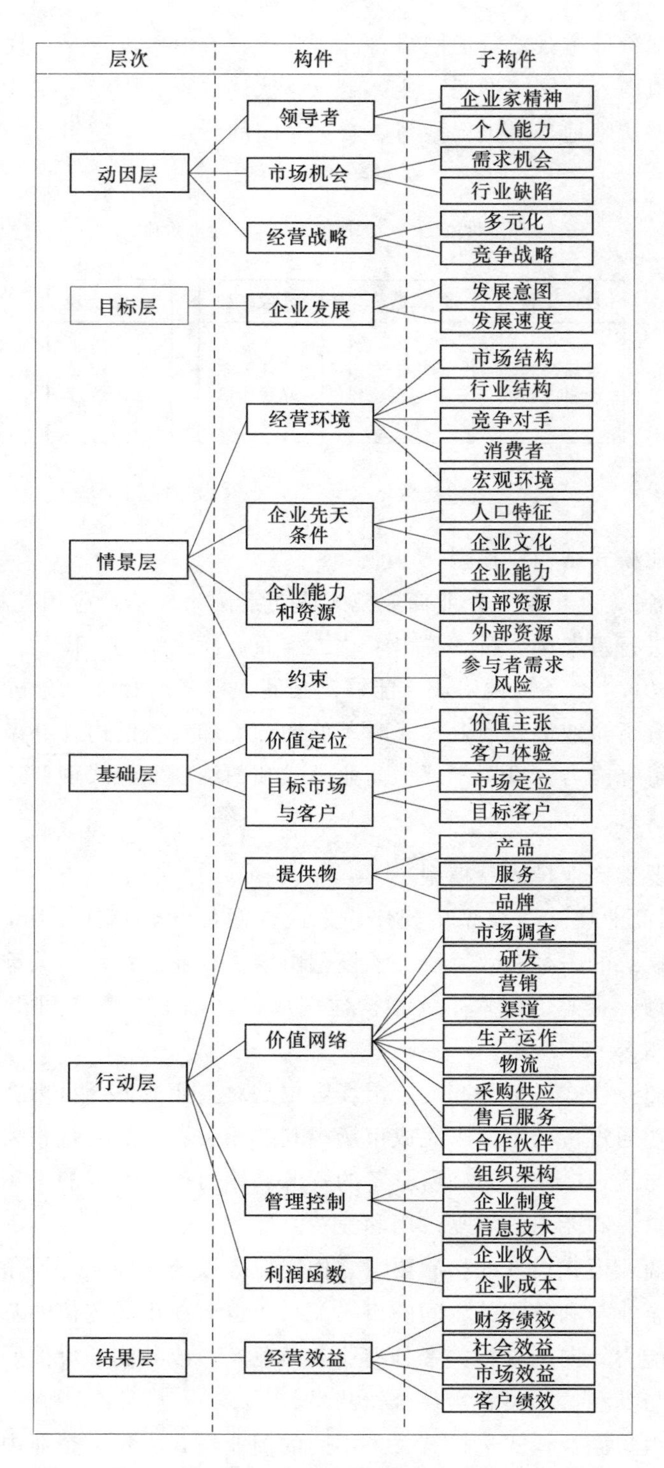

图 8-30　二维商业模式结构

盈利模式是整合企业及其利益相关者的资源能力，实现价值创造、价值获取和利益分配的一种协调机制。盈利模式受企业市场定位和业务系统的双重影响，也受到企业关

键资源能力的约束。在市场竞争环境下，专业化经营或多点盈利是企业盈利模式的发展趋势。

现金流结构是企业经营过程中与各利益相关者间的资金流动结构，反映的是企业采用的商业模式所能创造的投资价值。现金流结构体现商业模式的不同特征，也是评判商业模式优劣的一项指标。

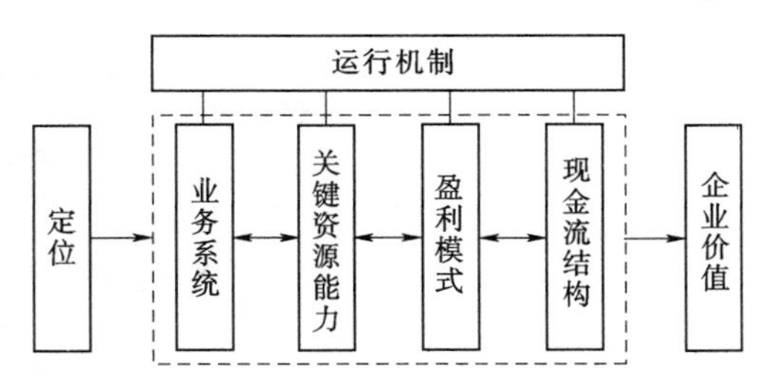

图 8-31 “魏朱六要素商业模式”模块图

企业价值是商业模式构建和创新的归宿。企业价值由企业成长的空间、能力、效率和速度决定，商业模式的优劣会直接导致企业价值的高低。

伴随着分布式电源设施的建设、政策制度的建立和电力市场机制的不断发展和完善，电网企业作为 VPP 业务的参与主体，如何紧密把握 VPP 业务的技术特点和充分利用企业本身的关键资源及能力、设计并选择适合电网企业的商业运营模式显得尤为重要。

8.2.6 VPP 典型应用

目前，从整个世界范围来看，VPP 的研究和实施主要集中于欧洲和北美。根据派克研究公司（Pike Research）公布的数据，截至 2009 年年底，全球 VPP 总容量为 19.4GW，其中欧洲占 51%，美国占 44%；截至 2011 年年底，全球 VPP 总容量增至 55.6GW。然而，欧洲与美国 VPP 的应用形式有着显著的不同，欧洲各国的 VPP 亦各具特色。欧洲现已实施的 VPP 项目，如欧盟虚拟燃料电池电厂（virtual fuel cell power plant，VFCPP）项目、荷兰基于功率匹配器的 VPP 项目、欧盟 FENIX 项目以及德国专业型虚拟电厂（professional VPP，ProViPP）试点项目，主要针对实现 DG 可靠并网和电力市场运营的目标考虑而来，DG 占据 DER 的主要成分；而美国的 VPP 主要基于需求响应计划发展而来，兼顾考虑可再生能源的利用，因此可控负荷占据主要成分。表 8-7 给出了欧盟/欧洲各国开展与 VPP 技术相关的主要研究项目的基本情况。下面将对几个具有代表意义的项目进行具体介绍。

表 8-7　欧洲与 VPP 相关的主要研究项目

项目名称	起止年份	项目状态	主要参与国家
VFCPP	2001—2005	完成	德国
KONWERL	2002—2003	完成	德国
VIRTPLANT	2005—2007	完成	德国
UNNA	2004—2006	完成	德国
CPP	2003—2007	完成	德国
STADG VPP	2003—2007	完成	德国

续表

项目名称	起止年份	项目状态	主要参与国家
HARZ VPP	2008—2012	完成	德国
ProViPP	2008—2012	完成	德国
VATTENFALL VPP	2010—2012	完成	德国
VGPP	2007—2008	完成	奥地利
PM VPP	2005—2007	完成	荷兰
FENIX	2005—2009	完成	英国、西班牙、法国、罗马尼亚等
EDISON	2009—2012	完成	丹麦
FLEXPOWER	2010—2013	在研	丹麦
GVPP	2006—2012	完成	丹麦
WEB2ENERGY	2010—2015	在研	德国、波兰等
TWENTIES	2012—2015	在研	比利时、德国、法国、丹麦、英国等

1. 欧盟 VFCPP 项目

VFCPP 项目是由来自德国、荷兰、西班牙等 5 个国家的 11 家公司在欧盟第五框架计划下于 2001—2005 年间实施的 VPP 研究与试点项目，其目的在于发展、安装、测试并展示由 31 个分散且独立的居民燃料电池热电联产系统构成的 VPP。

VFCPP 将所有燃料电池热电联产系统聚合成一个有机整体，在给出确定的负荷曲线时，中央控制系统与现场能量管理器进行通信，协调控制每一机组供热和供电，并无时延跟踪预定负荷曲线，在负荷变化或需求达到峰值时优化各系统生产，从而降低了生产成本和峰值负荷对配网的电能需求。

2. 荷兰 PM VPP 项目

功率匹配器（power matcher，PM）的概念基于多代理技术，由荷兰能源研究中心提出，其体系结构如图 8-32 所示。每一 DER 设备都由一个设备代理代表，该代理以不同优化方式进行设备相关操作，因此集中最优算法将不再需要，其与上级拍卖商的通信也将十分有限。设备代理聚集于集线器代理，集线器代理将众多市场竞价聚合成唯一竞价并将其发送至拍卖商代理。拍卖商代理的职责在于参考均衡价格形成市场清算价格并将其反馈给旗下的其他代理，设备代理将据此做出调整、发/用电或等待下一轮竞价。目标代理遵循给定的目标，并决定其所联系的其他代理应该如何工作。

基于上述概念，包含 10 个微型 CHP 机组的 VPP 实地测试于 2007 年 5 月在荷兰付诸实施，其主要目的在于展示 VPP 降低当地配电网峰值需求的能力。VPP 采取基于市场的控制策略，设备代理运行于每一微型热电联产机组，并通过电力线路与其他热电联产机组、温控器、电力测量装置进行通信。设备代理和包含市场协调策略的功率匹配服务器之间的通信采用双向无线通信技术——通用移动通信系统。基于不同需求方案，功

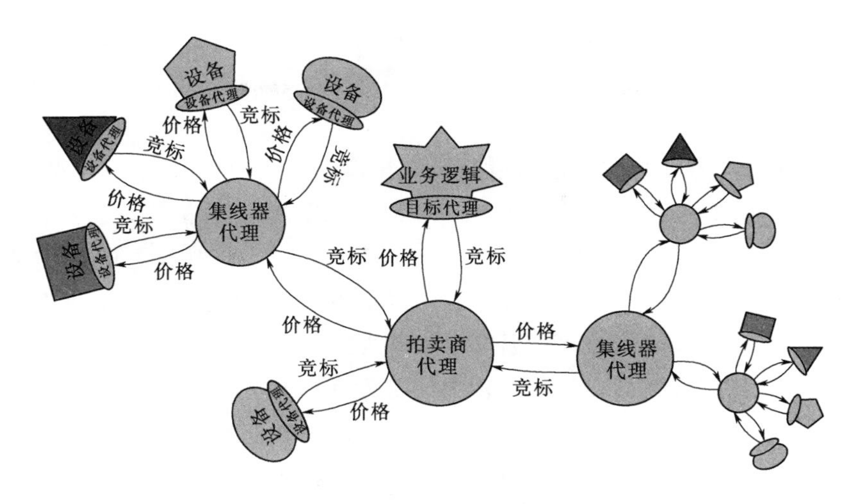

图 8-32 功率匹配器体系结构

率匹配服务器将所有竞标投入市场，这就使得用电高峰期的电价较高，用电低谷期的电价较低。在较高市场价格的驱动下，微型热电联产系统生产电能以降低峰值负荷用电需求。

3. 欧盟 FENIX 项目

FENIX 项目是由来自英国、西班牙、法国等 8 个国家的 20 个研究机构和组织在欧盟第六框架计划下于 2005—2009 年间实施的 VPP 研究和试点项目，其目的在于概念化、设计并展示能够聚合大量 DER 并使未来欧盟供电系统实现高性价比、安全、可持续目标的技术体系和商业框架。FENIX 项目的一般架构如图 8-33 所示。

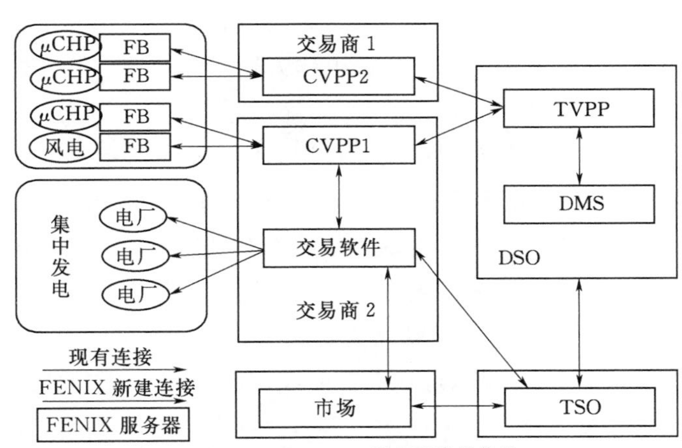

图 8-33 FENIX 项目的一般架构

该项目引入了三个新元素：FENIX 盒（FENIX box，FB）、商业型虚拟电厂和技术性 VPP。FB 为 DER 控制系统实现远程监视及控制提供接口；CVPP 主要负责为 DG

制定发电计划和能量优化功能；技术型 VPP 主要在配电管理系统中执行确认发电计划表、分派 DER 解决电压/电流约束或阻塞问题等功能。基于一般 FENIX 架构，在英国和西班牙分别实施了北部方案和南部方案。

北部方案的重点在于以英国电力市场为依托建立商业型 VPP 运行原型，展示商业型 VPP 市场交易接口、优化设计、SCADA 以及 DER 聚合/分散代理。商业型 VPP 内部通信基于 IEC 104 协议，外部通信通过基于 GPRS 技术的 VPN。前述的功率匹配器和多代理技术亦被用于管理商业型 VPP：FB 为功率匹配器设备代理提供 DER 的当前状态和数据信息，如冷冻机或 CHP 温度，功率匹配器将所有信息汇总后传送给 VPP 代理，并由 VPP 代理形成竞标曲线，竞标曲线被发送给充当市场接口的 e－terra Trade 以实现市场交易。一旦市场交易达成，商业型 VPP 立即制定发电计划表并将其传达给所有的 DER 设备，DER 将按照计划表实时生产/消费电能。南部方案通过在配电系统中聚合多种分布式发电技术同时验证了商业型 VPP 和技术型 VPP 的概念，展示了 VPP 的三大功能：聚合 DER 加入日前电力市场；提供第三备用辅助服务；维持输电和配电电压。

4. 丹麦 EDISON 项目

丹麦 EDISON 项目是由来自丹麦、德国等国家的 7 个公司和组织于 2009—2012 年间实施的 VPP 试点项目，其目的在于研究聚合电动汽车所带来的机遇和挑战，为 EV 开发系统提供解决方案和技术，从而保证其所接入的且含大量随机特性发电机组的电力系统能够可靠、经济、可持续运行。

EDISON 虚拟电厂（EVPP）可看作是服务器侧的软件系统。该系统在协调 EV 群行为的同时与电力系统进行通信，采用集中控制方式监视和最优分派 EV 蓄电池。当对市场参与者作用和优化时，EVPP 将 EV 群组作为聚合群处理，但当处理单独 EV 的表现时，EVPP 将对每一个体单独考虑。

EVPP 与外界（上、下层接口）的交互作用如图 8－34 所示。零售商从电力市场接收日前现货市场价格，并前送至 EV 群操作员。EV 向 EVPP 提供旅程历史和状态信息，包括出发时间、到达时间、出发时的电能状态及抵达地点。EVPP 存储上述信息并用以预测 EV 的未来旅程行为。根据聚合的旅程预测信息，EVPP 定义负荷曲线边界并前送至零售商，后者据此决定优选的聚合负荷曲线，并将其反馈至 EVPP。EV 群操作员根据 EV 充电计划，向 DSO 发送优选负荷曲线，DSO 对其进行处理并结合总体负荷预测来决定配电网是否将会出现阻塞问题。若阻塞存在，DSO 则将附加约束反馈至 EV 群操作员，并重复操作 5 和 6，一旦更改后的负荷曲线被接受，DSO 会向 EV 群操作员发送阻塞清除信号；否则，优化的负荷曲线将直接被接受。之后，EV 群操作员将向零售商和 EV 发送 DSO 接受的选定负荷曲线，以此进行计费和控制 EV 充电。

5. 欧盟 WEB2ENERGY 项目

WEB2ENERGY 项目是在欧盟第七框架计划下于 2010—2015 年间完成的 VPP 研

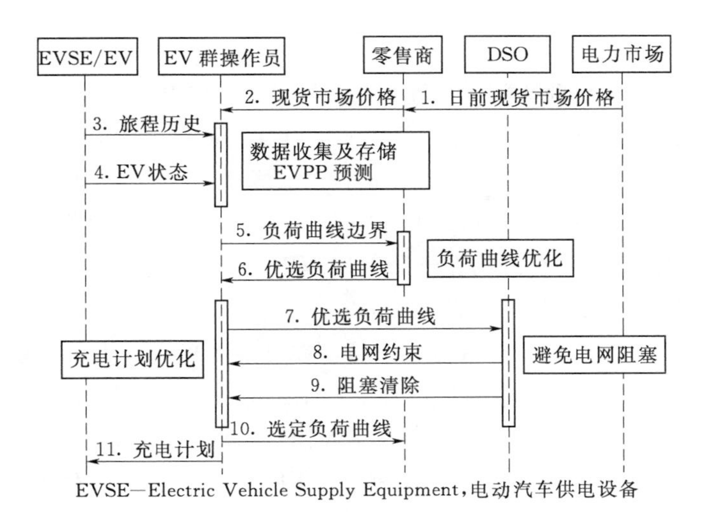

图 8-34 EVPP 的交互活动

究与试点项目，其目的在于实施和验证“智能配电”的三大支柱技术：智能计量、智能能量管理和智能配电自动化。

在此项目中，先进的智能计量技术提供了很多创新的功能，主要包括：短期内远程读取测量值、接收市场价格信号并使其可视化、管理干扰信号和故障、估计操作和被盗能量、永久存储仪表数据、监控负荷曲线、监控分布式能源。

在智能计量的基础上，以 VPP 的形式聚合需求侧资源和分布式能源，实现智能能量管理和智能配电自动化。VPP 聚合了七类不同的分布式能源，即 5 座 CHP 电厂、2 组 100kW·h 氧化还原电池、10 组 5kWh 锂电池、6 座光伏电站、3 座风电场、2 座小型水电站和 3 类大型可控负荷，以及需求侧管理和需求侧响应两类需求侧技术。

(1) 需求侧管理。聚合可切换负荷和需求侧储能电池来抵偿 RES 的波动性。

(2) 需求侧响应。发送用电参考和激励信息，引导居民高效用电。

控制中心基于两种控制策略对 VPP 进行管理：

(1) 当前策略。根据 VPP 的当前状态信息以及电力系统和市场要求的电能或储备信息，自动生成 DSM 方案，控制储能单元的充放电以及可控负荷的切换。

(2) 前瞻策略。根据负荷、电价历史数据和天气预报，预测负荷和 RES 发电情况，对可控发电机组发电量进行日前规划，生成电能消费参考曲线和虚拟交通灯时段（红灯表示节能有利，绿灯表示用电有利）。发电命令通过广域网传送至 RTU，调节发电机出力。电能消费参考曲线和交通灯时段则通过互联网和手机告知用户。用户根据用电参考标准，自行改变用电方式，实现需求侧响应。与此同时，项目建立了需求响应奖励制度：对在红灯时段削减用电负荷或绿灯时段增加用电负荷的用户进行奖励。

前期结果表明，项目方案降低了当地居民 3%的日常用电量，并有 15%的负荷需求由红灯时段转移至绿灯时段，验证了以 VPP 形式实现发电资源管理和 DSM、DSR 的可行性。

6. 其他项目

KONWERL、VIRTPLANT、UNNA、HARZ、ProViPP 以及 VATTENFALL VPP 项目均是由德国实施的小区域性 VPP 试点项目，项目中的分布式电源的地理位置较为集中、容量较小，且均运用 CHP 技术来尝试减小或消除 RES 发电的不确定性影响。CPP（combined power plant）、STADG VPP、则是德国全国范围内的大规模虚拟电厂试点项目，它们的首要目的均在于研究以 VPP 的形式使 DER 加入电力交易市场、平衡市场和辅助服务市场的经济效益。VGPP（virtual green power plant）项目是奥地利实施的 VPP 试点项目，其研究重点在于验证在奥地利现行电力市场框架下实施 VPP 的可行性，并评估不同运行策略的经济性。FLEXPOWER、GVPP 项目是由丹麦组织实施的 VPP 试点项目，它们的研究重点在于 VPP 加入电力市场后，市场框架的设计与测试以及基于市场运行下的 VPP 控制策略。TWENTIES 项目是在欧盟第七框架计划下实施的智能电网示范项目，而 VPP 技术是其主要示范点之一。在 TWENTIES 项目中，VPP 的示范目标在于实现 CHP、海上风电、当地 DG 和负荷的智能管理，从而提高海上风电并网的电能质量。

8.2.7　VPP 探讨与展望

目前，VPP 在我国还是一个崭新的概念，但 VPP 的特点符合我国电力发展的需求与方向，有着广阔的发展前景，具体体现在：

（1）VPP 是高效利用和促进分布式可再生能源发电的有效形式。近年来，我国的可再生能源发电规模持续快速增长。如前所述，可再生能源发电具有单机容量小、出力具有间歇性和随机性等特点，其单独并网往往会对大电网造成诸多影响。然而，可再生能源发电连同其他 DG 聚合成 VPP 的形式参与大电网的运行，通过内部的组合优化，可消除可再生能源发电对外部系统的间歇性和随机性影响，提高电能质量，实现对可再生能源发电的高效利用。与此同时，开展 VPP 将使可再生能源发电从电力市场中获取最大的经济收益，缩短成本回收周期，吸引和扩大对可再生能源发电的投资，从而促进分布式可再生能源的发展。

（2）VPP 是能源互联网的重要支撑。能源互联网最重要的核心内涵是实现可再生能源，尤其是分布式可再生能源的大规模利用和共享。

为了平抑可再生能源的间歇性，储能与可控负荷等将是能源互联网的重要组成部分。能源互联网中需要协调的分布式设备数量很大，其协调优化问题可用一个维数很高的非线性优化模型来描述，采用传统的集中式优化方法求解不太现实。针对大量分布式设备的协调优化问题，现有文献中主要提出了两类求解方法，即“分层优化”策略和“分布式优化”策略。虚拟电厂技术正是实现大规模广域分布式电源协调并网管理以及能源互联网分层优化的重要手段。

（3）VPP 是推动智能电网建设的重要环节。

我国《能源发展“十二五”规划》已将大力发展分布式能源，推进智能电网建设作

为推动能源方式变革的重点任务。VPP的社会经济效益符合智能电网解决能源安全与环保问题，应对气候变化，保证安全、可靠、优质、高效的电力供应，满足经济社会发展对电力多样化需求的总体目标和基本要求。VPP技术的基础：通信技术、协调控制技术、智能计量技术，亦是智能电网发展所需的关键技术。VPP的运行方式符合智能电网信息化、自动化、互动化的基本特征。总的来说，VPP技术的发展对推动我国智能电网的建设具有重要的作用。在未来，VPP应当成为智能电网的重要组成部分。

(4) VPP对于完善我国的电力市场体制具有重要的促进作用和指导意义。

VPP的一大重要特征在于能够聚合分布式能源参与电力市场的运营。电价是电力市场建设的核心问题，而VPP的盈利正是源于动态电价的激励。VPP在中国的开展将加快电价由政府定价向政府与市场定价协同并重的转变。在电力市场中，VPP既具有传统电厂的某些特征，如稳定出力、批量售电，同时又具有特殊性，主要表现在多样化的电能来源。正是由于其多样化的发电资源，VPP既可参与前期市场、实时市场，又可参与辅助平衡市场。借鉴VPP参与多种电力市场的运营模式及调度框架将对完善我国的电力市场体制起到积极的促进和指导作用。

8.3　本章小结

根据前述介绍的分布式电源原理与运行特性等，未来分布式储能、VPP在促进资源合理开发、电网安全稳定等方面具有很大的发展空间。

结合目前国内分布式储能的政策环境和储能应用技术现状，本章对分布式储能运行控制应用场景、分布式储能典型应用场景，以及分布式储能在居民、工商业、电网侧和复合应用领域的典型应用案例进行了详细描述，为有效解决配电网分布式电源接入和负荷快速增长带给电力系统的运行与规划问题提供了有效解决措施。

为进一步发挥分布式电源价值，可以利用VPP技术将其作为一个特殊电厂参与电力市场和电网运行的电源协调管理系统。本章结合VPP的概念及其与常规电厂、微电网、能效电厂的区别及优势，对VPP运行控制技术、VPP运行管理方案，以及VPP技术的典型应用案例进行详细描述，利用先进的控制、计量、通信等技术聚合DG、储能系统、可控负荷、电动汽车等不同类型的分布式能源，并通过更高层面的软件构架实现多个DER的协调优化运行，更有利于资源的合理优化配置及利用。

参　考　文　献

[1] 修晓青，李建林，惠东．用于电网削峰填谷的储能系统容量配置及经济性评估 [J]．电力建设，2013，34 (2)：1-5.

[2] 李建林，杨水丽，高凯．大规模储能系统辅助常规机组调频技术分析 [J]．电力建设，2015，36 (5)：105-110.

[3] 李征，蔡旭，郭浩，等．分散式风电发展关键技术及政策分析 [J]．电能与能效管理技术，

2014 (3)：39-44.

[4] 李建林，马会萌，惠东. 储能技术融合分布式可再生能源的现状及发展趋势 [J]. 电工技术学报，2016，31 (14)：1-10.

[5] 王成山，武震，李鹏. 分布式电能存储技术的应用前景与挑战 [J]. 电力系统自动化，2014，38 (16)：1-8.

[6] 裴玮，盛鹍，孔力，等. 分布式电源对配网供电电压质量的影响与改善 [J]. 中国电机工程学报，2008，28 (13)：152-157.

[7] 李建林，惠东，靳文涛，等. 大规模储能技术 [M]. 北京：机械工业出版社，2016.

[8] 黄际元，李欣然，曹一家，等. 考虑储能参与快速调频动作时机与深度的容量配置方法 [J]. 电工技术学报，2015，30 (12)：454-464.

[9] 王晓东，苗宜之，卢奭瑄，等. 基于 SCM-ANFIS 负荷预测的储能电站调峰控制策略 [J]. 太阳能学报，2018，39 (6)：1651-1657.

[10] 国际电工委员会. IEC 61850-1 电力自动化通信网络和系统第1部分：介绍和概述.

[11] 李征，蔡旭，郭浩，等. 分散式风电发展关键技术及政策分析 [J]. 电能与能效管理技术，2014 (9)：39-44.

[12] 何国庆. 分散式风电并网关键技术问题分析 [J]. 风能产业，2013 (5)：12-14.

[13] 王彩霞，李琼慧. 促进我国分散式风电发展的政策研究 [J]. 风能，2013 (9)：46-52.

[14] 杨俊友，崔嘉. 考虑风电功率预测的分散式风电场无功控制策略 [J]. 电力系统自动化，2015，13：8-15.

[15] 黄山峰. 分散式风电远程集控系统设计 [C]. 2013 第十四届全国保护和控制学术研讨会论文集，2013.

[16] 姜海洋，谭忠富，胡庆辉，等. 用户侧虚拟电厂对发电产业节能减排影响分析 [J]. 中国电力，2010，43 (6)：37-40.

[17] 周景宏，胡兆光，田建伟，等. 含能效电厂的电力系统生产模拟 [J]. 电力系统自动化，2010，34 (18)：27-31.

[18] 谭显东，胡兆光，彭谦. 考虑能效电厂的供需资源组合优化模型 [J]. 电网技术，2009，33 (20)：108-112.

[19] 张小敏. 虚拟发电厂在大规模风电并网中的应用 [J]. 电力建设，2011，32 (9)：11-13.

[20] 季阳. 基于多代理系统的虚拟发电厂技术及其在智能电网中的应用研究 [D]. 上海：上海交通大学，2011.

[21] 卫至农，余爽，孙国强，等. 虚拟电厂的概念与发展 [J]. 电力系统自动化，2013，37 (13)：1-9.

附　录

附录一　名　词　解　释

（1）公共连接点（point of common coupling）。电力系统中一个以上用户的连接处。

（2）并网点（point of interconnection）。对于有升压站的分布式电源，指升压站高压侧母线或节点。对于无升压站的分布式电源，指分布式电源的输出汇总点。

1）并网点。对于有升压站的分布式电源，并网点为分布式电源升压站高压侧母线或节点；对于无升压站的分布式电源，并网点为分布式电源的输出汇总点。并网点图例说明如附图 1 所示，A1、B1 点分别为分布式电源 A、B 的并网点，C1 点为常规电源 C 的并网点。

2）接入点。接入点是指电源接入电网的连接处，该电网既可能是公共电网，也可能是用户电网。如附图 1 所示，A2、B2 点分别为分布式电源 A、B 的接入点，C2 为常规电源 C 的接入点。

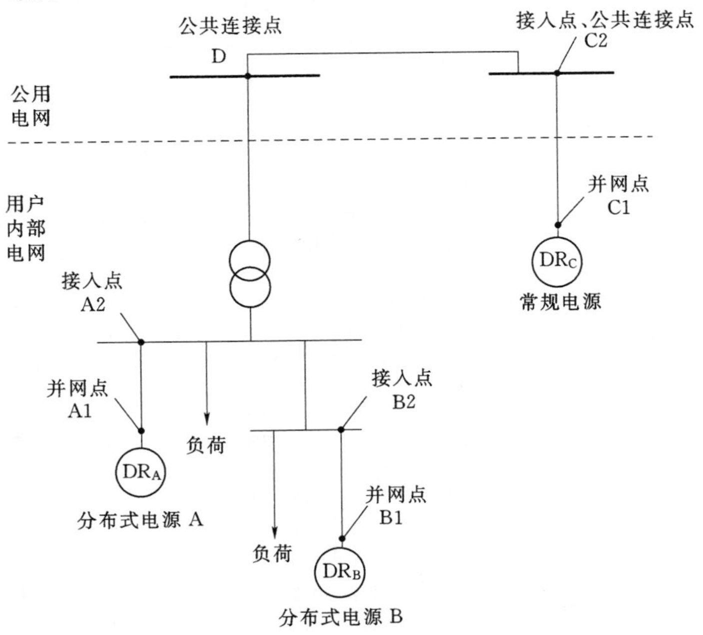

附图 1　并网点图例说明

附录二　我国分布式能源相关政策及解读

附表 1　　　　我国分布式能源相关政策及解读

时间	相关部门	政　策	政 策 关 键 点
2018 年 5 月	国家发展改革委、财政部	国家发展改革委、财政部 国家能源局关于 2018 年光伏发电有关事项的通知（国家能源局 发改能源〔2018〕823 号）	今年安排 1000 万 kW 左右规模用于支持分布式光伏项目建设。明确各地 5 月 31 日（含）前并网的分布式光伏发电项目纳入国家认可的规模管理范围，未纳入国家认可规模管理范围的项目，由地方依法予以支持。新投运的、采用“自发自用、余电上网”模式的分布式光伏发电项目，全电量度电补贴标准降低 0.05 元，即补贴标准调整为每 kWh 0.32 元（含税）。采用“全额上网”模式的分布式光伏发电项目按所在资源区光伏电站价格执行。分布式光伏发电项目自用电量免收随电价征收的各类政府性基金及附加、系统备用容量费和其他相关并网服务费。积极推进分布式光伏资源配置市场化，鼓励地方出台竞争性招标办法配置除户用光伏以外的分布式光伏发电项目，鼓励地方加大分布式发电市场化交易力度
2018 年 4 月	国家能源局	《分散式风电项目开发建设暂行管理办法》（国能发新能〔2018〕30 号）	鼓励各类企业及个人作为项目单位，在符合土地利用总体规划的前提下，投资、建设和经营分散式风电项目。可选择“自发自用、余电上网”或“全额上网”中的一种模式。全面拓宽应用领域
2018 年 4 月	国家能源局	《关于征求光伏发电相关政策文件意见的函》	提出户用光伏可在三种运行模式中进行选择，进一步明确了规划规模、电网接入与并网结算、运行管理、金融和投资开发模式等方面的要求
2018 年 3 月	国家能源局	《分布式发电管理办法（征求意见稿）》	考虑了政策、技术、经济、市场交易等各层面涉及的问题，进一步明确了发电方式、接入电压等级及容量约束
2018 年 2 月	国家能源局	国家能源局关于印发 2018 年能源工作指导意见的通知（国能发规划〔2018〕22 号）	有序发展天然气分布式能源和天然气调峰电站。优化可再生能源电力发展布局，优先发展分散式风电和分布式光伏发电，鼓励可再生能源就近开发利用。有序推进分布式发电市场化交易试点工作
2017 年 7 月	国家能源局	《关于可再生能源发展“十三五”规划实施的指导意见》（国能发新能〔2017〕31 号）	到 2020 年光伏指导装机规模合计 86.5GW，分布式装机容量不受规模限制
2017 年 6 月	国家发改委	《关于加快推进天然气利用的意见》（发改能源〔2017〕1217 号）	大力发展天然气分布式能源，在大中城市具有冷热电需求的能源负荷中心、产业和物流园区、商业中心、医院、学校等推广天然气分布式能源示范项目。细化完善天然气分布式能源项目并网上网办法
2017 年 5 月	国家能源局	《关于加快推进分散式接入风电项目建设有关要求的通知》（国能发新能〔2017〕3 号）	规范分散式风电建设标准；明确优化风电布局，探索分散式风电高效发展，因地制宜提高风能利用效率、推动风电与其他分布式能源的融合发展

续表

时间	相关部门	政　策	政策关键点
2017年3月	国家发改委、能源局	《关于开展分布式发电市场化交易试点的通知》（发改能源〔2017〕1901号）	分布式能源项目委托电网企业代售电；分布式发电选择直接交易模式的，分布式发电项目单位作为售电方，自行选择符合交易条件的电力用户并以配电网企业作为输电服务方签订三方供用电合同；分布式售电方上网电量、购电方自发自用之外的购电量均由当地电网公司负责计量
2017年3月	国家发改委、能源局	《关于有序放开用电计划的通知》（发改运行〔2017〕294号）	促进建立电力市场体系、促进分布式发电、电动汽车、需求响应等的发展
2017年3月	国家发改委	《天然气发展“十三五”规划》（发改能源〔2016〕2743号）	鼓励发展天然气分布式能源等高效利用项目，有效发展天然气调峰电站，因地制宜发展热电联产。2020年天然气发电装机规模达1.1亿kW以上，占发电总装机容量比例超过5%
2016年12月	国家发改委	《能源发展“十三五”规划》（发改能源〔2016〕2744号）	到2020年，分布式光伏装机容量6000万kW。加快开发中东部和南方地区风电，结合电网布局和农村改造升级，完善分散式风电的技术标准和并网服务体系，按照“因地制宜、就地接入”的原则，推动分散式风电建设
2016年12月	国家发改委	《可再生能源发展“十三五”规划》（发改能源〔2016〕2619号）	全面推进分布式光伏和“光伏＋”综合利用工程；因地制宜发展中小型分布式中低温地热发电项目；加大中东部地区分布式光伏资源勘查
2016年12月	国家发改委	《电力发展“十三五”规划（2016—2020年）》	实现集中和分布式供应并举；全面推进分布式光伏和“光伏＋”综合利用工程；全面推进分布式光伏发电建设，重点发展屋顶分布式光伏发电系统；推广应用分布式气电，重点发展热电冷多联供；积极推进分布式储能技术的示范应用与推广
2016年11月	国家能源局	《风电发展“十三五”规划》（国能新能〔2016〕314号）	坚持集中开发与分散利用并举的原则，优化风电建设布局，大力推动风电就地就近利用
2016年7月	国家发改委、能源局	《关于推进多能互补集成优化示范工程建设的实施意见》（发改能源〔2016〕1430号）	通过天然气热电冷三联供、分布式可再生能源和能源智能微网等方式，实现多能协同供应和能源综合梯级利用
2016年2月	国家发改委	《关于推进“互联网＋”智慧能源发展的指导意见》（发改能源〔2016〕392号）	推动分布式可再生能源与天然气分布式能源协同发展，提高分布式可再生能源综合利用水平；推动建设小区、楼宇、家庭应用场景下的分布式储能设备；鼓励面向分布式能源的众筹；建设储能设施数据库，将存量的分布式储能设备通过互联网进行管控和运营；鼓励企业、居民用户与分布式资源、电力负荷资源、储能资源之间通过微平衡市场进行局部自主交易；建立基于互联网平台的分布式可再生能源实时补贴结算机制；研究集中式与分布式协同计算、控制、调度与自愈技术

续表

时间	相关部门	政　策	政策关键点
2015年12月	国家能源局	《太阳能利用十三五发展规划征求意见稿》	到2020年年底，分布式光伏发电累计装机达到6000万kW，形成西北部大型集中式电站和中东部分布式光伏发电系统并举的发展格局
2015年4月	国务院	《关于加快推进生态文明建设的意见》（中发〔2015〕12号）	国家能源局明确支持分布式光伏的发展，对2015年度屋顶分布式光伏装机目标只设置下线，不设置上限
2015年4月	国务院	《关于进一步深化电力体制改的若干意见》（中发〔2015〕9号文）	明确提出积极发展分布式能源，分布式能源主要采用“自发自用”“余量上网”“电网调节”的运营模式
2014年12月	国家能源局	《关于推进分布式光伏发电应用示范区建设的通知》（国能新能〔2014〕512号）	鼓励社会投资分布式光伏发电应用示范区。进一步推进分布式光伏发电示范区建设，充分发挥分布式光伏发电在引导社会投资特别是民间资本投资方面的作用
2014年10月	国务院	能源发展战略行动计划（2014—2020年）（国办发〔2014〕31号）	制定城镇综合能源规划，大力发展分布式能源，科学发展热电联产，鼓励有条件的地区发展热电冷联供。按照输出与就地消纳利用并重、集中式与分布式发展并举的原则，加快发展可再生能源。鼓励大型公共建筑及公用设施、工业园区等建设屋顶分布式光伏发电，加快建设分布式光伏发电应用示范区
2014年10月	改革委、住房和城乡建设部、国家能源局	《关于印发天然气分布式能源示范项目实施细则的通知》（发改能源〔2014〕2382号）	通过示范项目的建设推动天然气分布式能源快速、健康、有序发展
2014年9月	国家能源局	《关于进一步落实分布式光伏发电有关政策的通知》（国能新能〔2014〕406号）	加强分布式光伏发电应用规划工作，鼓励开展多种形式的分布式光伏发电应用，加强对建筑屋顶资源使用的统筹协调，完善分布式光伏发电工程标准和质量管理，完善分布式光伏发电发展模式，进一步创新分布式光伏发电应用示范区建设，完善分布式光伏发电接网和并网运行服务，加强配套电网技术和管理体系建设，完善分布式光伏发电的电费结算和补贴拨付，创新分布式光伏发电融资服务
2013年2月	国家电网有限公司	《关于做好分布式电源并网服务工作的意见》（国家电网办〔2013〕1781号）	加大电网投入、加快并网工程建设，克服分布电源与电网规划工作不同步、工程建设工期不匹配、项目容量小且用户类型多等各种困难，积极主动开展前期工作，千方百计加快分布式电源并网工程建设
2012年7月	国家能源局	《分布式发电管理办法》《分布式发电并网管理办法》（发改能源〔2011〕1381号）	鼓励各类法人以及个人投资分布式发电：鼓励具有法人资格的发电投资商、电力用户、微电网经营企业、专业能源服务公司和具备一定安装使用规模的个人投资建设分布式发电
2012年11月	国家能源局	《国家能源局关于印发分散式接入风电项目开发建设指导意见的通知》（国能新能〔2011〕374号）	明确了分散式风电定义、接入电压等级、项目规模等，并对项目建设管理、并网管理、运行管理等进行了严格的规定

续表

时间	相关部门	政　策	政策关键点
2011年10月	国家发改委	《关于发展天然气分布式能源的指导意见》（发改能源〔2011〕2196号）	到2020年，在全国规模以上城市推广使用分布能源系统，装机规模达到5000万kW，初步实现分布式能源装备产业化
2011年7月	国家能源局	《关于分散式接入风电开发的通知》（国能新能〔2011〕374号）	首次明确我国分散式风电开发的主要思路与边界条件，就积极稳妥、因地制宜地做好分散式接入风电开发工作做出了相应安排和部署